U0170876

高分遥感图像空谱协同概率模型

唐　宏　毛　婷　舒　阳　李少丹　李　京　著

科学出版社
北　京

内 容 简 介

如何充分利用高空间分辨率遥感图像的光谱和空间信息是遥感图像理解与地学应用的关键问题之一。本书系统地阐述了在概率主题模型框架下协同利用高空间分辨率遥感图像的光谱和空间信息基本原理、方法和应用。首先，分析现有高空间分辨率遥感图像信息提取框架存在的主要问题及其在概率主题模型框架下的新研究思路；其次，在全面介绍层次Dirichlet过程混合模型的基础上提出高分遥感图像空谱协同聚类模型；再次，将其扩展成可以无缝融合多源遥感数据的高分图像分类方法；最后，将其应用于建筑物及其震害信息的快速提取中。

本书可供从事摄影测量与遥感、图像处理与模式识别、计算机视觉等领域的研究和技术人员参考使用，也可作为高等院校和科研院所相关专业的研究生教学参考资料。

图书在版编目(CIP)数据

高分遥感图像空谱协同概率模型／唐宏等著. —北京：科学出版社，2022.7

ISBN 978-7-03-072714-5

Ⅰ. ①高… Ⅱ. ①唐… Ⅲ. ①高分辨率-遥感图像-图像处理 Ⅳ. ①TP751

中国版本图书馆CIP数据核字（2022）第119838号

责任编辑：周　杰　王勤勤／责任校对：樊雅琼
责任印制：吴兆东／封面设计：无极书装

科学出版社 出版
北京东黄城根北街16号
邮政编码：100717
http://www.sciencep.com

北京中科印刷有限公司 印刷
科学出版社发行　各地新华书店经销

*

2022年7月第　一　版　开本：787×1092　1/16
2023年6月第二次印刷　印张：12 1/2
字数：300 000

定价：150.00元

（如有印装质量问题，我社负责调换）

前　　言

随着高分辨率对地观测系统重大专项的顺利实施，我国已经基本建成了多平台、全天候、全天时的卫星遥感立体观测体系，形成了高空间、高光谱和高时间分辨率的对地观测能力，并广泛地应用于我国自然资源、生态环境、城市规划和应急管理等部门的日常遥感监测与评估业务工作。高空间分辨率（本书后续章节除非另外说明，均简称高分辨率或高分）遥感图像可以非常清晰地反映地表物体的几何形态、纹理结构和空间布局等信息，是精准监测地物状态及其动态变化的重要数据来源。

目前，虽然高分辨率遥感图像处理与信息提取技术已经获得了极大的发展，但是仍然难以满足城市管理的小尺度目标精细制图、灾害应急的承灾体损失快速评估等应用需求。相对于传统的基于像元的图像分类方法，基于对象的遥感图像分析方法是一类更有效的高分遥感图像信息提取方法。它的基本思路是先进行图像分割，然后基于图像对象进行分析和分类。但是，这种“分而治之”的策略导致其存在两个主要的问题：自动化程度低和泛化能力弱。例如，在一个图像区域已经获得很好分类结果的分析经验在另一个图像区域通常难以获得同样好的分类效果，这极大地降低了分析效率，制约其应用价值。针对经典的基于对象的遥感图像分析方法存在的问题，研究人员发展了“分割识别一体化”的高分辨率遥感图像分析方法。该类方法以像素为分析单元，通过构建合适的邻域空间关系，在模型中自动嵌入空间信息，最后利用机器学习方法实现遥感图像分割和分类的一体化。这种方法一般需要人为给定像元邻域模式，因此需要大量的人工干预才能得到理想的分类结果，但遥感信息提取效率相对较低。

本书采用以层次 Dirichlet 过程（hierarchical Dirichlet process，HDP）模型为代表的概率主题模型，以概率图模型的形式构建了“文档-主题-词”之间的条件概率关系，进而通过模型推理发现文档中结构化的语义信息（主题），实现在统一的概率推理框架下聚合同质图像结构、合并形成复合结构的地物，并充分利用地物聚集形成场景信息，从而构建高分遥感图像“像素-结构-地物-场景”等多层次空间关系，探索新型的高分图像“空谱”协同信息提取框架。本书系统地阐述了在概率主题模型框架下协同利用高空间分辨率遥感图像的光谱和空间信息基本原理、方法和应用。首先，分析现有高空间分辨率遥感图像信息提取框架存在的主要问题及其在概率主题模型框架下新的研究思路；其次，在全面介绍层次 Dirichlet 过程混合模型的基础上提出高分图像空谱协同聚类模型；再次，将其扩展成可以无缝融合多源遥感数据的高分图像分类方法；最后，将其应用于建筑物及其震害信息的快速提取中。

近年来，深度学习在计算机视觉的各类任务中均得到了广泛的应用，也极大地推动了高分遥感图像信息提取技术的发展。为什么要将不用于当前研究热点的研究成果编撰成书呢？如此简单的问题从开始组织撰写本书的那一刻起就一直萦绕在我的耳边，几度濒临放弃。直到我读到《陈行甲人生笔记》后记中如下一段话，才坚定了我组织完成本书的初心："写书的目的不是为了让别人记得你，而是你要为自己留住自己。就是通过整理自己最自我的东西，最不被异化的东西，找到我之为我的理由。当你不再和自己对话，不再不断地理解自己，不断和自己周旋的时候，你就变成了一个被时间驱使的人，真正意义上的你就没有了。"

近十年来，笔者一直在从事概率主题模型及其在遥感语义分割方面的研究，并获得了国家自然科学基金面上项目"基于层次 Dirichlet 过程的高分遥感图像分类方法及其应用研究"（41571334）的支持；在以 *IEEE Transaction on Geosciences and Remote Sensing* 为代表的遥感领域著名国际期刊发表了 10 多篇学术论文，培养了 3 名博士研究生。在国家重点研发计划项目"重特大灾害空天地一体化协同监测应急响应关键技术研究及示范"的支持下，我们最终将上述研究成果编撰和出版成书，也是为了留住曾经奋斗的足迹，不至于在时间中慢慢消散，是为记！

本书是北京师范大学地理科学学部唐宏、毛婷、李京，东北大学资源与土木工程学院舒阳和河北师范大学地理科学学院李少丹共同努力的结果。全书由唐宏设计大纲并主持撰写，第 1 章由唐宏执笔；第 2 ~4 章由舒阳执笔；第 5 ~7 章由毛婷执笔；第 8 章和第 9 章由李少丹执笔。毛婷负责全书的统稿、修改和校对；唐宏和李京负责全书的审阅和定稿。

由于本书作者水平和经验有限，书中不足之处在所难免，恳请领域专家和广大读者批评、指正！

唐　宏

2021 年 11 月于北京师范大学生地楼

目　　录

第1章　绪　　论

高分辨率（VHR）对地观测系统重大专项有力地推动了我国构建多平台、全天候、全天时的立体观测体系，形成了高空间、高光谱和高时间分辨率的对地观测系统。

高分辨率遥感图像处理、信息提取与应用技术已经成为遥感应用领域的重要研究方向（宫鹏等，2006；Blaschke，2010；李德仁等，2012）。与中低分辨率遥感图像相比，高空间分辨率遥感图像能够反映地表的细节信息，可以较为精准地监测地表状态及其动态变化过程，现已广泛应用于地形测绘、国土调查、环境监测、自然灾害和交通等领域。

1.1　研究问题与解决思路

高空间分辨率遥感图像信息提取是遥感图像语义解析与理解的基本问题之一，也是许多遥感应用的基础。人工解译方法虽然可以获得较高的分类精度，但是其效率低，成本高，无法满足实际应用需求，因此发展计算机自动解译是遥感研究的重要方面。针对中低分辨率遥感图像最常用的方法是基于像素的分类方法，而该类方法在应用于高分辨率遥感图像时存在以下两方面的问题：一方面高空间分辨率遥感图像反映了大量地物细节信息和纯净像素，像元层面的“同物异谱”和“异物同谱”现象十分突出，导致基于像元特征的分类结果容易产生“椒盐现象”（salt and pepper phenomenon）；另一方面像素间的空间关系未能有效利用。为解决以上问题，将基于对象的思想引入高分辨率遥感图像分析（Blaschke，2010），充分考虑图像中各种空间关系，已被证明是一种有效的策略，并被成功用于许多领域，其基本框架如图1-1（a）所示。

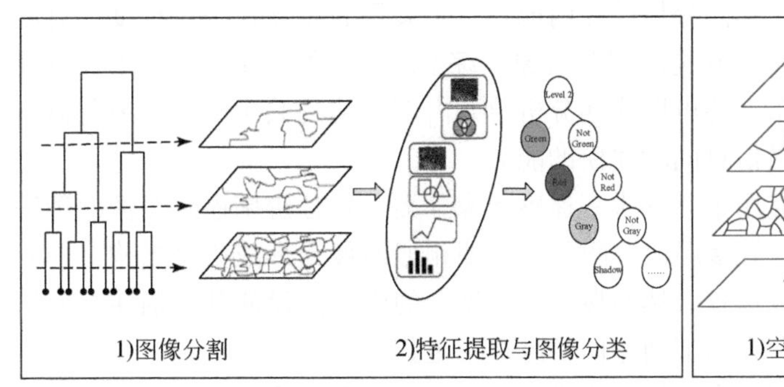

(a)先分割后分类　　　(b)分割识别一体化

图1-1　高分辨率遥感图像分类框架

经典的基于对象的遥感图像分析方法包括如图1-1（a）所示的两个步骤：首先利用

多尺度分割算法在图像空间域中产生用于分析的图像对象；然后提取图像对象的光谱、纹理、形状及其空间关系等特征进行图像分类。因此，该类方法也被称为“先分割后分类”方法。图像对象的“产生”和“使用”相分离，从而使得这类分析方法非常灵活：①图像对象的“产生”和“使用”可以采用不同的优化目标与实现策略；②在图像对象的“使用”阶段可以灵活地并入图像分析人员的先验知识。但是，也正是这种“分而治之”的策略导致其存在两方面问题，即自动化程度低和泛化能力弱。因此，在一个图像区域获得很好的分类效果，如尺度参数（Benz et al.，2004；Guigues et al.，2006；Dey et al.，2010），在另一图像区域通常难以获得同样好的分类效果，这极大地降低了分析效率，制约其应用价值。针对经典的基于对象的遥感图像分析方法存在的问题，研究人员发展了“分割识别一体化”的高分辨率遥感图像分析方法（Rosenfeld and Davis，1979；Beaulieu and Goldberg，1989；Benz et al.，2004；Guigues et al.，2006；肖鹏峰和冯学智，2012；Dos Santos et al.，2012）。该类方法以像素为分析单元，通过构建合适的邻域空间关系在模型中嵌入空间关系，最后利用机器学习方法实现遥感图像分割和分类的一体化。该类方法一般需要人为给定邻域模式，同时对训练样本较为敏感，因此需要大量的人工干预以得到理想的分类结果，降低了提取效率。

以层次 Dirichlet 过程（hierarchical Dirichlet process，HDP）模型为代表的概率主题模型是近年来提出的用于文本建模的一类层次聚类模型，其以概率图模型的形式构建了“文档-主题-词”之间的条件概率关系，进而通过模型推理发现文档中结构化的语义信息（主题），实现用低维语义特征表示文档的目的。当概率主题模型用于高分辨率遥感图像分析时，需建立概率主题模型的建模对象与高分辨率遥感图像的分析对象之间的映射，同时需将遥感图像按照一定的规则划分成一系列子图像。本书中的“词”对应“像素”、“文档”对应“子图像”、“主题”对应“地物类别”，则每个子图像中像素类别归属的判别问题十分自然地被转换为判别每个文档中词的主题归属问题，目前已有研究将概率主题模型用于高分辨率遥感图像分析领域。为便于表达，本书中文本领域的文档、高分辨率遥感图像分析中的子图像统称为“分析单元”。特别地，研究表明概率主题模型可对分析单元内含的地物共生关系进行建模，利用不同分析单元内地物共生关系的差异在一定程度上克服了高分辨率遥感图像分类中常见的“异物同谱”现象。综上所述，概率主题模型不仅可以描述地物的光谱等特征的统计分布，还可以描述分析单元内部的地物共生关系，因此概率主题模型本质上具备对空间和光谱信息同时建模的能力。

目前概率主题模型已被成功应用于高分辨率遥感图像分类。高分辨率遥感图像的理解中隐含“像元-结构-地物-场景”等多层次空间关系，即相似的像素形成语义结构，同质结构合并形成地物，地物聚集形成场景。然而概率主题模型的内在假设使其在描述高分辨率遥感图像的多层次空间关系上存在以下两方面的严重不足。

一方面，概率主题模型在进行文本分析时假设文档中的词是无序不相关的，即是一个“词袋”模型。该假设在高分辨率遥感图像分类时并不合理，忽略了分析单元内像素间的空间关系，往往导致分类结果“椒盐现象”严重。

另一方面，概率主题模型假定分析单元（即子图像）之间是条件独立的，分析单元内部地物分布服从同一先验分布。而现实世界可分为不同的场景，同一场景中地物呈聚集分布，同一场景的分析单元间地物分布具有聚集性，因此分析单元间不是条件独立的。换言之，概率主题模型在用于高分辨率遥感图像分类时虽然可以利用一定的空间关系（地物共生关系），但是由于其内在假设的限制，缺乏对遥感图像多层次空间信息的建模能力。

为解决以上问题，本书以典型的概率主题模型“层次 Dirichlet 过程模型”为基本工具，在其内在刻画分析单元内地物共生关系的基础上，以分析单元为桥梁，研究将分析单元内像素间的空间关系以及分析单元间地物聚集关系等空间信息融入模型中，形成如图 1-1（b）所示“分割识别一体化”方法的基本框架。该框架通过“空间域”和“光谱域”信息的相互传递，实现“空谱”协同的高分辨率遥感图像非监督分类，为高分辨率遥感图像分类探索新的理论与方法。

1.2 “空谱”协同研究进展

除了“先分割后分类”的基于对象的高分遥感图像分析方法以外（Fauvel et al., 2013），高分图像“空谱”信息协同语义信息提取方法主要包括以下几种形式（Fauvel et al., 2013）。

1）分类前组合：Tang 等根据概率主题模型可以分析成组离散数据的特点，提出以规则的图像分块为基本分析单元，用概率主题模型对高分遥感图像及其内含的地物共生关系进行建模（Yi et al., 2011；Tang et al., 2011，2013；Shen et al., 2014），进而实现高分遥感图像分类。然而，由于概率主题模型内在假设的限制，该类方法忽略了高分遥感图像中广泛存在的层次空间关系。

2）分类后组合：Benediktsson 和 Chanussot 的研究组提出了一系列组合图像分割和光谱分类（spectral-spatial classification）结果的方法（Tarabalka et al., 2009；Fauvel et al., 2013；Kang et al., 2013），利用图像分割结果改进基于像元分类结果的空间一致性，进而达到提升分类精度的目的。因为该类方法仅仅利用了邻近像元间的空间关系，其分类效果严重依赖图像分割结果。

3）“空谱”动态协同：为了弥补上述“空谱”静态组合方法的缺陷、提升遥感图像分析效率，Tilton 提出了一个名为 HSeg 的“空谱”动态协同分割与聚类算法（Tilton, 1998；Tilton et al., 2012）。该算法以分层逐步寻优（hierarchical stepwise optimization, HSWO）（Beaulieu and Goldberg, 1989）策略为基础实现从像素到区域的多尺度分割，其中区域增长的每一步，不仅判别邻近区域是否应该合并成新的区域，而且以同样的准则判断非邻近区域之间是否可以聚集成一个类。通过遥感图像分割与层次聚类之间协同工作，建立了图像分割层次与聚类层次之间的对应关系，使分割与分类互为补充。然而遗憾的是，在该算法中聚类仅是分割的副产品，并且没有建立用于刻画聚类特性的统计模型。因此，它不能将在一景图像上被验证有效的层次分割过程或结果传递（泛化）到另一景图像上。为了弥补这些缺陷，本书以概率主题模型为基本建模工具，构建多尺度“空谱”信息协同工作框架，形成“分割识别一体化”的高分图像信息提取方法。

概率主题模型最初是一种分析自然语言语义的概率模型。1997 年，Landauer 和 Dumais 率先提出以奇异值分解的方式从文档集的词共生矩阵中发现潜在语义，并用它来分析和索引文档内容。随后，Hofmann（2001）、Blei 等（2003）提出通过非监督学习获取以概率形式表示的潜在语义（即主题）及文档内容（即主题混合），即概率潜在语义分析（pLSA）模型（Hofmann，2001）和潜在 Dirichlet 分配（LDA）模型（Blei et al.，2003）。Teh 等（2006）进而提出 HDP 模型，将文档的主题混合看成一个 Dirichlet 过程，以自适应估计主题数量。这为层次聚类中自适应估计不同层聚类数量提供了极大的方便。因此，本书以 HDP 模型为基本分析工具。

将图片类比成文档，Blei 等率先将其应用于一般的图像处理（Blei et al.，2003），如图像语义标注与检索（Lienou et al.，2010）。随后，概率主题模型被应用于图像分割（Orbanz and Buhmann，2008）、目标检测（Akcay and Aksoy，2008；周晖等，2010）、高分图像非监督分类（Yi et al.，2011；Tang et al.，2011，2013；Shen et al.，2014）等应用领域。为了引导概率主题模型的非监督学习过程，研究者陆续提出了一些可以利用文档层面监督信息的生成式（Blei and McAuliffe，2007；Luo et al.，2014）和判别式（Zhu et al.，2012；Hu et al.，2013）学习模型。

遥感图像覆盖的地理范围较大、地表类型复杂多样，因此在基于概率主题模型的遥感图像分析之前需要利用规则分块方法（Yi et al.，2011；Tang et al.，2013）或图像分割算法（Akcay and Aksoy，2008；Shen et al.，2014）生成用于建模的文档（即图像分析单元）。这与“先分割后分类”的高分图像分析中的图像对象创建过程类似。不同之处是它分析的单元可以是由多个地物类型组成的异质图像，因为它可用主题混合描述分析单元内的地物共生关系。换而言之，概率主题模型不仅可以描述地物光谱等特征的统计分布，还可以描述图像分析单元内部的地物共生关系。

然而，概率主题模型的以下假设使其在描述高分遥感图像“像元—结构—地物—场景”等多层次空间关系上存在严重不足。

1）文档内的词是无序的：模型本身不考虑图像分析单元内部邻近像元间的局部空间结构，从而导致图像分类结果中易出现“椒盐现象”。

2）文档集是事先给定的：模型不考虑图像分析单元所涵盖内容的变化对地物共生关系建模结果的影响，从而导致建模质量依赖图像分析单元的产生方式。

3）文档间是相互独立的：模型不考虑相同场景下遥感图像分析单元存在相似的地物聚集关系，如城区图像通常由建筑物、道路等共同组成。

下面以上述假设所涉及的三个不同层次空间关系建模方法为索引梳理现有的研究及其存在的问题。

1）邻近像元间的空间相关性。如何利用邻近视觉词的空间相关性是基于概率主题模型进行图像分析的共性问题。这方面的研究可分为预处理和后处理两大类。①预处理。在生成视觉词的过程中并入空间关系。Sivic 等（2005）在分割体的基础上构建 pLSA 模型，并在该模型中通过“doublets”引入标记信息提取图像中的目标和位置。②后处理。建模结束后假设文档中视觉词对应的主题是一个马尔可夫随机场（Markov random field，MRF）或由于生成的文档在空间上存在重叠，对视觉词对应的多个主题进行加权后进行取舍。Verbeek 和 Triggs（2007）组合 pLSA 模型和 MRF 实现了自然图像的区域分类。Yang 等（2012）提出基于层次 MRF 的 pLSA 模型，实现了合成孔径雷达（synthetic aperture radar，SAR）图像分类。Cao 和 Li（2007）利用空间一致潜在主题模型（Spatial-LTM）进行自然图像中目标识别，该模型通过限制属于同一均质区域的图像块具有相同的主题来保证模型结果的空间一致性。Yi 等（2011）通过规则重叠文档划分引入空间相关性，有效地区分了全色图像上灰度值相同或相近的阴影和水体。Lienou 等（2010）利用同样的文档划分方法，采用 LDA 模型对 QuickBird 图像进行标注，通过投票法确定重叠部分的语义标识。

2）图像分析单元内地物间的空间相关性。在基于概率主题模型进行遥感图像分析之前，通常需要从原始遥感图像中创建用于建模的文档集合。目前存在的两类主要文档创建方式包括：①图像分割（Akcay and Aksoy，2008；Shen et al.，2014）。利用图像分割算法将遥感图像分割成不规划的分割体，将每个分割体当成一个文档。②图像分块（Yi et al.，2011；Tang et al.，2013）。以一定的间隔，将遥感图像划分为（通常存在重叠的）方形的图像块，将每个图像块当成一个文档。然而，不同的分割算法、分块方法或参数设置均会得到不同的文档集。不同的文档集必然会导致学习得到的概率主题、地物识别结果不同。此外，无论图像分割还是分块都是信息提取的中间处理环节，最后的信息提取结果才是人们主要关注的对象。那么，为了提高建模质量，如何有效地评价一个给定文档集的优劣？如何优化文档内部组成的设计？如何优化选择文档集中的部分文档？

3）图像分析单元间的空间相关性。遥感图像分析中用于建模的每个图像分析单元是原始遥感图像的一部分。一方面，为了保证信息提取结果的空间一致性，空间上邻近的图像分析单元通常会存在一定程度的重叠。另一方面，同类场景中的图像分析单元中通常会存在相似的地物共生关系（Vaduva et al.，2013）。因此，图像分析单元间通常会存在一定程度的空间相关性。在计算机视觉领域中，Li 和 Perona（2005）对 LDA 模型进行改进，针对不同场景的图像进行建模，对每个场景给定不同的主题混合先验，同时保证各场景中主题的共享，实现自然图像的场景分类。Bosch 等（2006）利用 pLSA 模型自动的从图像中提取目标信息（如草地、道路等），然后利用图像中目标的分布为特征向量采用最近邻法进行图像场景分类。与 Li 和 Perona（2005）的方法相比，该方法在进行主题信息提取过程中完全是非监督的，提高了自动化识别的程度。Sudderth 等（2005）将场景信息用于概率主题模型图像目标识别中，提高了目标识别精度。然而，目前在基于概率主题模型的高分图像分类方法中，仍未见报道有关如何刻画、利用这种图像分析单元间空间相关性的研究。

综上所述，虽然研究者已经关注到概率主题模型在高分图像“空谱”组合建模的特性，但是由于模型本身假设的限制，仍然存在以下两方面的问题：

1）如何突破概率主题模型有关文档内、文档间、文档集内在假设的限制，构建“空谱”协同工作框架，嵌入“像元-结构-地物-场景”多层次空间关系？

2）如何有效地利用多层次监督信息引导概率主题模型的非监督学习过程，实现特定目标的快速、准确提取？

1.3 “空谱”协同概率模型

本书提出了如图 1-2 所示的“空谱”协同概率建模总体框架及其以中餐馆过程（Chinese restaurant process，CRP）为 HDP 的基本实现手段（Teh et al.，2006）、以图像分析单元（即餐馆）为桥梁的概念建模框架：①场景=菜系；②地物=菜名；③分割体=餐桌；④结构=顾客群；⑤像元=顾客。

实现“像元-结构-地物-场景”的空间和光谱信息双向流动。

空间信息自下而上：由邻近像元（顾客）组成图像局部区域结构（顾客群）→同质局部区域结构（顾客群）合并成分割体（餐桌）→同质分割体形成地物类（菜名）→空间上频繁聚集的地物类组成场景（菜系）。

光谱信息自上而下：图像分析单元对象（餐馆）的场景类型（菜系，如图1-2中的湘菜馆）表明其更可能包含哪些地物（菜名）→进而影响哪些分割体（餐桌）更可能被分配到同一地类中→为分割体（餐桌）由哪些局部结构（顾客群）所构成提供光谱域的统计特征。

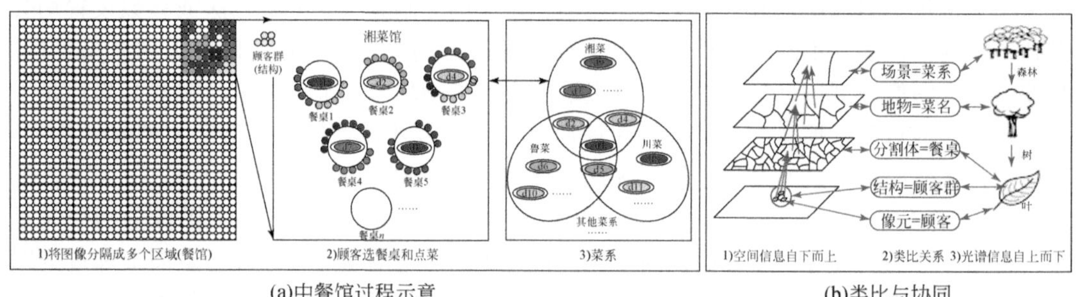

(a)中餐馆过程示意　　(b)类比与协同

图1-2　基于HDP的“空谱”协同框架

(1)“空谱”协同概率框架

作为一个层次聚类模型，HDP以极大化成组观测数据的似然为目标。然而，在基于HDP的“空谱”协同框架内，自下而上的多层次空间载体“像元-结构-分割体-地物-场景”反映了类似于HSWO策略下图像平面上函数的分段逼近过程。理想情况下，在似然极大化过程中应该边际化所有涉及的空间载体的影响，即需要考虑图像平面上所有像元间的所有可能组合关系。现实情况下，这在模型推理和算法实现中均难以实现。

本书分别从“空间域”和“光谱域”两个方面探讨基于HDP的“空谱”协同的目标优化和实现策略。

1）空间域：自下而上的空间信息传递。

HSWO策略下的层次图像分割是一个由细到粗的区域合并过程，也是一个空间信息自下而上的传递过程，这与图1-2所示的“空谱”协同框架类似。它们之间的区别是：层次分割中建立的分割体层次关系是一个“几乎连续”传递的确定性过程，而“空谱”协同框架中的空间载体间的层次关系是一个选择性传递的随机过程。其中的“选择性”主要体现在空间载体的层数和其表现形式；上下层空间载体间的包含与被包含关系。前者在模型设计阶段完成，后者在模型推理算法中实现。因此，本书以HSeg算法（Tilton，1998；Tilton et al.，2012）或类似算法产生的层次分割体作为基于HDP的“空谱”协同框架中的备选空间载体，分析空间信息的自下而上传递机制。具体方法为：在图像分割的尺度空间中，自下而上地选择一组离散的尺度集合，并将其对应的多层图像分割体作为“空谱”协同框架的层次空间载体。研究的焦点是以什么原则选出最佳的尺度集合，在“空谱”协同概率模型的设计中如何并入最佳尺度集合的选择方法，进而消除模型设计过程中的主观随意性，增强模型的自适应学习和泛化能力。

2）光谱域：自上而下的语义概念互动。

在图 1-2 所示的“空谱”协同框架中，“场景–地物–结构”的语义内涵自上而下是从相对宽泛到非常具体，且上层概念可由下层概念以某种方法组合而成，这与光谱域中的层次聚类所形成的树形结构相类似。然而，“空谱”协同框架中不同层语义的表示形式目前是条件独立的，以空间载体为媒介进行关联。如何建立不同层语义的表示形式之间的直接联系是一个尚待解决的问题。本书采用层叠的 Dirichlet 过程或嵌套的 HDP 模型为分析工具，研究不同层语义概念在特征表示形式上的相互关系，实现多尺度图像或层特征融合，从而将图 1-2 的“空谱”协同框架扩展成可以融入不同空间和光谱分辨率的遥感图像及其纹理、形状等特征的分类框架。图 1-3 为基于 HDP 的全色和多光谱特征融合与分类过程示意。

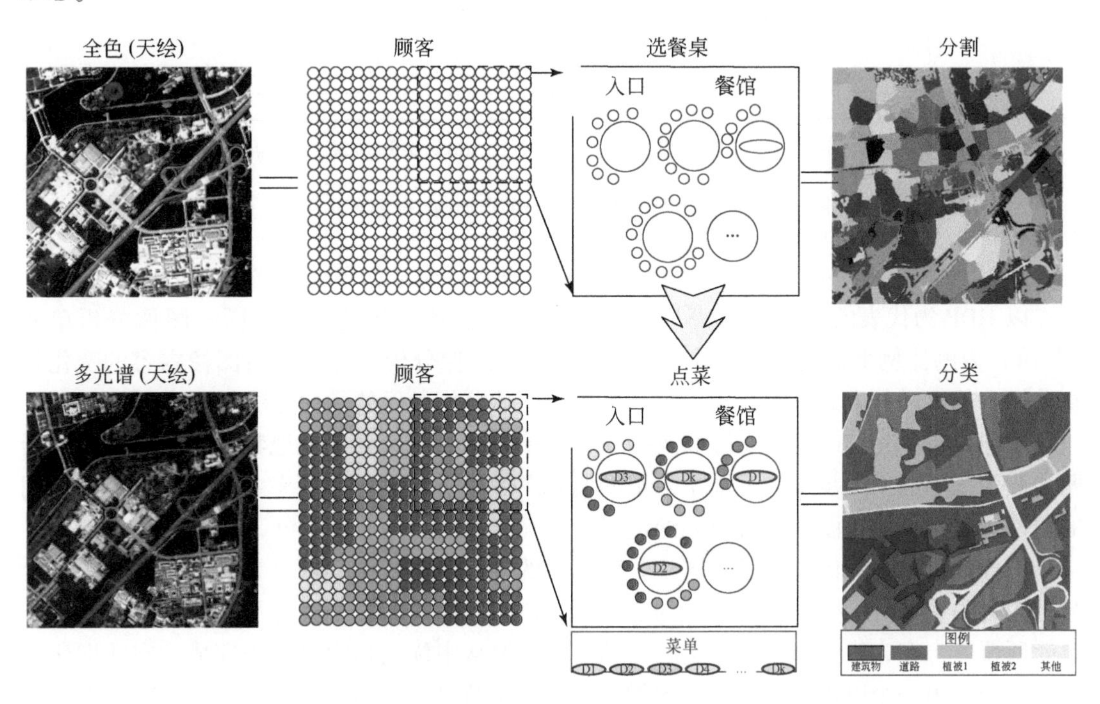

图 1-3　基于 HDP 的全色和多光谱特征融合与分类过程示意

（2）层次空间关系建模方法

在图 1-2 所示的“空谱”协同框架下，研究层次空间关系的建模方法。

1）像元间邻近关系：邻近像元（顾客）组成图像局部结构（顾客群）。

现有的算法仅仅利用过分割算法形成后续用于聚类的局部结构。过分割的结果将直接影响聚类的效果，但聚类分析过程无法修正过分割可能引入的错误。为克服上述问题，拟借鉴图像处理中的保边滤波技术［如双边滤波器、导向滤波器（guided filter）（Kang et al.，2013）等］，将从像元到结构的形成过程建模成一个不完全可交换的随机选餐桌过程，即在顾客选餐桌时不是完全随机的过程，而是要考虑顾客（像元）在餐馆（图像分析单元）中的相互关系，即像元间的邻近关系。例如，在双边滤波器中邻近像元之间的相关性用它们的空间和光谱距离表示。

相比于图 1-4（a）中的顾客群在餐馆中选桌子和菜的过程而言，从像元到结构的形成过程可以用图 1-4（b）表示。因此，在 HDP 框架下的像元间邻近关系嵌入方法的研究焦点是以何种方式度量邻近像元之间的相关性。

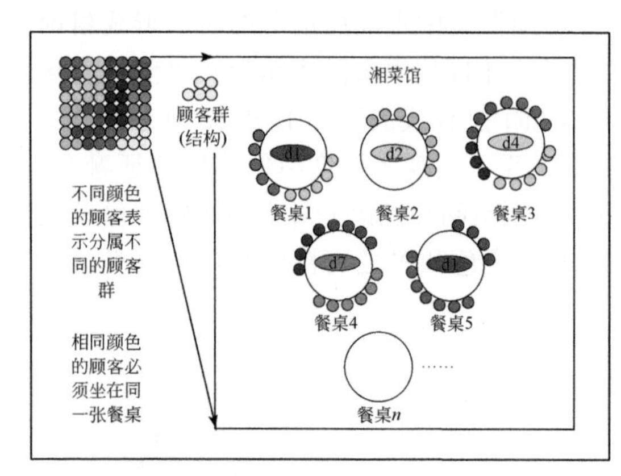

(a)从结构 (顾客群) 到地物 (菜名) 的过程

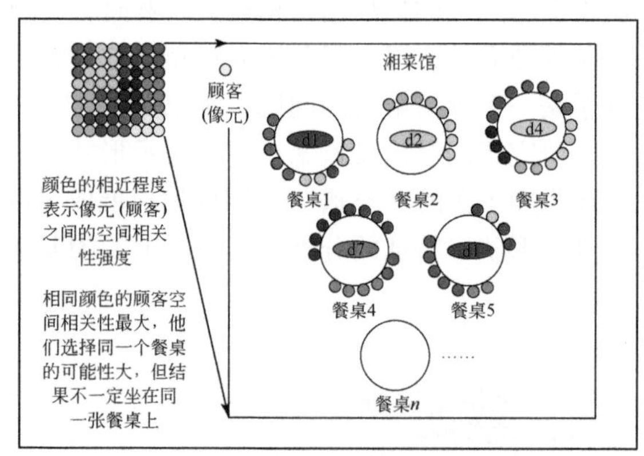

(b)从像元 (顾客) 到结构 (顾客群) 的过程

图 1-4　从像元到结构与从结构到地物的过程对比示意

2）地物间共生关系：地物（菜名）共同出现在图像分析单元（餐馆）的比例。

以 HDP 为代表的概率主题模型以各类地物（菜名）共同出现在同一图像分析单元（餐馆）内的比例来描述地物间共生关系。因此，图像分析单元所涵盖图像内容的变化将直接导致地物间共生关系的变化。本书将探讨图像分析单元的优化方法：改建与优选。

图像分析单元的改建。通过修改图像分析单元的组成达到优化地物间共生关系，包括两个互为基础的循环步骤：①基于给定的所有图像分析单元学习概率主题；②基于学习到的概率主题逐个修正图像分析单元的组成。

图像分析单元的优选。优选图像分析单元的方法假设图像分析单元与像元之间的包含与被包含关系保持不变，需要改变的是：对于遥感图像中的每个像元均会被多个图像分析单元所覆盖，在为像元分配概率主题类别时，需要从中优选其中之一来完成。在前期研究中，已经提出一个以单个像元对应图像分析单元的优选方法（Tang et al.，2013）。本书拟以层次分割体为备选图像分析单元，设计图像分析单元的优选原则和方法。

3）场景内地物聚集关系：场景（菜系）由图像分析单元（餐馆）组成。

以 HDP 为基础，假设每个餐馆（图像分析单元）能提供哪些菜（地物）是一个印度自助餐过程（Indian buffet process，IBP），该随机过程的推理结果是在给定的图像分析单元内哪些地物是可能出现的，哪些是不可能出现的。IBP 的结果可以用来表示哪些图像分析单元呈现出类似的地物聚集状况，进而实现将图像分析单元划归到不同的场景类型。

1.4　整体结构与章节安排

在上述高分图像“空谱”协同概率建模总体框架下，本书提出了一系列“空谱”协同高分图像分类算法，并将其应用于地震灾害灾前建筑物快速制图和建筑物灾损遥感评估。

如图 1-5 所示，本书的主体内容可以分为“空谱协同模型-特征融合方法-灾害遥感应用”三个部分。

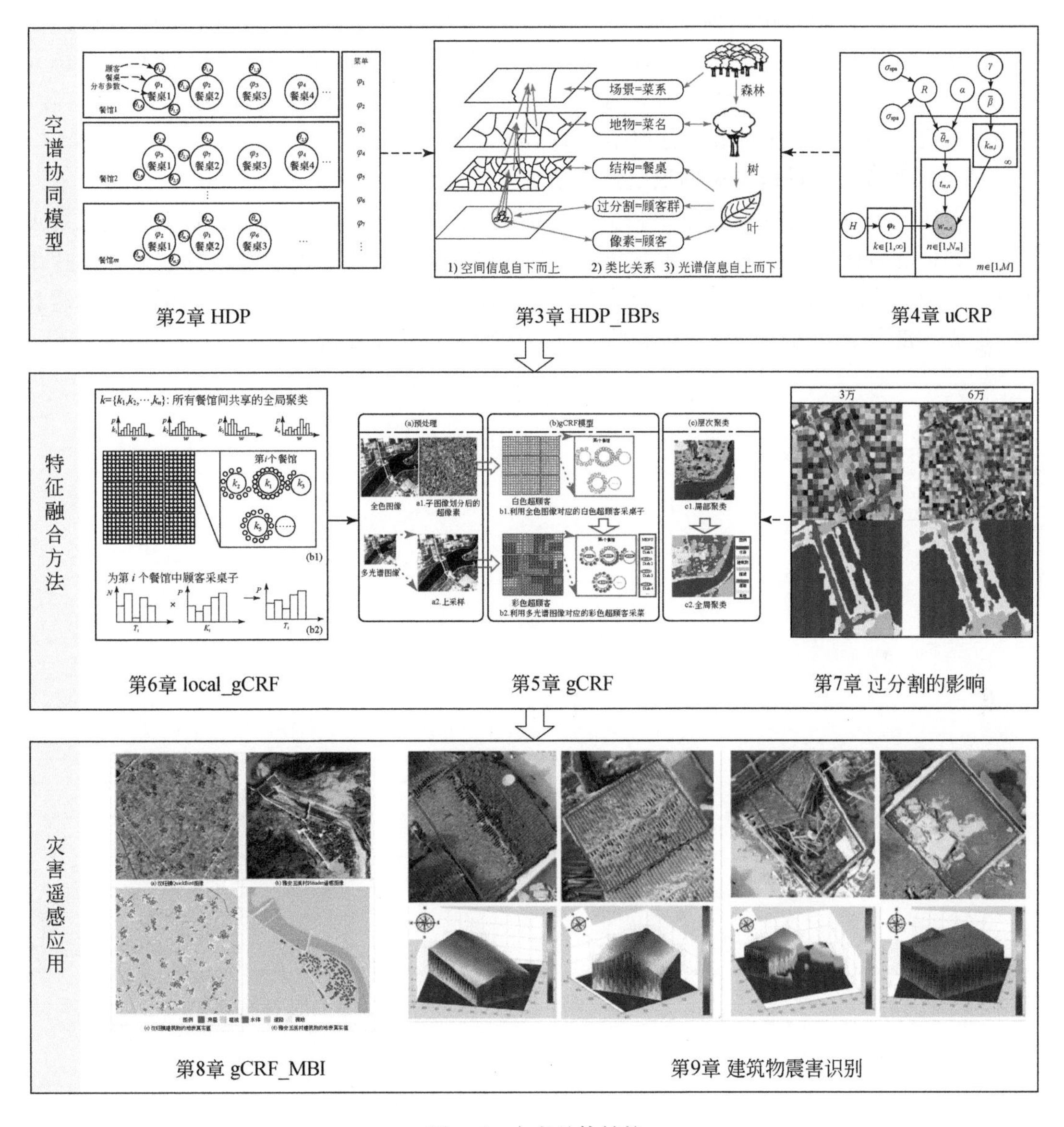

图 1-5　本书总体结构

(1)“空谱”协同概率模型研究

首先，在第 2 章介绍层次 Dirichlet 过程模型及其在遥感图像分析中应用的基本框架。然后，在第 3 章描述基于层次 Dirichlet 过程的“空谱”协同概率模型，并分别从“空间域”和“光谱域”两个方面探索“空谱”协同工作机制及其不同实现策略的影响因素。最后，在第 4 章介绍基于引座员中餐馆连锁模型的高分图像过分割方法，形成“像元-结构-地物-场景”层次空间关系建模基本方法。

(2)图像特征融合与分类方法研究

在第 3 和 4 章研究内容的基础上，第 5 章首先介绍基于“空谱”协同的多源遥感图像融合与分类的广义中餐馆连锁模型，并在第 6 章分析高分图像中“像元-结构-地物-场景”层次空间关系的特点，以文档设计为桥梁，提出基于 HDP 的多层次空间关系（像元间邻近关系、地物间共生关系、场景内聚类关系）嵌入算法及层间链接策略。最后在第 7 章分析该模型中过分割体对最终分类结果的影响。

(3)建筑物快速提取与灾损识别方法研究

在上述“空谱”协同概率模型和多尺度层次空间关系方法的基础上，针对地震灾害灾情快速评估的具体应用需求，第 8 章介绍融合光谱与形态特征的灾前建筑物非监督快速识别方法；第 9 章介绍融合图像与点云数据的灾后建筑物震害提取方法，并利用汶川地震和雅安地震的部分无人机图像进行实验验证与应用效果对比及评价。

第2章 层次 Dirichlet 过程混合模型

HDP 模型作为一种新的概率主题模型，已被广泛应用于计算机视觉和文本分析等领域。HDP 模型常作为非参数贝叶斯混合模型的先验，通过非监督的方式挖掘多组数据集中的结构化信息，同时实现组分个数的自动估计，从而提高模型的自动化程度，减少人为干扰。针对不同的应用需求，研究人员提出了基于 HDP 模型的大量变体，扩展了其应用范围。

2.1 Dirichlet 分布

Dirichlet 分布（Dirichlet distribution）是 Beta 分布在多维随机变量上的推广，是多项式分布 $\text{Mult}(N, \bar{\mu})$ 分布参数的共轭先验分布（Bishop，2006）。一般地，给定概率分布 $p(x \mid \eta)$，我们可以寻找一个先验分布 $p(\eta)$，使得后验分布 $p(\eta \mid x)$ 具有与先验分布 $p(\eta)$ 相似的形式，将 $p(\eta)$ 称之为 $p(x \mid \eta)$ 的共轭先验分布。共轭先验的选择可以大大简化贝叶斯推理的最终表达形式，降低后验概率求解的难度。$\bar{\mu}=(\mu_1,\cdots,\mu_K)$，同时由于其后验分布仍然具有和先验相同的数学形式，当观测到新的数据之后，可以将原有的后验分布作为新的先验重新得到新的后验分布，从而具有对新数据推理的能力。给定 Dirichlet 分布的参数 $\bar{\alpha}=(\alpha_1, \alpha_2,\cdots, \alpha_k)$，其概率密度函数定义为

$$p(\bar{\mu} \mid \bar{\alpha}) = \frac{\Gamma(\sum_{k=1}^{K} \alpha_k)}{\prod_{k=1}^{K} \Gamma(\alpha_k)} \prod_{k=1}^{K} \mu_k^{\alpha_k - 1} \tag{2-1}$$

式中，$0 \leqslant \mu_k \leqslant 1$，$\sum_k \mu_k = 1$，并且 $\alpha_1, \alpha_2, \cdots, \alpha_k > 0$。当 $\bar{\mu}$ 服从 Dirichlet 分布时，可以记作

$$\bar{\mu} \sim \text{Dir}(\bar{\alpha}) \tag{2-2}$$

当采用 Dirichlet 分布作为多项式分布 $\text{Mult}(N, \bar{\mu})$ 的先验分布时，根据贝叶斯公式其后验分布为

$$p(\bar{\mu} \mid \bar{m}, \bar{\alpha}) = \frac{\Gamma(\sum(\alpha_k + m_k))}{\Gamma(\alpha_1 + m_1)\cdots\Gamma(\alpha_k + m_k)} \prod_{k=1}^{K} \mu_k^{\alpha_k + m_k - 1} = \text{Dir}(\bar{\mu} \mid \bar{\alpha} + \bar{m}) \tag{2-3}$$

式中，参数 m_k 表示第 k 次试验结果 A_k 的发生次数；参数 α_k 可以解释为第 k 次试验结果 A_k 的先验观测次数。特别地，当分布参数 $\bar{\alpha}$ 中各元素的值不等时，该分布称为非对称 Dirichlet 分布。在实际应用中，为简化计算难度，常采用对称 Dirichlet 分布，即分布参数各元素的值均相等，则分布参数由标量 $\alpha = \frac{\sum_k \alpha_k}{K}$ 替代，则其概率密度函数可以简化为

$$p(\bar{\mu} \mid \alpha) = \frac{\Gamma(K\alpha)}{\Gamma(\alpha)^K} \prod_{k=1}^{K} \mu_k^{\alpha - 1} \tag{2-4}$$

值得注意的是，$\bar{\mu}=(\mu_1,\ \cdots,\ \mu_K)$ 可以看作是某种概率分布，这样 Dirichlet 分布实际是描述概率分布的分布，因此 Dirichlet 分布在贝叶斯领域经常作为某一分布的先验分布广泛使用。

2.2 Dirichlet 过程

Dirichlet 过程通常作为非参数贝叶斯模型的先验分布，是一种随机过程。Dirichlet 过程最早由 Ferguson 于 1973 年给出明确定义，并证明其离散概率和为 1（Blackwell and MacQueen，1973）。下面给出 Dirichlet 过程的定义。

设（Θ，B）是可测空间，G_0是可测空间上的概率测度，α_0是正实数。测度空间（Θ，B）的随机概率测度 G 的分布满足：对可测空间的任意有限划分（A_1，A_2，…，A_r），随机向量（$G(A_1)$，$G(A_2)$，…，$G(A_r)$）服从以（$\alpha_0 G_0(A_1)$，$\alpha_0 G_0(A_2)$，…，$\alpha_0 G_0(A_r)$）为参数的 Dirichlet 分布，即

$$(G(A_1),G(A_2),\cdots,G(A_r)) \sim \mathrm{Dir}(\alpha_0 G_0(A_1),\alpha_0 G_0(A_2),\cdots,\alpha_0 G_0(A_r)) \tag{2-5}$$

则随机概率测度 G 服从以 G_0 为基分布、α_0 为集中参数的 Dirichlet 过程，记作 $G\sim \mathrm{DP}(\alpha_0,\ G_0)$。反之，当 $G\sim \mathrm{DP}(\alpha_0,\ G_0)$ 时，则式（2-5）成立。

Dirichlet 过程与 Dirichlet 分布类似，是分布之分布（measure on measure），即该过程的每个样本均为随机分布。从式（2-5）中可以看出，当划分区间个数 $r\to\infty$时，Dirichlet 分布变为 Dirichlet 过程，即可认为 Dirichlet 过程是 Dirichlet 分布在无限维的推广，其边际分布仍然是 Dirichlet 分布（Blackwell and MacQueen，1973）。

2.2.1 中餐馆过程

为实现 Dirichlet 过程的采样，目前常采用以下三种方式构建 Dirichlet 过程模型，即折棍子（Stick-breaking）构造、波利亚（Polya）罐子构造和中餐馆过程。本书中主要涉及中餐馆过程相关内容，因此主要对该构造方式进行介绍，其他两种构造方式见文献 Bishop（2006）、Blackwell 和 MacQueen（1973）。

中餐馆过程是 Dirichlet 过程的一种常用构造形式。中餐馆过程通过对无限维划分的概率分布的描述，体现了 Dirichlet 过程样本的离散和聚集特性。该种构造方式被证明非常有利于 Dirichlet 过程应用的扩展（Pitman，2006）。

中餐馆过程通过一群顾客到中餐馆就餐的过程构造 Dirichlet 过程。其构造过程如下：假设有一家中餐馆，其中有无限多张餐桌，每张餐桌可以供无限多的顾客就餐。顾客$\{\theta_1,\ \theta_2,\ \cdots,\ \theta_N\}$ 依次进入餐馆，第一位顾客θ_1就座于第一张餐桌φ_1；第 i 位顾客θ_i进入餐厅，以正比于第 t 张餐桌上顾客数n_t的概率就座于餐桌φ_t，或以正比于α_0的概率选择一张新的餐桌就座。当就座于一张新餐桌时，餐桌总数 T 增加 1，且通过$\varphi_T\sim G_0$采样得到新的餐桌φ_T，并使得$\theta_i=\varphi_T$。图 2-1 为中餐馆过程示意，从中可以看出通过餐桌实现了对顾客的划分。因此，中餐馆过程可以看作是某种划分的概率分布（Pitman，2006）。这里给

出顾客θ_N所就座餐桌的概率，设第 N 位顾客 θ_N 就座于餐桌的指示因子为z_N，则有

$$p(z_N=t|z_1,z_2,\cdots,z_{N-1},\alpha_0,G_0)=\begin{cases}\dfrac{n_t}{N-1+\alpha_0} & t\leqslant T\\ \dfrac{\alpha_0}{N-1+\alpha_0} & t=T+1\end{cases} \tag{2-6}$$

式中，n_t表示第 t 张餐桌的顾客数。从式（2-6）可以看出，新来的顾客更易选择顾客多的餐桌就座，体现了中餐馆过程的聚集特性。

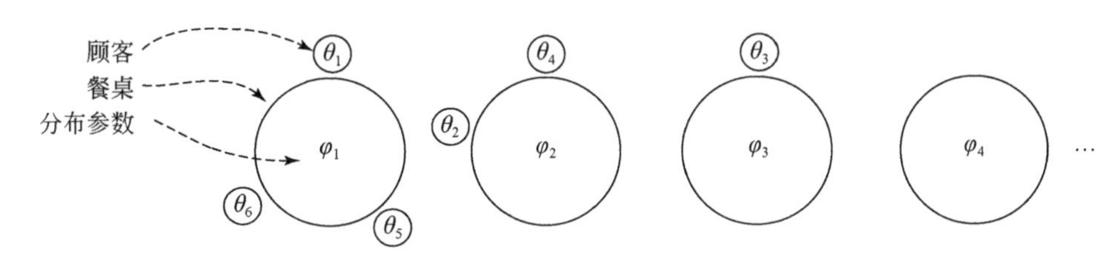

图 2-1　中餐馆过程示意

2.2.2　Dirichlet 过程混合模型

通过中餐馆过程的描述过程可知，Dirichlet 过程可以将完全相同的数据聚集一起。但在实际应用中由于数据的值不同而无法完成聚类，这限制了 Dirichlet 过程的应用。为此，研究人员提出了 Dirichlet 过程混合模型用于实际的应用分析（Antoniak，1974；MacEachern and Müller，1998；Silva，2006，2007）。

Dirichlet 过程混合模型是无限混合模型的一种，其参数先验服从 Dirichlet 过程。一般地，给定观测数据集 $X=\{x_1, \cdots, x_N\}$，其中每个观测数据x_i均服从：

$$G|\alpha_0,G_0\sim \mathrm{DP}(\alpha_0,G_0),\theta_i|G\sim G,x_i|\theta_i\sim F(\theta_i) \tag{2-7}$$

式中，θ_i表示分布参数（或参数向量）；F（θ_i）表示观测数据 x_i在给定参数θ_i时服从的分布。观测变量 x_i在给定分布参数θ_i下与其他观测变量条件独立，分布参数θ_i条件独立均服从分布 G，而分布 G 服从以α_0和G_0为参数的 Dirichlet 过程。该模型被称为 Dirichlet 过程混合模型。该混合模型的概率图如图 2-2（a）所示。

当 Dirichlet 过程混合模型采用中餐馆过程进行构造时，该模型又可称为中餐馆过程混合模型，其概率图如图 2-2（b）所示，图 2-2（b）中的观测数据x_i的分布参数θ_i可用φ_t，$t=z_i$表示。图 2-3 为中餐馆过程混合模型示意，顾客为数据x_i对应的分布参数θ_i，因此该混合模型可以将具有相同分布参数的数据聚集起来，从而达到聚类的目的。

2.2.3　基于 DP 的图像分割

遥感图像分割是将图像分成若干不相交区域的过程，每个区域内部具有相似的性质，是一种局部聚类的应用。Dirichlet 过程混合模型在进行聚类时假设数据之间是无序可交换

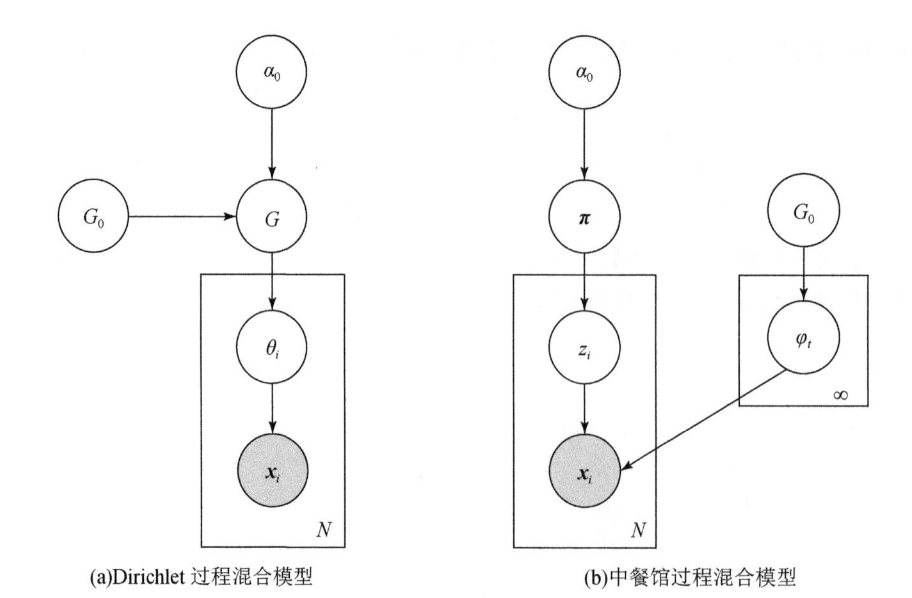

图 2-2　Dirichlet 过程及中餐馆过程的混合模型概率图

π 代表式（2-6）右侧 T+1 个数组成的向量

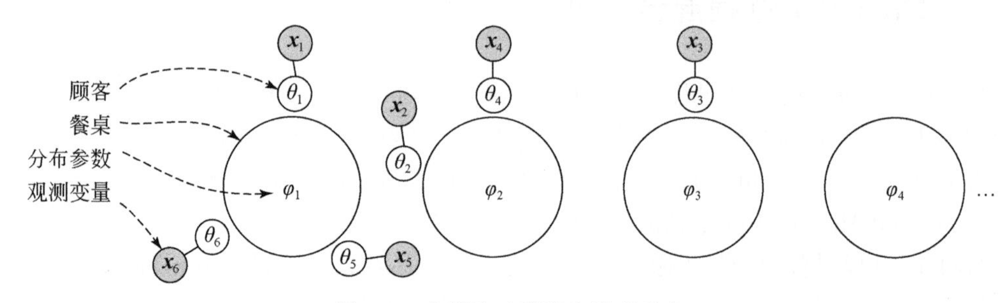

图 2-3　中餐馆过程混合模型示意

的，但是在处理时序数据、图像数据时，时间和空间邻近的数据更可能被聚集到一起。为充分考虑数据间的相互关系，Blei 和 Frazier（2011）提出了距离依赖的中餐馆过程（distance dependent Chinese restaurant process，ddCRP）模型。但是，该模型在形成聚类结果时计算量较大，降低了运算效率。为解决这一问题，本书提出基于餐桌构型的引座员中餐馆过程（usher Chinese restaurant process，uCRP）模型，并将其用于遥感图像分割。

本研究所采用的高分辨率图像为一幅 QuickBird 郊区全色图像，该图像为拍摄于 2006 年 4 月 26 日的北京通州郊区图像，图像空间分辨率为 0.6m，实验选取的图像范围为 900 像素×900 像素，如图 2-4（a）所示。通过目视解译，该图像中主要包含六类地物，分别为道路、建筑物、阴影、水体、农田和树木，其所对应的真实地物分布（Ground Truth）如图 2-4（b）所示（图中土黄色为未定义类型）。

下面详细分析空间参数 σ_{spa} 和光谱参数 σ_{spe} 对分割结果的影响。光谱参数 σ_{spe} 因遥感图像的不同对结果的影响差异较大，为保证分析的客观性，选择整幅遥感图像的标准差 σ_{global} 作为基准，即 $\sigma_{spe}=\lambda\sigma_{global}$，其中 λ 为比例系数。为表达方便，后续实验中将比例系数 λ 作为光谱参数 σ_{spe} 的替代变量。图 2-5 为分割体数量随空间参数变化曲线，此时固定

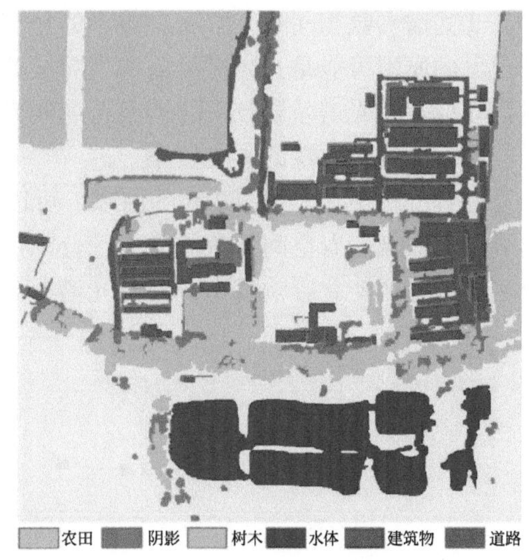

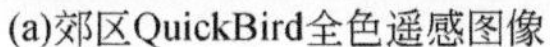

(a)郊区QuickBird全色遥感图像

(b)QuickBird图像对应的Ground Truth

图 2-4　实验数据及其对应的 Ground Truth

光谱参数不变。从图 2-5 中可以看出，开始时，随着空间参数的增大，分割体数量急剧降低；当空间参数增大到一定程度后（即 $\sigma_{spa}>5$），分割体数量的变化不大，趋于平稳。当空间参数较小时，仅很小范围内的像素间的空间关系较强，导致形成的分割体包含的像素数量较少，即分割体数量较多；而随着空间参数的增大，有较强空间关系的像素范围同时增大，导致形成的分割体包含的像素数量增多，即分割体数量减少；当空间参数增大到一定程度时，像素间的空间关系变化不大，既而形成的分割体数量也变化不大。同时注意到，当空间参数相同时，光谱参数小的分割体数量略大于光谱参数大的分割体数量。

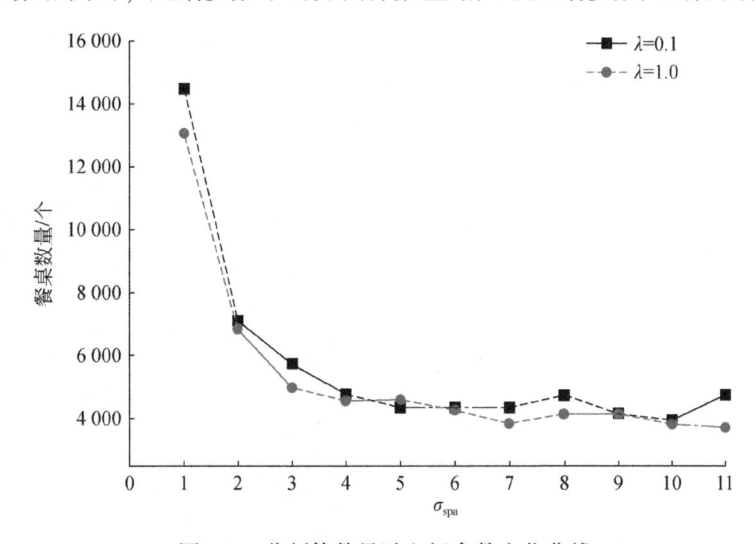

图 2-5　分割体数量随空间参数变化曲线

图 2-6 为分割体数量随光谱参数（用 λ 表示）变化曲线，此时固定空间参数不变。通过观察图 2-6 中曲线的变化，可以看出：①分割体数量随光谱参数的增大而呈缓慢下降趋

势；②光谱参数相同时，空间参数小的分割体数量远大于空间参数大的餐桌数量。产生这种现象的原因可能是，光谱参数增大应导致像素间的关系减弱，但是由于遥感图像中会大量存在像素间光谱差异较大的情况，即使光谱参数增大，其所决定的像素间关系也变化不大，因而对餐桌数量的影响较小。

综合分析图 2-5 和图 2-6 的结果，可以得出如下结论：空间参数对分割体数量的变化影响较大，且随着空间参数的增大，分割体数量先显著降低后保持相对稳定；光谱参数对分割体数量的变化影响较小，随着光谱参数的增大，分割体数量缓慢降低。

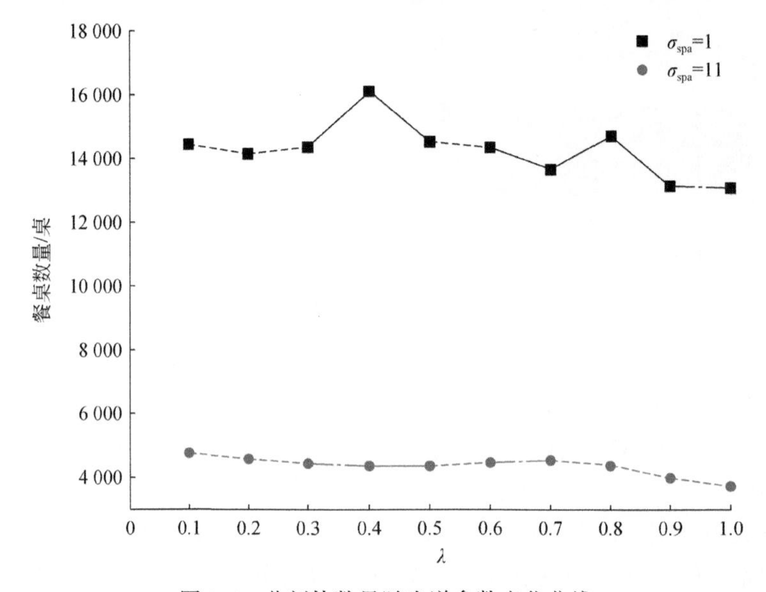

图 2-6　分割体数量随光谱参数变化曲线

图 2-7 为不同光谱和空间参数下形成的分割结果图，同一分割体采用相同颜色表示，从中可以直观地看出不同参数下分割结果的变化情况。当空间参数较小时，形成的分割体较小，数量较多；当空间参数较大时，形成的分割体较大，数量较少。

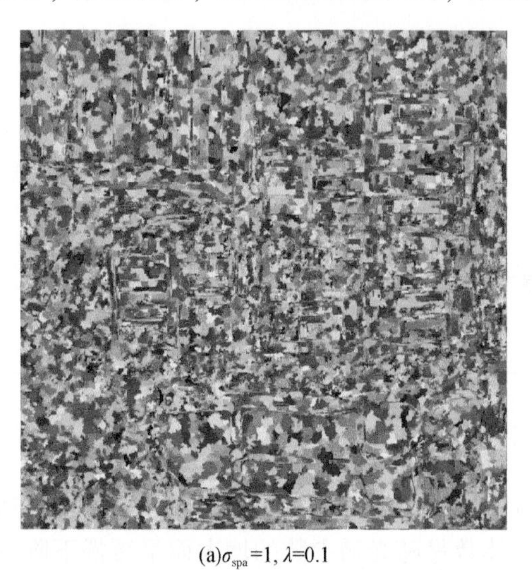

(a)σ_{spa}=1, λ=0.1

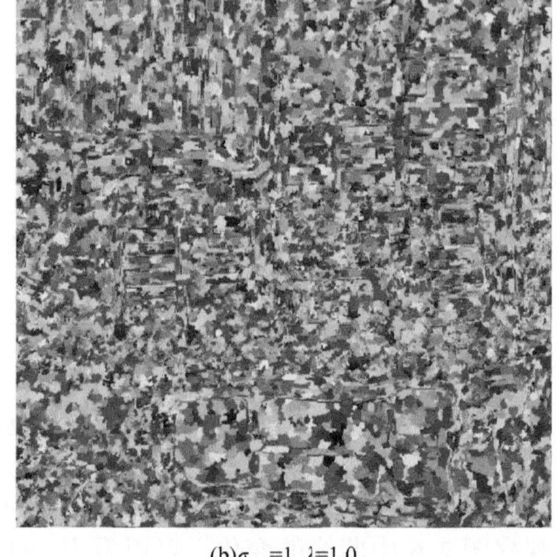

(b)σ_{spa}=1, λ=1.0

(c)σ_{spa}=11, λ=0.1

(d)σ_{spa}=11, λ=1.0

图 2-7　不同光谱和空间参数下的分割结果

2.3　层次 Dirichlet 过程

Dirichlet 过程模型仅适合对一组数据集进行建模分析，对于多组数据集的处理将无能为力。一种直观的做法是将多组数据组成一组数据集，然后利用 Dirichlet 过程混合模型对新的数据集进行建模。然而这种做法忽略了不同组数据之间的差异性，可能无法得到合理的聚类结果。Teh 等（2006）提出层次 Dirichlet 过程，将其作为多组数据混合模型的非参数先验分布，各组数据均可看成同一混合模型，各混合模型之间组分共享，可以实现多组数据的聚类分析。

层次 Dirichlet 过程由 Dirichlet 过程扩展而成，也常用作非参数贝叶斯模型的先验分布。层次 Dirichlet 过程是定义在可测空间（Θ, B）上一组随机概率测度集合的分布，是一组分布集合的分布。层次 Dirichlet 过程的定义如下：

设随机概率测度集合 $\{G_m\}_M$中的任意一概率测度为G_m，全局随机概率测度为G_0。G_0服从以 γ 为集中参数，H 为基分布的 Dirichlet 过程，即

$$G_0 | \gamma, H \sim \mathrm{DP}(\gamma, H) \tag{2-8}$$

各随机概率测度G_m在给定 G_0 时条件独立，并且服从以 α 为集中参数，G_0 为基分布的 Dirichlet 过程，即

$$G_m | \alpha, G_0 \sim \mathrm{DP}(\alpha, G_0) \tag{2-9}$$

根据定义，层次 Dirichlet 过程是由两层的 Dirichlet 过程组合而成。此外，层次 Dirichlet 过程可以方便地扩展为更多层，如基分布 H 本身服从一个 Dirichlet 过程。实际上，

层次 Dirichlet 过程根据需要可以扩展到任意多层。

同 Dirichlet 过程类似，层次 Dirichlet 过程也有不同的构造形式：Stick-breaking 构造、中餐馆连锁（Chinese restaurant franchise，CRF）构造以及对有限混合模型进行无限近似（Teh et al.，2006）。

2.3.1 中餐馆连锁模型

CRF 模型是层次 Dirichlet 过程的实现方式之一，与 CRP 类似，通过顾客到餐馆就餐的方式构造层次 Dirichlet 过程（Teh et al.，2006）。但由于层次 Dirichlet 过程用于多组数据的建模，其构造方式由一家餐厅扩展到多家餐厅组成的连锁店。

CRF 模型可描述为：假设有 M 家中餐馆构成的连锁店，每家中餐馆有无限多张餐桌，每张餐桌可以供无限多的顾客就餐。同时，每位顾客选择一张餐桌就餐，每张餐桌由第一位就座的顾客负责点菜，同一餐桌上的其他顾客均共享同一道菜。不同的餐馆共享同一份菜单，每张餐桌可以从菜单中选择任意一道菜。设菜单由从基分布 H 中独立采样的 K 个随机变量 $\{\varphi_1, \varphi_2, \cdots, \varphi_K\}$ 组成，其中第 k 道菜为φ_k。对于第 m 家餐馆的 N 位顾客 $\{\theta_{m,1}, \theta_{m,2}, \cdots, \theta_{m,N}\}$，第一位顾客就座在第一张餐桌并负责从菜单中点一道菜。第 n 位顾客$\theta_{m,n}$进入餐厅，其以正比于餐桌 t 上已有顾客人数$n_{m,t}$的比例选择餐桌 t，或以正比于α_0的比例选择一张新餐桌。当顾客 $\theta_{m,n}$选择一张新餐桌时，其负责为该新餐桌点菜，以正比于所有餐厅已点第 k 道菜的餐桌数m_k的比例点菜 φ_k，或者以正比于 γ 的比例点一道新菜。当点一道新菜时，菜单中菜的数量 K 增加 1，同时从基分布 H 中采样得到新菜$\varphi_K \sim H$并更新菜单。

为描述方便，引入如下指示变量：$t_{m,n}$表示顾客 $\theta_{m,n}$就座的餐桌编号，$k_{m,t}$表示第 m 家餐馆餐桌 t 所点的菜编号。顾客 $\theta_{m,n}$在给定其他顾客就座的餐桌编号后，则有

$$p(t_{m,n} \mid t_{m,1}, t_{m,2}, \cdots, t_{m,t-1}, \alpha) \propto \sum_t n_{m,t}\delta(t_{m,n}, t) + \alpha\delta(t_{m,n}, t^{\text{new}}) \tag{2-10}$$

同时，当给定其他所有餐桌的所点的菜后，则有

$$p(k_{m,t} \mid k_1, \cdots, k_{m-1}, k_{m,1}, \cdots, k_{m,t-1}, \gamma) \propto \sum_k m_k\delta(k_{m,t}, k) + \gamma\delta(k_{m,t}, k^{\text{new}}) \tag{2-11}$$

式中，$k_m = \{k_{m,1}, k_{m,2}, \cdots, k_{m,T}\}$ 表示第 m 家餐厅中所有餐桌所点的菜；$\delta(,)$ 为 δ 函数，当两个变量的值相等时，取值为 1，否则，取值为 0。

通过以上描述，中餐馆连锁可以看成为顾客分配餐桌和为餐桌点菜两个阶段，每个阶段分别对应一个 CRP 模型。利用式（2-10）可以为每位顾客分配一张餐桌。餐桌分配完毕后，再利用式（2-11）为每张餐桌从菜单中点一道菜。

图 2-8 为中餐馆连锁示意，通过该隐喻可以形象地描述层次 Dirichlet 过程。从图 2-8 中不难发现，该构造一方面利用餐桌将顾客进行某种划分，另一方面通过点菜将餐桌进行划分，分别实现了局部和全局两层聚类。通过共享菜单（菜当作聚类类别），可以实现聚类类别在不同组数据间的共享。

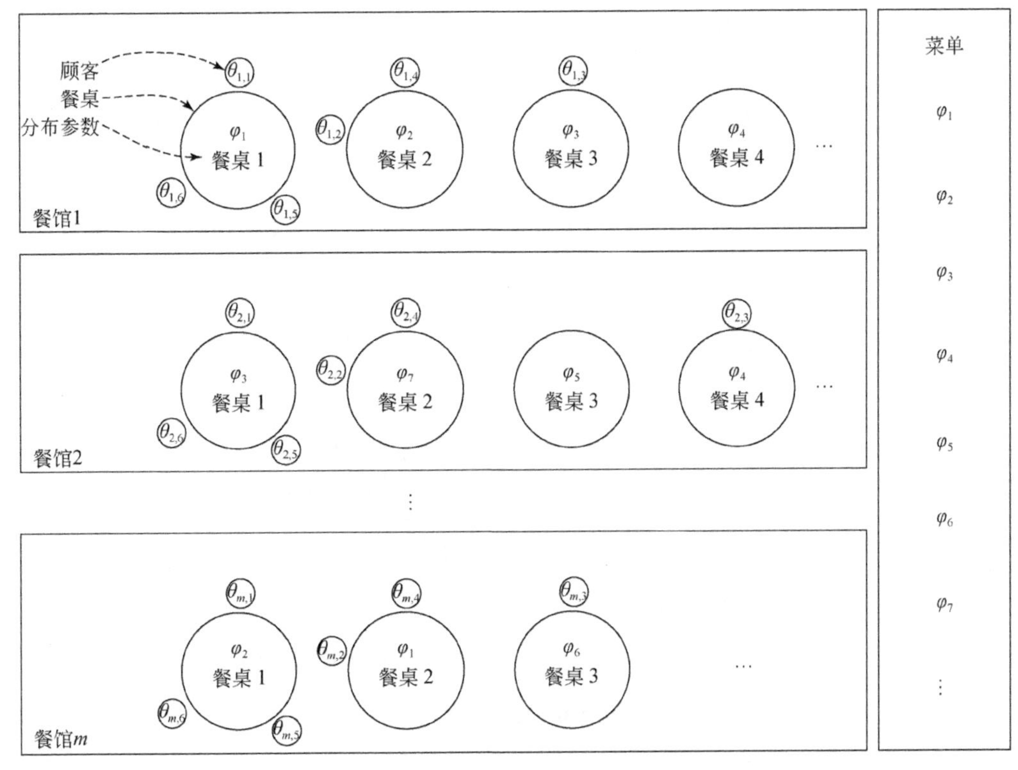

图 2-8　中餐馆连锁示意

2.3.2　层次 Dirichlet 过程混合模型

层次 Dirichlet 过程混合模型是将层次 Dirichlet 过程作为混合比例先验的无限混合模型，用于实现多组数据的聚类分析。一般地，给定多组观测数据 $\{\boldsymbol{x}_{m,1}, \boldsymbol{x}_{m,2}, \cdots, \boldsymbol{x}_{m,N}\}_M$，其中每个观测数据均满足：

$$G_0 \mid \gamma, H \sim \mathrm{DP}(\gamma, H), G_m \mid \alpha, G_0 \sim \mathrm{DP}(\alpha, G_0),$$
$$\theta_{m,n} \mid G_m \sim G_m, x_{m,n} \mid \theta_{m,n} \sim F(\theta_{m,n}) \tag{2-12}$$

式中，$\theta_{m,n}$为数据$x_{m,n}$对应的分布参数；$F(\theta_{m,n})$ 为给定分布参数$\theta_{m,n}$时数据$x_{m,n}$服从的分布。在给定分布 $\theta_{m,n}$时，观测数据之间条件独立。分布参数 $\theta_{m,n}$条件独立均服从分布G_m，同时G_m服从以 α 和 G_0 为参数的 Dirichlet 过程，G_0 服从以 γ 和 H 为参数的 Dirichlet 过程。则该模型称为层次 Dirichlet 过程混合模型，其概率图模型如图 2-9（a）所示。特别地，由于 Dirichlet 过程是 Dirichlet 分布在无限维的推广，可以证明层次 Dirichlet 过程混合模型可利用 LDA 模型无限近似得到（Heinrich，2012）。

当层次 Dirichlet 过程混合模型的先验利用中餐馆连锁构造时，可称为中餐馆连锁混合模型，其概率图模型如图 2-9（b）所示。图 2-9（b）中，分布参数 $\theta_{m,n}$利用$\theta_{m,n}=\varphi_k$，$k=k_{m,t}$，$t=t_{m,n}$表示。图 2-10 为中餐馆连锁混合模型示意，最终通过为每位顾客确定一道菜来实现不同组数据的聚类。

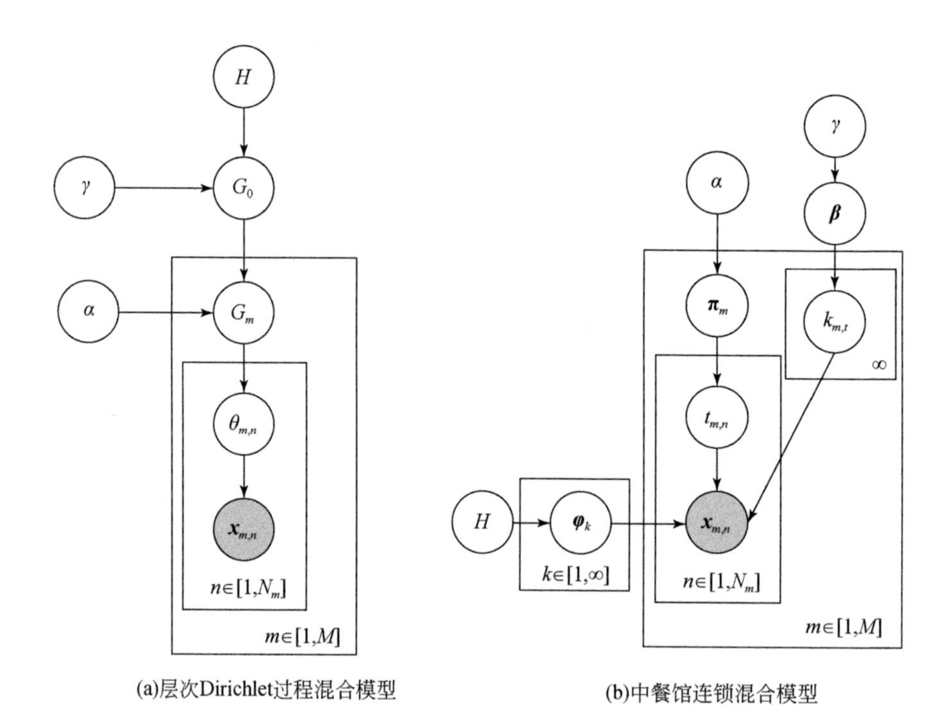

图 2-9 概率图模型

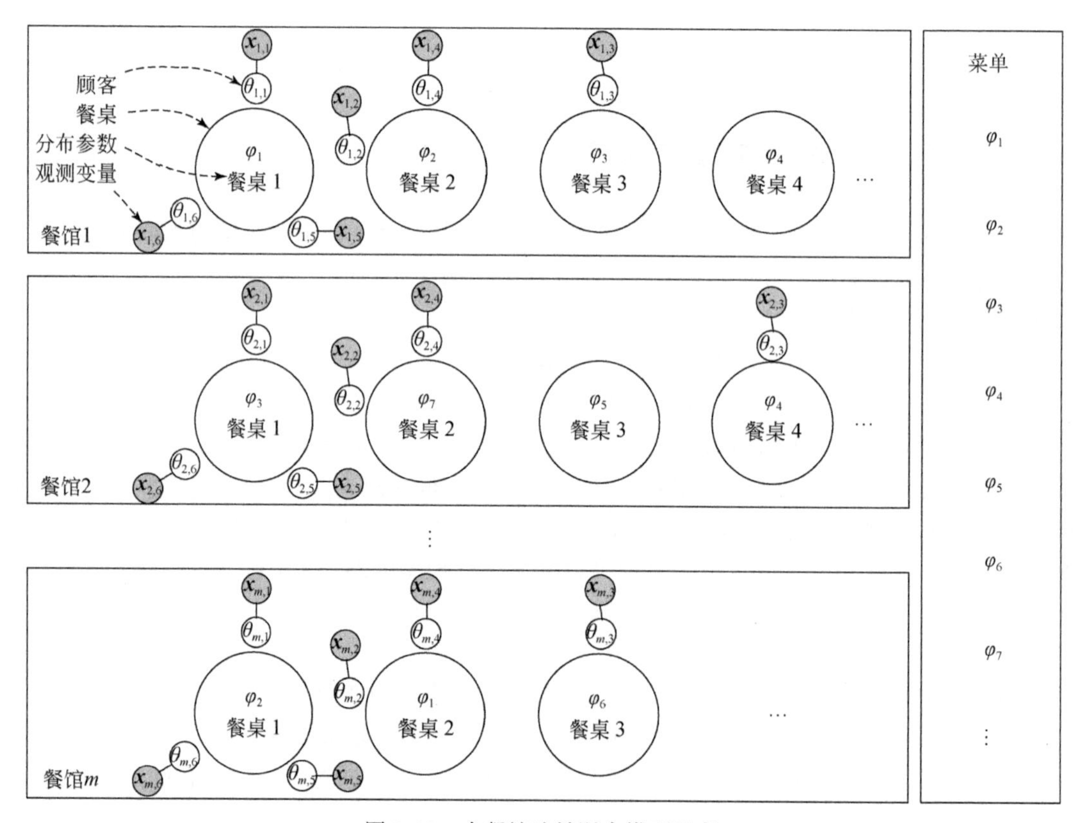

图 2-10 中餐馆连锁混合模型示意

2.3.3 基于 HDP 的图像聚类

层次 Dirichlet 过程混合模型可以用于遥感图像的非监督聚类分析，其基本框架如图 2-11 所示。在该框架中假设语义空间（即主题或菜）对应于遥感图像分类的地物，每个像素的特征对应于一个视觉词。在该框架中一般假设主题是关于视觉词的多项式分布，因此当处理对象是全色遥感图像时，视觉词可直接利用像素的灰度值进行表示；而对象是多光谱遥感图像时，可对每个像素的灰度向量进行量化［如利用 K 均值（K-means）聚类］生成视觉词，即通过量化将多光谱遥感图像变换成遥感全色图像。由于层次 Dirichlet 过程模型等主题模型用于多组数据（即文档集）建模，同时高分辨率遥感图像包含地物的复杂性和丰富性，无法将整幅遥感图像当成一个整体进行分析，需要通过预处理将遥感图像划分成一系列子图像以形成分析单元。值得注意的是，子图像的划分方式一般可分为重叠和非重叠两种。由于概率主题模型假设文档之间是独立不相关的，许多研究者常采用重叠子图像的划分方式以隐式地引入空间相关性。本书将采用其他方式对图像中的空间关系进行建

1)遥感图像

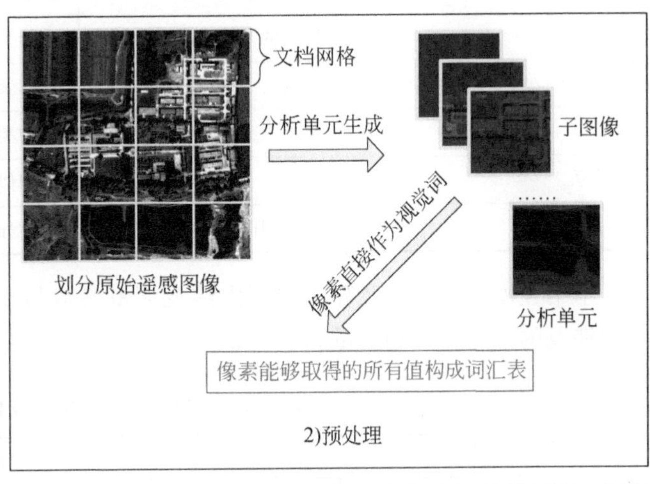

2)预处理

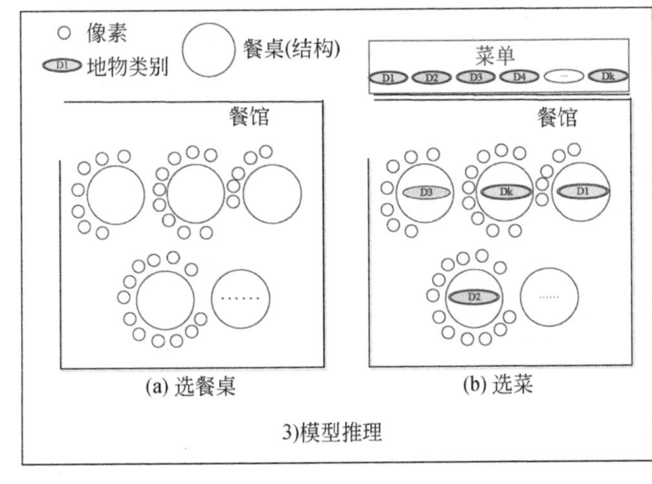

3)模型推理

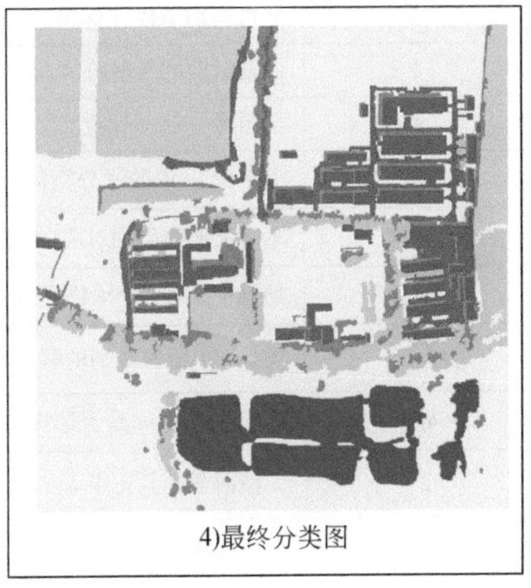
4)最终分类图

图 2-11 基于层次 Dirichlet 过程模型的遥感图像分类框架

模，因此采用如图 2-11 所示的预处理方法，即将遥感图像划分成非重叠的子图像，然后通过模型推理获得各分析单元中每个像素所在餐桌（结构）以及每张餐桌所点的菜（地物类别），据此可获得每个像素所对应的地物类别，最终实现对遥感图像的非监督分类。

此外，由于层次 Dirichlet 过程等主题模型首先是应用于文本处理领域，当将该类方法用于遥感图像处理领域时，需要与文本域（包括模型的隐喻）建立一些概念术语的对应关系，以便于模型的描述和理解，具体见表 2-1。

表 2-1　文本域与本书图像域中概念术语对应关系表

文本域	图像域	本书含义
词	视觉词	像素灰度值
文档/餐馆	分析单元	原始遥感图像的子图像块
词汇表	词汇表	所有像素对应的唯一的灰度值
主题/菜	地物类别	关于灰度值的多项式分布
顾客	模型的参数	地物类别分布的参数
餐桌	结构	局部聚类
菜单	菜单	地物类别列表
菜系	场景	由相似子图像组成的图像区域
—	过分割体	由过分割算法生成的像素簇

本书在模型的描述及算法求解中涉及大量参数与变量，为使后续模型表达清晰准确，书中涉及的常用参数和变量见表 2-2。

表 2-2　书中涉及的常用参数和变量

参数名	参数含义
K	地物类别个数（标量）
V	像素对应的灰度阶（标量）
M	子图像个数（标量）
N_m	子图像 m 中的过分割体（或像素）个数（标量）
$\boldsymbol{\varphi}_k$	第 k 个地物类别对应的灰度分布（V 维向量）
$\pi_{s,k}$	场景 s 中第 k 个地物类别的稀疏度（标量）
$\bar{\boldsymbol{\pi}}_s$	场景 s 中所有类别的稀疏度（K 维向量）
$b_{m,k}$	标记子图像 m 是否选择第 k 个地物类别的二值变量（标量）
$\bar{\boldsymbol{b}}_m$	二值向量，其中第 k 个元素为 $b_{m,k}$（K+1 维列向量）
$\boldsymbol{B}$	第 m 列为 $\bar{b}_m$ 的二值矩阵（$K \times M$ 矩阵）
$\boldsymbol{S}$	子图像的场景标签（M 维向量）

续表

参数名	参数含义
$\boldsymbol{w}_{m,g}$	子图像 m 的第 g 个过分割体表示为 $\boldsymbol{w}_{m,g}=(w_1, \cdots, w_{N_g})$，其中 w_i 是第 i 个像素的灰度值；N_g 是过分割体中的像素个数（N_g 维向量）
m_k	第 k 个类别对应的餐桌数量（标量）
$n_{m,t}$	子图像 m 中第 t 张餐桌对应的像素个数
$\boldsymbol{w}_{m,t}$	子图像 m 中第 t 张餐桌表示为 $\boldsymbol{w}_{m,t}=(w_1, \cdots, w_{n_{m,t}})$，其中 w_i 是餐桌上第 i 个像素的灰度值
$t_{m,g}$	过分割体 $\boldsymbol{w}_{m,g}$ 所对应的餐桌编号（标量）
$k_{m,t}$	子图像 m 中第 t 张餐桌的类别编号（标量）
$\boldsymbol{t}$	所有过分割体的餐桌编号矩阵，每个元素为 $t_{m,g}$（矩阵）
$\boldsymbol{k}$	所有餐桌的类别矩阵，每个元素为 $k_{m,t}$（矩阵）
$f_k(\cdot)$	第 k 个地物类别对应的似然

基于图 2-11 的聚类分析框架，不同模型对应 QuickBird 郊区图像聚类结果如图 2-12 所示。从视觉角度分析，如图 2-12（b）和（c）所示的 *K*-means 和 ISODATA 方法的结果中，水体和阴影出现严重的混淆，阴影基本被误分成水体；而图 2-12（a）所示的 CRF 模型的结果中，水体和阴影得到了很好的区分。该幅图像中阴影和水体的灰度值分布存在一定的重叠，因此这两类地物属于“异物同谱”。传统的 *K*-means 和 ISODATA 方法仅仅利用遥感图像的光谱信息进行分类，对于“异物同谱”的地物无法进行区分。而 CRF 作为概率主题模型，可充分利用分析单元内的地物共生关系，具有解决“异物同谱”的能力。这进一步说明了主题模型用于高分辨率遥感图像分类的优越性。

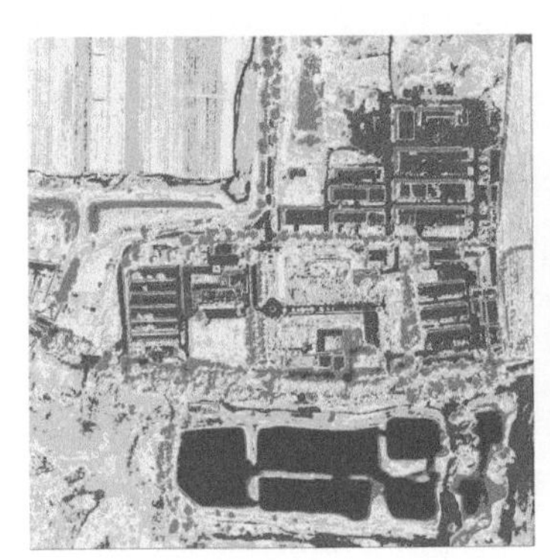
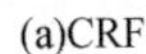

(a)CRF

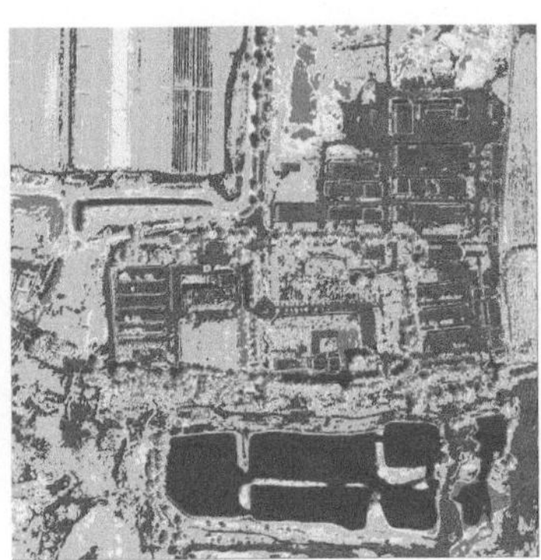

(b)*K*-means

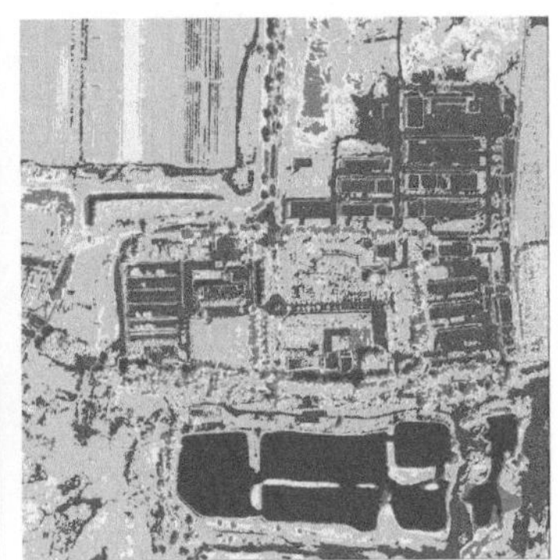

(c)ISODATA

图 2-12　不同模型对应 QuickBird 郊区图像聚类结果

QuickBird 郊区图像不同方法非监督分类结果的定量评价见表 2-3。从表 2-3 中可以看出，CRF 模型的总体熵值最小，而相应的 Kappa 系数值最大，表明其非监督分类结果与实际的地物分布吻合较好，一致性较高，具有较高的分类精度。这表明，CRF 等概率主题模型用于遥感图像非监督分类，可以获得比传统方法更好的结果，进一步说明该类方法用于遥感图像分析的潜力。

表 2-3　QuickBird 郊区图像不同方法聚类结果的定量评价

聚类方法	总体熵	Kappa 系数
CRF	1. 0709	0. 5512
ISODATA	1. 1048	0. 5104
K-means	1. 1221	0. 4595

第 3 章 高分图像空谱协同聚类框架

概率主题模型应用于高分辨率遥感图像分析时，其空间关系的利用主要存在于分析单元内地物的共生关系，在 CRF 模型中通过服从 $G_m \sim \mathrm{DP}(\alpha_0, G_0)$ 分布进行描述，主要刻画分析单元中不同地物的混合比例。该类模型假设各分析单元之间相互独立，且共享相同的先验分布 G_0，因此忽略了分析单元之间的空间关系，且所有类别均参与每个分析单元的建模。然而，现实世界中不同场景呈现不同的地物聚集关系（场景），某一场景中仅有有限的地物类型存在，忽略分析单元之间的地物聚集性容易造成分类结果在局部出现一些较少的非相关类别，进而影响分类结果的整体空间一致性和分类精度。为解决这一问题，本章在传统 HDP 模型的基础上，嵌入多场景的 IBP 模型用于刻画分析单元间的关系，提出顾及分析单元间地物聚集关系的 HDP_IBPs 模型用于高分辨率遥感图像的非监督分类。

具体地，本章首先介绍 IBP 模型的基本原理，然后在此基础上提出顾及分析单元间地物聚集关系的 HDP_IBPs 模型，详细介绍该模型涉及的基本原理，即根据分析单元间地物的聚集性将其划分为不同的场景以描述分析单元间的空间关系，同时嵌入多场景的 IBP 模型确定每个分析单元的最佳地物类别子集，实现对分析单元的精确建模，以得到具有较高空间一致性和分类精度的结果。此外，HDP_IBPs 模型通过一体化建模方法还可同时获得分析单元聚集形成的场景分布结果，即可以实现场景的非监督分类，这是该模型区别于其他模型的特点。

3.1 HDP_IBPs 模型

3.1.1 IBP

IBP 模型是用于描述二值稀疏矩阵的随机过程，其中矩阵的行数有限，列数无限（Heinrich, 2012；Gershman and Blei, 2012）。IBP 通常作为贝叶斯非参数模型的先验分布。虽然 IBP 模型描述的二值稀疏矩阵列数是无限的，然而仅有有限列的非零元素，因此可用于特征选择。例如，Wang 和 Blei（2009）利用该模型作为主题-词矩阵的先验提出稀疏主题模型，用于刻画由稀疏词构成的主题。

IBP 模型同 DP 模型类似，可以通过一个在印度自助餐馆就餐的隐喻进行描述。具体可描述为：假设印度自助餐馆可以提供无限多道菜供顾客选择，每道菜沿自助餐桌依次排开。M 位顾客依次进入餐厅就餐，每位顾客排队沿自助餐桌进行选菜。第一位顾客从头开始进行选菜放入餐盘，当选择了 Poisson（a）道菜之后由于餐盘过满而停止。第 i 位顾客沿自助餐桌进行选菜，根据每道菜的受欢迎程度进行菜品选择，即前面选该菜的顾客比例为m_k/i，其中m_k为前面选择该菜的顾客人数。当到达前面顾客已选菜的结尾处时，第i位顾客仍可尝试选择其他 Poisson（a/i）道新菜。整个过程可以用一个M行无限多列的二值矩阵$\boldsymbol{B}$表示每位顾客的选菜情况，其中$b_{i,k}=1$表示第i位顾客选择了第k道菜。

此外，IBP 模型可以通过对$M\times K$维的二值矩阵$\boldsymbol{B}$近似得到。Teh 等（2007）给出了IBP 模型的折棍子构造，其所对应的概率图模型如图 3-1（b）所示。

$$\pi_k \sim \mathrm{Beta}(\xi,1),\qquad \text{每个 } k \text{ 独立采样} \tag{3-1}$$

$$b_{m,k} \sim \mathrm{Bernoulli}(\pi_k),\qquad \text{每个 } m,k \text{ 独立采样} \tag{3-2}$$

式中，$b_{m,k}$表示$\bar{\boldsymbol{b}}_m$的第k个元素；π_k表示二值矩阵中第k列非零元素的概率。一般来说，常设ξ为 1 来得到对称先验π_k；$\bar{\boldsymbol{b}}_m$表示矩阵$\boldsymbol{B}$的第m行。

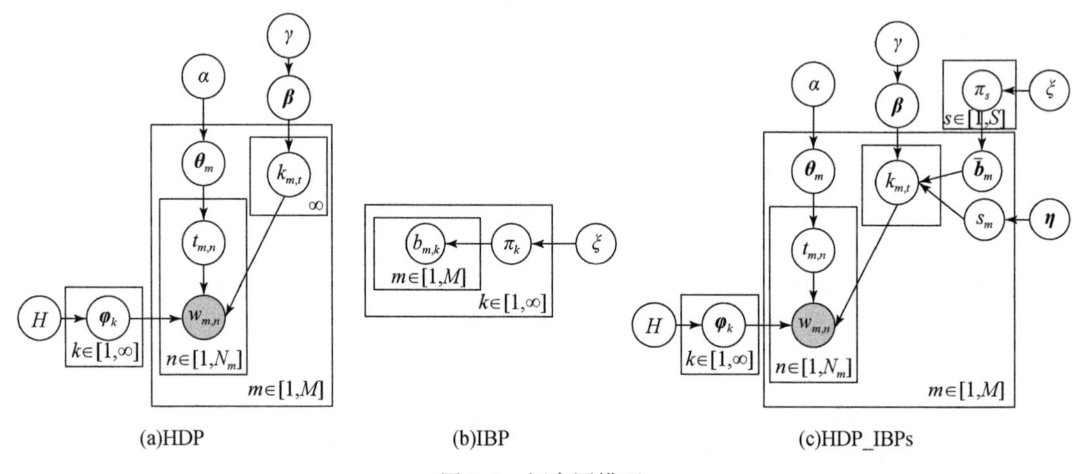

图 3-1　概率图模型

3.1.2　HDP_IBPs 模型原理

从图 3-1（a）所示的 HDP 模型的概率图表达中可知，该模型中所有的文档共享相同的先验分布，并且对于每个文档而言，所有的类别（即主题）均用于其表达，即每个类别在文档中均可能出现。然而由于现实世界中地物分布呈现出某种聚集现象，即某一场景中仅有有限几种地物分布，其他地物类型几乎没有。因此将 HDP 模型直接用于高分辨率遥感图像非监督分类时，所有的地物类别均可能出现在所有的子图像中，这将使得分类结果局部混有不太可能出现的地物，从而影响结果的整体空间一致性，降低分类性能。

为了解决这一问题，本节将 HDP 模型与 IBP 模型相结合，提出基于场景的 HDP 和IBP 耦合模型用于高分辨率遥感图像非监督分类，简称 HDP_IBPs 模型，其概率图模型如图 3-1（c）所示。该模型根据不同场景的 IBP 模型为各分析单元从所有地物类别中确定最可能出现的地物子集，从而实现对遥感图像更精确的模型表达。同时，根据各分析单元中地物的共生关系确定其场景类别，形成一个相互反馈的过程。为便于理解与模型的实现，提出的 HDP_IBPs 模型可采用类似于中餐馆连锁的隐喻进行表达，下面简要描述其过程。

假设连锁店由M家中餐馆构成，每家中餐馆有无限多张餐桌，每张餐桌可供无限多位顾客就餐，且每张餐桌仅仅提供一道菜供顾客享用。连锁店中的餐馆根据菜系的不同可进行划分，如鲁菜、粤菜和穆斯林餐馆等。所有餐馆菜单的全集称为总菜单，即每个餐馆的菜单均是总菜单的一个子集，且与其所属菜系密切相关。然而不同菜系的餐馆由于文化、地域的差异其菜单差异较大（但可有相同的菜），而相同菜系的餐馆具有相似的菜单。例如，穆斯林餐厅由于伊斯兰教饮食规定而不允许有包含猪肉的菜品，但是其他餐馆完全有可能包含使用猪肉为原料的名菜（如东坡肉）。设第 g 组顾客（可以理解为一帮朋友）进入第 m 家餐馆就餐时，约定该组顾客仅能选择同一张餐桌就餐，该餐桌记为$t_{m,g}$。同时，该组顾客以正比于餐桌上的顾客人数的概率选择一张已使用的餐桌，或者以正比于先验的概率选择一张新餐桌。当这组顾客选择一张新的餐桌$t_{m,g}$时，需要为这张新餐桌从餐馆的菜单中点一道菜，令$k_{m,t}$表示餐桌$t_{m,g}$对应的菜的编号。这道菜可以是一道已点过的菜（其概率正比于已点该道菜的所有餐桌的个数），或者是一道新菜（其概率正比于先验 γ）。按照上述流程，可使得每组顾客均完成就餐过程。

顾客点菜时均从所在餐馆的菜单中点菜，而不同餐馆的菜单依赖于所属菜系，且为总菜单的一个子集，因此考虑引入二值向量$\bar{\boldsymbol{b}}_m=(b_{m,1},\ \cdots,\ b_{m,K})$ 指示总菜单中的那些菜出现在该餐馆的菜单中。其中二值向量中的第 k 个元素$b_{m,k}$表示第 m 个餐馆中是否选择第 k 道菜。类似 HDP 模型，HDP_IBPs 模型可以得到如下的条件分布：

$$p(t_{m,g} \mid t_{m,1},\cdots,t_{m,g-1},\alpha) \propto \sum_{t} n_{m,t}\delta(t_{m,g},t) + \alpha\delta(t_{m,g},t_{\text{new}}) \tag{3-3}$$

$$p(k_{m,t} \mid k_1,\cdots,k_{m-1},k_{m,1},\cdots,k_{m,t-1},\gamma) \propto \sum_{k} m_k\delta(k_{m,t},k)\, b_{m,k} + \gamma\delta(k_{m,t},k_{\text{new}}) \tag{3-4}$$

式（3-3）和式（3-4）分别表示对一组顾客分配餐桌和点菜两个过程。

图 3-2 为 HDP 模型和 HDP_IBPs 模型的中餐馆连锁隐喻示意。图 3-2 中每个彩色圆圈代表一位顾客，具有相同颜色的圆圈表示在同一餐馆中的一群顾客，为表示方便，一个餐

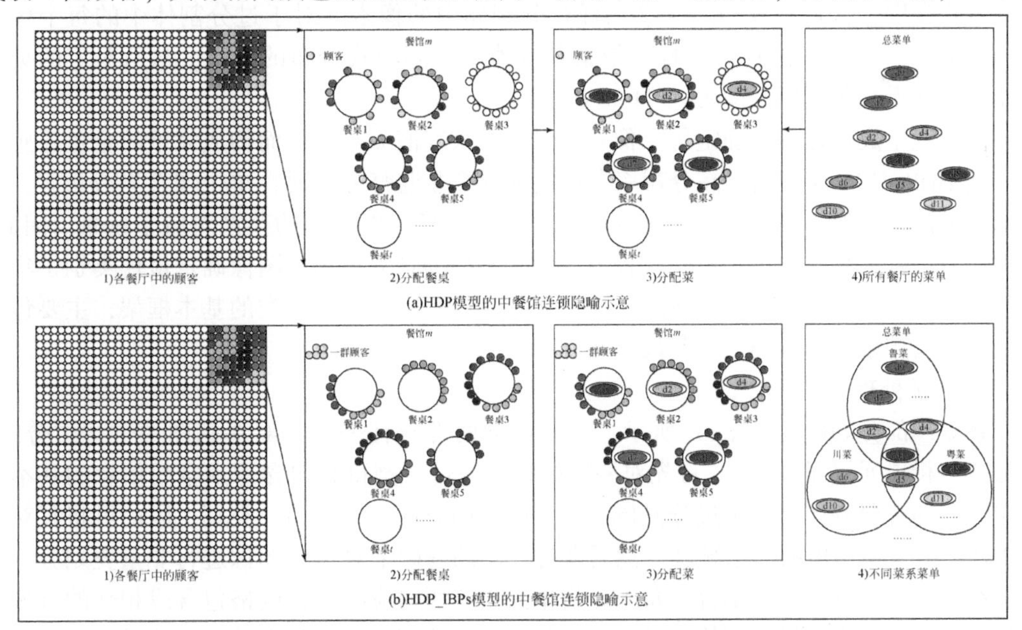

图 3-2　HDP 模型和 HDP_IBPs 模型的中餐馆连锁隐喻示意

馆由规则的网格表示。通过对比不难发现，HDP_IBPs模型与HDP模型的区别在于以下两个方面：①一群顾客而非单个顾客同时选择餐桌；②每道菜从餐馆所属菜系确定的特定的菜单中获得，而非直接从总菜单中获得。

3.1.3 HDP_IBPs模型的生成过程

利用HDP_IBPs模型对高分辨率全色遥感图像进行建模时，同样假设像素灰度值服从多项式分布，且先验分布为Dirichlet分布。根据图3-1（c）所示的HDP_IBPs概率图模型，高分辨率全色遥感图像中各像素的灰度值可通过如下生成过程产生。

1）采样场景编号。设子图像的场景编号先验服从离散分布，则子图像d_m的场景编号s_m可通过$s_m \sim \text{Mult}(\overline{\eta})$采样得到，其中$\overline{\eta}$为多项式分布参数。

2）采样地物类别。对于每个地物类别$k \in \{1, 2, \cdots, K, \cdots\}$，根据Dirichlet先验采样每个地物类别关于灰度值（8位图像取值0～255）的多项式分布，即$\boldsymbol{\varphi}_k \sim \text{Dir}(H)$。

3）采样主题稀疏度。对于每个场景s，第k个主题稀疏度$\pi_{s,k}$可以根据式（3-1）采样得到，即$\pi_{s,k} \sim \text{Beta}(\xi, 1)$。

4）对于子图像集合$\mathcal{D}=\{d_1, d_2, \cdots, d_M\}$中每个子图像$d_m \in \mathcal{D}$。

采样二值向量$\overline{\boldsymbol{b}}_m$：子图像$d_m$的场景编号为$s_m$，二值向量$\overline{\boldsymbol{b}}_m$的第$k$个元素$b_{m,k}$可以根据式（3-2）采样得到，即$b_{m,k} \sim \text{Bernoulli}(\pi_{s,k})$，其中$s=s_m$。

对于子图像中的每个过分割体$w_{m,g} \in \{w_{m,1}, w_{m,2}, \cdots, w_{m,G}\}$：①采样过分割体对应地物类别。根据模型描述，过分割体$w_{m,g}$的地物类别$z_{m,g}$可以通过以下两步得到。一是采样餐桌。利用式（3-3）采样得到过分割体$w_{m,g}$所对应的餐桌编号$t_{m,g}$。二是采样餐桌类别。利式（3-4）采样得到第$t_{m,n}$张餐桌所点的菜$k_{m,t}$（即类别），由此可得到过分割体$w_{m,g}$所对应的地物类别$z_{m,g}=k_{m,t}$，$t=t_{m,g}$。②采样过分割体中的像素。对于过分割体中的每个像素$w_{g,i} \in \{w_{g,1}, w_{g,2}, \cdots, w_{g,n}\}$，根据像素灰度值服从多项式分布的假设，从所对应的类别分布中采样得到灰度值，即$w_{g,i} \sim \text{Mult}(\boldsymbol{\varphi}_{z_{m,g}})$。

由以上生成过程可以确定每个像素所对应的灰度值$w_{m,n}$，进而构成完整的全色遥感图像。当HDP_IBPs模型用于高分辨率全色遥感图像非监督分类时，单个像素当成顾客，而局部同质的一簇像素当成一组顾客，餐馆当成子图像，而不同的菜系对应于场景。因此，根据所属菜系为餐馆选择菜单的过程可认为是依据场景为每个子图像确定最佳类别子集的过程。图3-3为HDP_IBPs模型高分辨率全色遥感图像非监督分类的基本框架，主要包括预处理、模型推理和分类三个阶段。

（1）预处理

预处理部分如图3-3（a）所示，主要包含两部分任务：①对遥感图像进行过分割；②形成分析单元（子图像）。首先对原始遥感图像过分割得到包含像素空间信息的基本分析单元，即过分割体。每个过分割体具有高度的同质性，属于同一类别，因此可将其对应为HDP_IBPs模型中的一组顾客。然后在过分割的基础上对遥感图像进行非重叠划分，得到一组不重叠的分析单元集合。每个分析单元由其所对应的文档网格包含或相交的过分割体构成。对于相交的过分割体，其可能会与多个文档网格具有相交关系，此时该过分割体

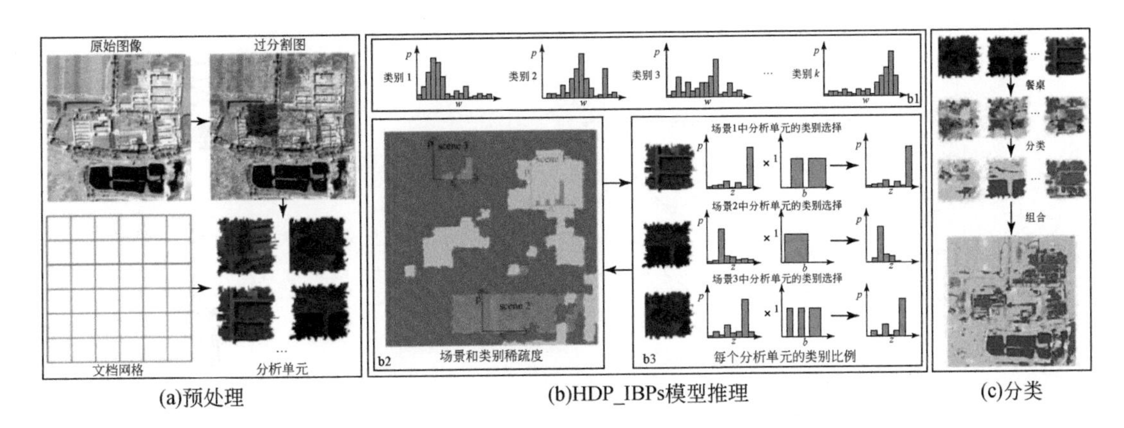

(a)预处理　　(b)HDP_IBPs模型推理　　(c)分类

图 3-3　基于 HDP_IBPs 模型遥感图像非监督分类的基本框架

属于包含其像素个数最多的子图像。过分割的目的是产生具有局部空间一致性的处理单元，该过程不依赖于具体的过分割算法。本书中过分割采用的是刘洺堉提出的基于熵率的超像素生成算法（Liu et al., 2011），该算法可以得到具有近似大小的过分割体（每个过分割体像素个数接近），且其参数较为简单，主要参数为过分割体个数。

（2）模型推理

图 3-3（b）表示该框架的主要步骤，利用模型推理获得地物类别（主题）和每个分析单元的类别混合比例（proportion of classes）。原始 HDP 模型中，分析单元中类别混合比例利用所有类别进行表示，而在 HDP_IBPs 模型中采用 IBP 模型（每个场景对应一个 IBP）作为各场景中分析单元的类别子集选择的先验。先确定每个分析单元最可能出现的类别子集，然后利用类别子集刻画子图像的类别混合比例。这个为分析单元选择最佳类别子集的过程称为类别选择（或主题选择）（Andrzejewski et al., 2009）。模型推导的具体过程将在 3.1.4 节进行详细描述。

（3）分类

如图 3-3（c）所示，利用最大后验概率（maximum a posteriori probability, MAP）准则来确定每个子图像中过分割体对应的分类标签，进而得到每个分析单元的分类结果，最后将所有分析单元的分类结果组合起来得到原始遥感图像的分类结果图。

HDP_IBPs 模型用于高分辨率遥感图像非监督分类时可以很好地刻画遥感图像中的多层次空间关系，图 3-4 为 HDP_IBPs 模型的空谱协同工作结构示意。图 3-4 中描述了 HDP_IBPs 模型中“像素簇（过分割体）-结构-地物-场景”的自下而上的多层次空间关系，以及光谱信息自上而下的语义传递。其中，空谱协同框架中不同层语义以空间载体为媒介进行关联。一个分析单元中具有相似光谱的过分割体通过分配餐桌过程合并形成一张餐桌，称为局部分割体（local segment）。根据前文关于场景的分析，分析单元根据其内部地物类别混合比例聚集得到场景层。通过子图像层作为桥梁将多层次空间关系传递关联起来。反过来，利用场景层的信息为每个子图像确定最佳类别集合又可为分类提供指导。

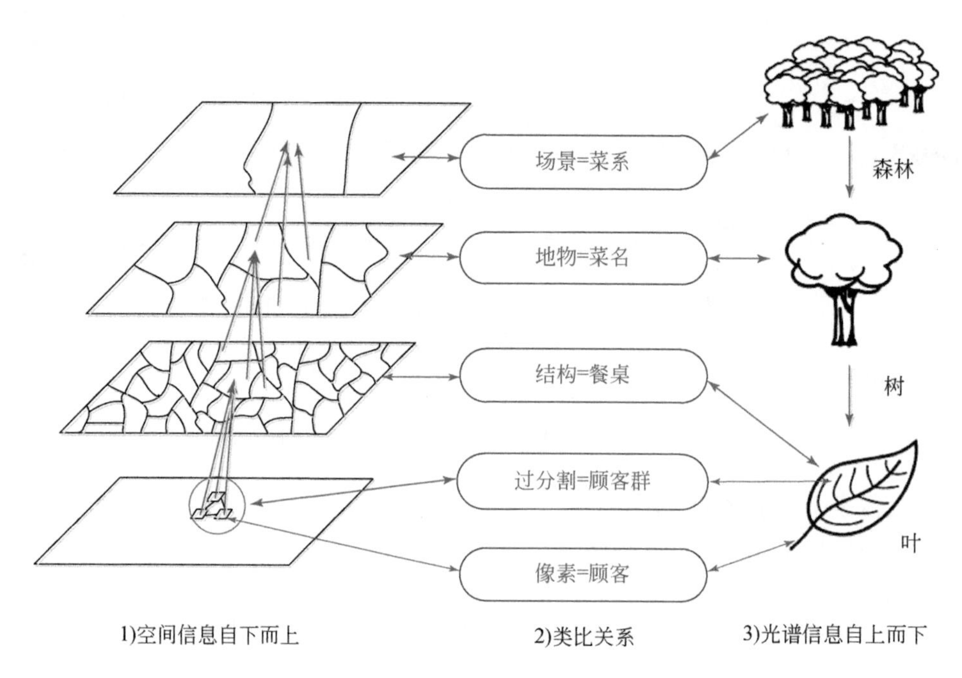

图 3-4　HDP_IBPs 模型的空谱协同结构示意

3.1.4　HDP_IBPs 模型推理算法

与 HDP 模型推理类似，这里仍利用 Gibbs 采样算法来估计模型参数和逼近隐变量的后验分布。如图 3-5 所示，HDP_IBPs 用于全色图像分类时主要分为四步。

（1）步骤 1：模型初始化与参数估计

根据图 3-1（c）所示的概率图模型，HDP_IBPs 模型中需进行初始化的参数主要包括两类：①五个标量。场景个数 S，地物类别的初始个数 K_0，超参数 α、γ、ξ。②两个参数向量。多项式分布 $p(s \mid \overline{\boldsymbol{\eta}})$ 的参数向量$\overline{\boldsymbol{\eta}}$（$S$ 维），Dirichlet 分布 $p(\overline{\varphi} \mid \overline{\boldsymbol{H}})$ 的参数向量 $\overline{\boldsymbol{H}}$（$V$ 维）。其中，地物类别的初始个数 K_0 一般设置为 1（Heinrich，2012）。

此外，为保证 Gibbs 采样过程的进行，需要在循环开始前随机初始化变量，包括子图像场景索引 $\boldsymbol{S}$，用来指示子图像类别选择的二值矩阵 $\boldsymbol{B}$，过分割体的类别标签矩阵 $\boldsymbol{Z}$。需要指出的是，初始化时每个分割体分配一张餐桌。

（2）步骤 2：更新子图像场景编号、各场景中类别稀疏度和地物类别指示向量

1）对于子图像集合 $\mathcal{D}=\{d_1, d_2, \cdots, d_M\}$ 中每个子图像 $d_m \in \mathcal{D}$。

a）采样子图像 d_m 的地物类别指示向量$\overline{\boldsymbol{b}}_m$，其第 k 个元素$\overline{\boldsymbol{b}}_{m,k}$可通过式（3-5）进行采样得到（Williamson et al.，2010）：

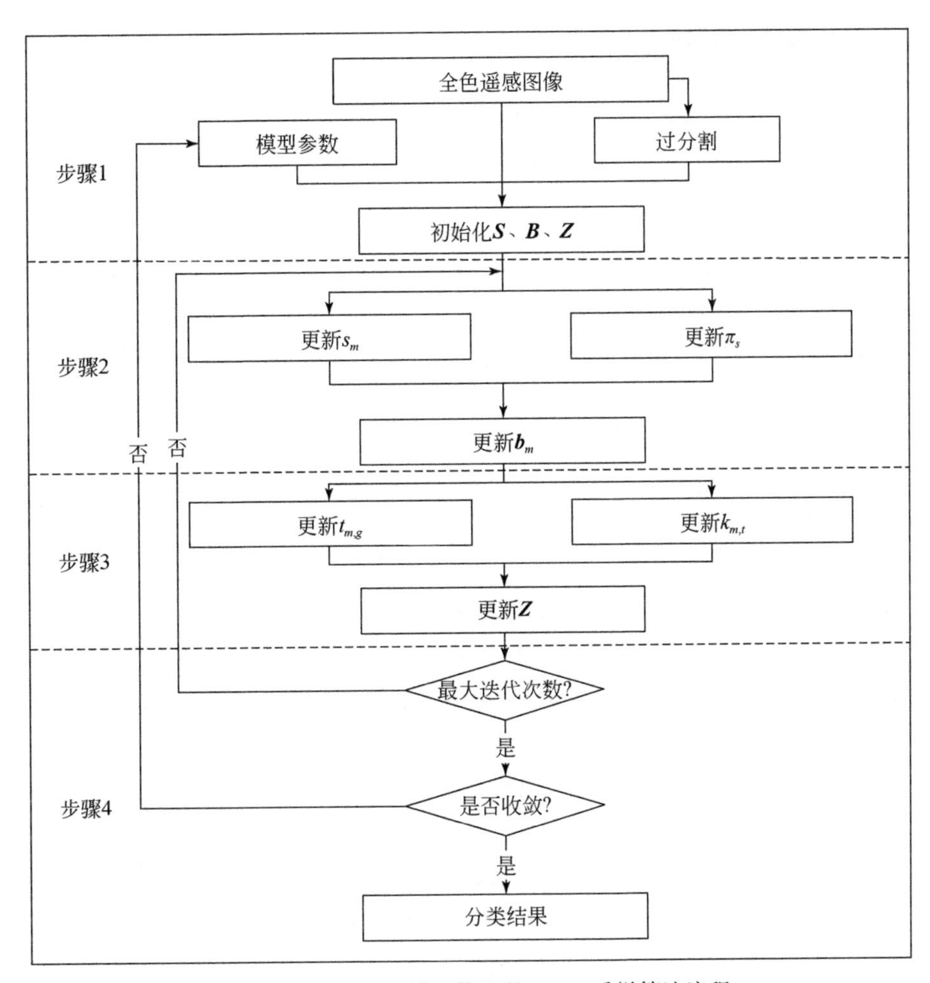

图 3-5　HDP_IBPs 模型推理的 Gibbs 采样算法流程

$$p(b_{m,k} \mid \pi_{s,k}, \alpha\beta_k, s_m = s, n_m^k) = \begin{cases} b_{m,k} & n_m^k > 0 \\ \dfrac{2^{\alpha\beta_k}(1-\pi_{s,k})}{\pi_{s,k}+2^{\alpha\beta_k}(1-\pi_{s,k})} & b_{m,k}=1 \text{ 且 } n_m^k=0 \\ \dfrac{\pi_{s,k}}{\pi_{s,k}+2^{\alpha\beta_k}(1-\pi_{s,k})} & b_{m,k}=0 \text{ 且 } n_m^k=0 \end{cases} \tag{3-5}$$

式中，n_m^k为子图像 d_m 中属于第 k 类地物的像素个数；β_k为第 k 类地物占全部地物的比例，记$\bar{\boldsymbol{\beta}}$=（β_1，…，β_K，β_{K+1}），则$\bar{\boldsymbol{\beta}}$为全局地物类别混合比例向量，最后一维表示一个新类别的先验。全局地物类别混合比例的参数向量$\bar{\boldsymbol{\beta}}$可通过式（3-6）进行采样（Teh et al., 2006）：

$$(\beta_1, \cdots, \beta_K, \beta_{K+1}) \mid \boldsymbol{t}, \boldsymbol{k} \sim \mathrm{Dir}(m_1, \cdots, m_K, \gamma) \tag{3-6}$$

式中，$\bar{\boldsymbol{\beta}}$为 K+1 维，最后一维表示一个新类别的先验；m_k为类别为 k 的餐桌总数。

b）采样子图像 d_m 的场景编号s_m，根据前文关于场景的分析，子图像的场景信息由地物共生关系即地物类别混合比例进行刻画，属于相同场景的子图像其地物类别混合比例近似，因此其场景编号 s_m 可通过式（3-7）获得：

$$s_m = \text{argmin}_s \text{KL}(\bar{\theta}_m \,||\, \bar{\Theta}_s) \tag{3-7}$$

式中，$\bar{\theta}_m =$（$\theta_{m,1}$，⋯，$\theta_{m,k}$），$\bar{\Theta}_s =$（$\Theta_{s,1}$，⋯，$\Theta_{s,k}$），$\theta_{m,k} = \dfrac{n_m^k + \alpha\beta_k}{\sum_{k=1}^{K} n_m^k + \alpha}$，$\Theta_{s,k} = \dfrac{1}{M_s}\sum_{s_m=s}$ $\theta_{m,k}$，$\bar{\theta}_m$ 是子图像 d_m 的地物类别混合比例；$\bar{\Theta}_s$是场景 s 的平均地物类别混合比例；M_s是场景编号为 s 的子图像个数；KL（·||·）表示两个分布的 Kullback-Leibler 散度，其值越小表明两个分布越接近。式（3-7）表示具有相似地物类别混合比例的子图像被分为同一个场景。

2）对于场景 s，其所对应的类别稀疏度可通过 Teh 提出的半顺序折棍子法类似的方法进行采样，具体公式如下：

$$p(\boldsymbol{\pi}_{s,k} \mid \boldsymbol{B}) \sim \text{Beta}\left(\sum_{m=1}^{M_s} b_{m,k}, 1 + M_s - \sum_{m=1}^{M_s} b_{m,k}\right) \tag{3-8}$$

（3）步骤 3：采样过分割体$\boldsymbol{w}_{m,g}$的类别编号$z_{m,g}$

根据模型的生成过程，过分割体$\boldsymbol{w}_{m,g}$的类别编号 $z_{m,g}$ 可通过采样餐桌编号$t_{m,g}$以及餐桌所对应的地物类别$k_{m,t}$间接得到。需要注意的是，虽然地物类别个数 K 在模型中不是固定的，然而在模型仅有有限个地物类别时，它可以通过随机采样学习到其具体数值。因此，需要通过引入新的地物类别先验，以实现新类别的发现。

1）采样餐桌编号 $\boldsymbol{t}$：

为了计算给定剩余其他变量的情况下 $t_{m,g}$的条件分布，可将$t_{m,g}$当作最后一幅子图像中需要采样的最后一个变量。与 HDP 模型类似，$t_{m,g}$的条件分布如下：

$$p(t_{m,g}=t \mid \boldsymbol{t}^{-m,g}, \boldsymbol{k}, \boldsymbol{B}, \boldsymbol{W}, \alpha) \propto \begin{cases} n_{m,k_{m,t}}^{-m,g} f_{k_{m,t}}^{-\boldsymbol{w}_{m,g}}(\boldsymbol{w}_{m,g}) & \text{若 } t \text{ 之前存在} \\ \alpha p(\boldsymbol{w}_{m,g} \mid \boldsymbol{t}^{-m,g}, t_{mg}=t^{\text{new}}, \boldsymbol{k}, \boldsymbol{B}, \boldsymbol{W}) & \text{若 } k \text{ 第一次出现} \end{cases} \tag{3-9}$$

式中，$f_{k_{m,t}}^{-\boldsymbol{w}_{m,g}}$（$\boldsymbol{w}_{m,g}$）表示当 $t_{m,g}$ 为餐桌 t 时，过分割体$\boldsymbol{w}_{m,g}$在类别为 $k_{m,t}$下的似然；p（$\boldsymbol{w}_{m,g}$ | $\boldsymbol{t}^{-m,g}$，$t_{mg}=t^{\text{new}}$，$\boldsymbol{k}$）表示 $t_{m,g}$为一张新餐桌t^{new}时，过分割体 $\boldsymbol{w}_{m,g}$的似然，可进一步表示为

$$p(\boldsymbol{w}_{m,g} \mid t^{-m,g}, \boldsymbol{t}_{mg}=t^{\text{new}}, \boldsymbol{k}, \boldsymbol{B}, \boldsymbol{W}) = \sum_{k=1}^{K} \frac{m_k}{m.+\gamma} \cdot b_{m,k} f_k^{-\boldsymbol{w}_{m,g}}(\boldsymbol{w}_{m,g}) + \frac{\gamma}{m.+\gamma} f_{k^{\text{new}}}^{-\boldsymbol{w}_{m,g}}(\boldsymbol{w}_{m,g}) \tag{3-10}$$

式中，$f_{k^{\text{new}}}^{-\boldsymbol{w}_{m,g}}$（$\boldsymbol{w}_{m,g}$）是过分割体$\boldsymbol{w}_{m,g}$的先验似然；$m.$ 是所有中餐馆中餐桌的总数。

2）采样类别编号 $\boldsymbol{k}$：

餐桌 t 的类别编号$k_{m,t}$，其采样公式与原始 HDP 模型类似，仅需引入类别指示向量，具体采样公式如下：

$$p(k_{m,t}=k \mid \boldsymbol{t}, \boldsymbol{k}^{-m,t}, \boldsymbol{B}, \boldsymbol{W}) \propto \begin{cases} b_{m,k} m_k^{-m,t} f_k^{-\boldsymbol{w}_{m,t}}(\boldsymbol{w}_{m,t}) & \text{若 } k \text{ 之前存在} \\ \gamma f_{k^{\text{new}}}^{-\boldsymbol{w}_{m,t}}(\boldsymbol{w}_{m,t}) & \text{若 } k \text{ 第一次出现} \end{cases} \tag{3-11}$$

式中，$\boldsymbol{w}_{m,t}$是子图像 d_m 中餐桌编号为 t 的各像素的集合。

(4) 步骤 4：检查算法是否收敛并得到最终分类结果

Gibbs 采样过程结束后，检查算法是否达到收敛。如果未收敛，算法返回步骤 1 对模型超参数重新进行估计；反之，通过最大后验准则得到每个过分割体所属的地物类别，进而得到整幅遥感图像的非监督分类结果。

3.2 实验分析与讨论

3.2.1 实验设计

本章在原始 HDP 模型的 CRF 构造的基础上，以过分割体为基本处理基元，通过引入不同场景的 IBP 模型确定各子图像的最佳地类描述子集，提出了基于 HDP 和多场景 IBP 的耦合模型，即 HDP_IBPs 模型，用于实现高分辨率遥感图像的非监督分类。为了验证该方法的非监督分类性能以及场景约束条件下分类结果的空间一致性（或平滑性），本节仍然采用本章中的两幅高分辨率全色遥感图像作为数据源开展实验。评价方法和指标除使用定性的目视检查方法、定量指标总体熵值和 Kappa 系数外，引入景观指数（Frohn and Hao, 2006）来定量化地评价分类结果的空间一致性。下面简单介绍一下景观指数。

景观指数常用于定量化地评价地图或遥感图像中景观的布局和结构。为评价非监督分类结果的空间一致性，本书选择三种景观指数作为评价指标，即斑块数量（number of patches，NP）、景观周长面积分形维数（perimeter-area fractal dimension，PAFRAC）和边缘密度（edge density，ED）。

(1) 斑块数量

斑块数量表示图像中所有斑块的总和，在理想的分类结果中，斑块数量等于地表实际地物的个数，分类结果与实际情况相吻合。斑块数量可在一定程度上衡量分类结果中斑块的破碎程度，因此该值越低，非监督分类结果的空间一致性越好。

(2) 景观周长面积分形维数

PAFRAC 是用来衡量斑块形状的不规则度或复杂性的指标，其值越低表示图像中斑块形状越简单，相应的空间一致性也越高。

(3) 边缘密度

ED 与边界数量和总景观面积相关，是用来描述景观破碎度的指标，其值越低表示图像中斑块数量越少而面积越大，图像的破碎程度越低，连续性越强，空间一致性越高。

在实验部分的设计上，首先对 HDP_IBPs 模型的参数设置和敏感性进行分析，然后将所提出的 HDP_IBPs 模型和现有的其他方法进行比较，以评价其分类性能。

3.2.2 参数设置与分析

在 HDP_IBPs 模型中，涉及的参数主要包括两大类：①五个标量。分别是场景个数 S，地物类别的初始个数 K_0，超参数 α、γ、ξ。②两个参数向量。多项式分布 $p(s \mid \overline{\boldsymbol{\eta}})$ 的参

数向量 $\overline{\boldsymbol{\eta}}$（$S$ 维），Dirichlet 分布 $p(\overline{\varphi} \mid \overline{\boldsymbol{H}})$ 的参数向量 $\overline{\boldsymbol{H}}$（$V$ 维）。

上述参数中，地物类别的初始个数 K_0、超参数 α 和 γ 以及 Dirichlet 分布的参数向量 $\overline{\boldsymbol{H}}$ 采用相同参数设置；根据 IBP 模型的描述，其超参数 ξ 通常设置为 1，以得到对称的类别稀疏度（即类别是否被选中是等概率的）；采样场景的多项式分布假设为均匀分布，因此参数向量 $\overline{\boldsymbol{\eta}}$ 可简化为 $\boldsymbol{\eta}$，并且满足 $\boldsymbol{\eta}=1/S$。场景个数 S 是 HDP_IBPs 模型的重要参数，需要根据具体的遥感图像人为给出。

下面，以 QuickBird 郊区的高分辨率全色遥感图像为例，详细分析场景个数 S 对非监督分类结果的影响。此外，为了更好地说明 HDP_IBPs 模型的内涵，分析 $S=0$、$S=1$ 和 $S=3$ 三种 HDP_IBPs 模型的特例情况。此外，由于需要对遥感图像进行过分割形成分析单元，为保证过分割结果能够保持图像边缘结构，本节及后续各节在分析 QuickBird 郊区的高分辨率全色图像时，将过分割体数量统一设置为 10 000 个。

（1）场景个数 S

HDP_IBPs 模型非监督分类性能随场景个数改变的变化如图 3-6 所示。从图 3-6（a）来看，总体熵随场景个数的增加而呈现缓慢下降趋势，且在场景个数为 3 时总体熵的值最小。而 Kappa 系数的变化趋势［图 3-6（b）］表明，随着场景个数的增加，Kappa 系数不断增大，当场景个数增加到一定程度后（即 $S \geqslant 3$），Kappa 系数趋于一个相对稳定的状态。由此说明，HDP_IBPs 模型非监督分类性能随场景个数的增加不断提高，当场景个数 $S \geqslant 3$ 之后模型的分类性能趋于稳定。产生这种现象的原因是：随着场景个数的增加，HDP_IBPs 模型可以更可靠地确定各子图像中的最佳地物类别子集，从而获得精度较高的分类结果。在后续实验中统一将 QuickBird 场景个数设置为 3，即 $S=3$。

（2）HDP_IBPs 模型的三种特例情况

为了更好地理解 HDP_IBPs 模型的实质，本节进一步分析 HDP_IBPs 模型在不同场景个数时的三种特例情况，分别为特例#1（$S=0$）、特例#2（$S=1$）、特例#3（$S=3$）。根据图 3-1（c）的概率图模型，HDP_IBPs 模型的特例#1，场景个数为 0，即没有场景，亦即

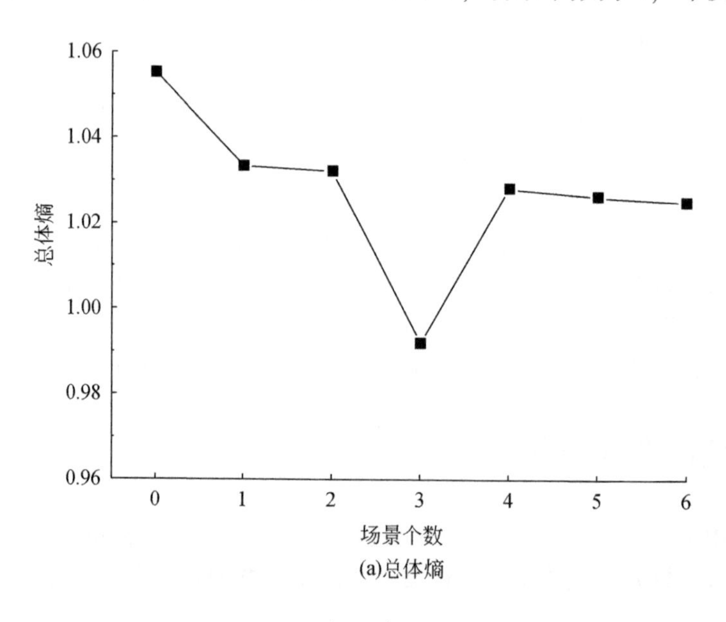

(a)总体熵

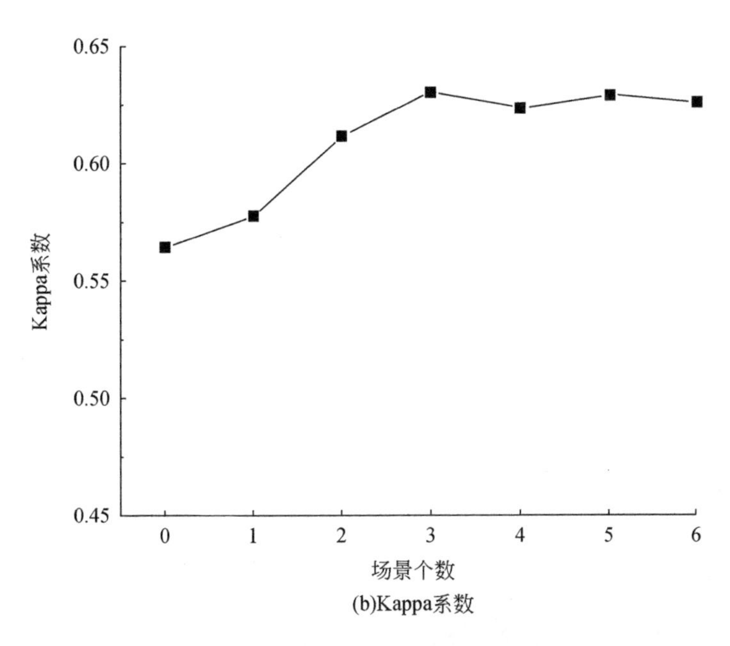

(b)Kappa系数

图 3-6 HDP_IBPs 模型非监督分类性能随场景个数改变的变化

无法对子图像中的地物类别进行选择以确定最佳类别子集，此时 HDP_IBPs 模型退化为一般的 HDP 模型。需要指出的是，此时的 HDP 模型分析的基本单元是一组像素（过分割体）而非单个像素。HDP_IBPs 模型的特例#2，所有子图像属于同一个场景，各子图像共享相同的类别稀疏度$\overline{\pi}$，即由同一个 IBP 模型确定各子图像的最佳类别子集，简记为 HDP_IBP。特例#3 实际上对应 HDP_IBPs 模型的一般情况。由此我们可以看出，HDP 模型可以作为一种特例纳入 HDP_IBPs 模型中。

图 3-7（a）~（c）分别为特例#1、特例#2 和特例#3 的非监督分类结果。从视觉角度比较图 3-7（a）和图 3-7（b）不难发现，特例#2 的结果中农田区域的同质性要好于特例#1，且具有相对较好的平滑性。然而，特例#2 的结果中同质区域仍有一些碎斑，使得其结果的空间一致性仍不能令人满意。此外，通过比较图 3-7（a）~（c）还可以看出：①特例#3 的结果中房屋与道路几乎被完全区分开，而在特例#1 和特例#2 的结果中二者出现大量的混淆；②从整体上看，特例#3 的斑块明显较少，空间一致性要优于另两种特例情况。图 3-7（d）为特例#3 的场景结果，从中可以看出三个场景分别对应建筑区、水域和其他自然区域（分别对应 B、W 和 N 标识的区域），所得到的场景及其分布与人们的认知基本一致。

表 3-1 为 HDP_IBPs 模型三种特例的非监督分类结果的景观指数。从特例#1 到特例#3，三种景观指数均不断降低。这表明从特例#1（HDP 模型）到特例#2（HDP_IBP 模型）再到特例#3（HDP_IBPs 模型），其非监督分类结果的破碎度和复杂性不断降低，相应的空间一致性不断提高。

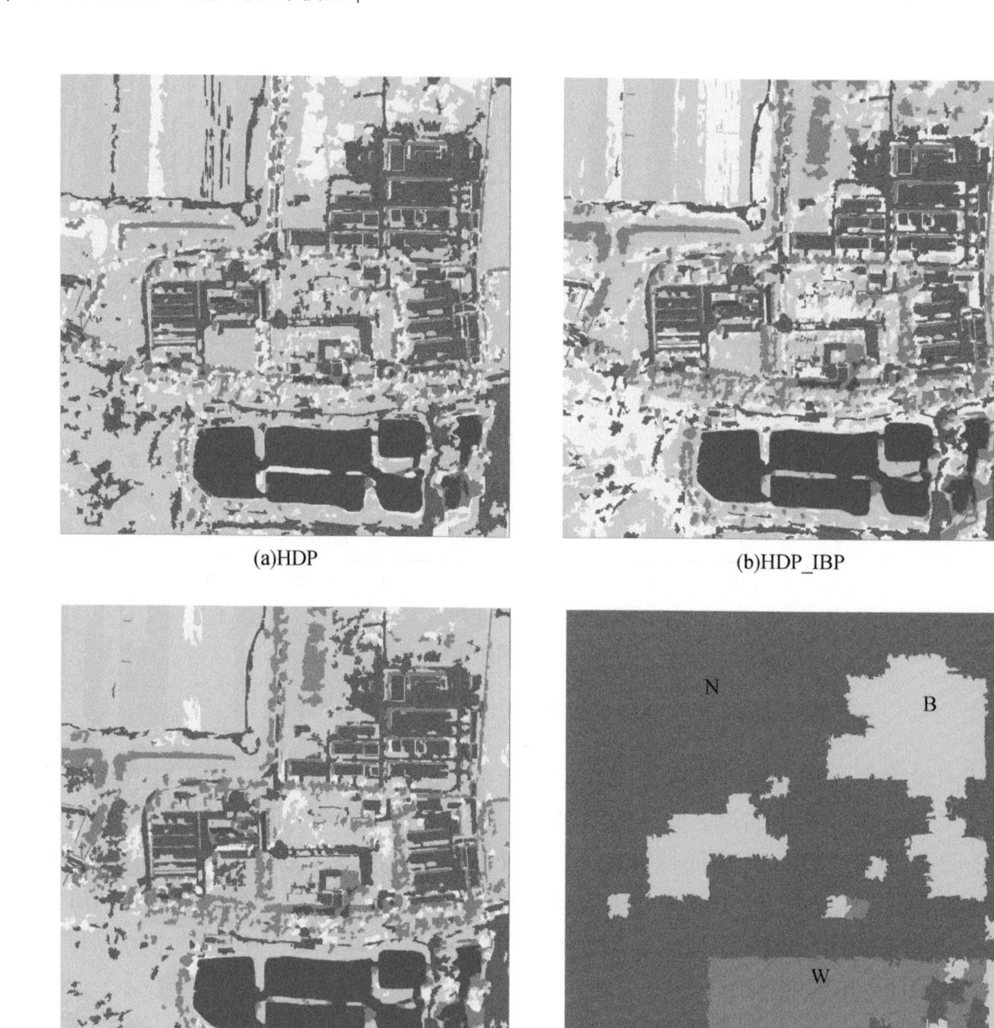

(a)HDP (b)HDP_IBP

(c)HDP_IBPs (d)场景分布

图 3-7 HDP_IBPs 模型三种特例的分类结果

表 3-1 HDP_IBPs 模型三种特例的非监督分类结果的景观指数

非监督分类方法	NP	PAFRAC	ED/m
特例#1：$S=0$	2701	1.3322	1877.07
特例#2：$S=1$	2637	1.3282	1828.45
特例#3：$S=3$	1616	1.3154	1449.28

表 3-2 为 HDP_IBPs 模型三种特例的非监督分类结果的总体熵和 Kappa 系数比较。对比总体熵和 Kappa 系数的变化，表明从特例#1（HDP 模型）到特例#2（HDP_IBP 模型）再到特例#3（HDP_IBPs 模型），其非监督分类性能不断提升，非监督分类结果的精度不断提高。图 3-8 为 HDP_IBPs 模型三种特例的非监督分类结果的类别熵，从中发现 HDP_IBPs 模型

三种特例的类别熵均较低，表明该模型得到的结果中各个类别与地表实际地物具有更好的对应。这也在一定程度上表明 HDP_IBPs 模型分类结果的精度要高于另外两种特例。

表 3-2　HDP_IBPs 模型三种特例的非监督分类结果的总体熵和 Kappa 系数比较

非监督分类方法	总体熵	Kappa 系数
特例#1：$S=0$	1.0552	0.5644
特例#2：$S=1$	1.0334	0.5776
特例#3：S=3	0.9919	0.6302

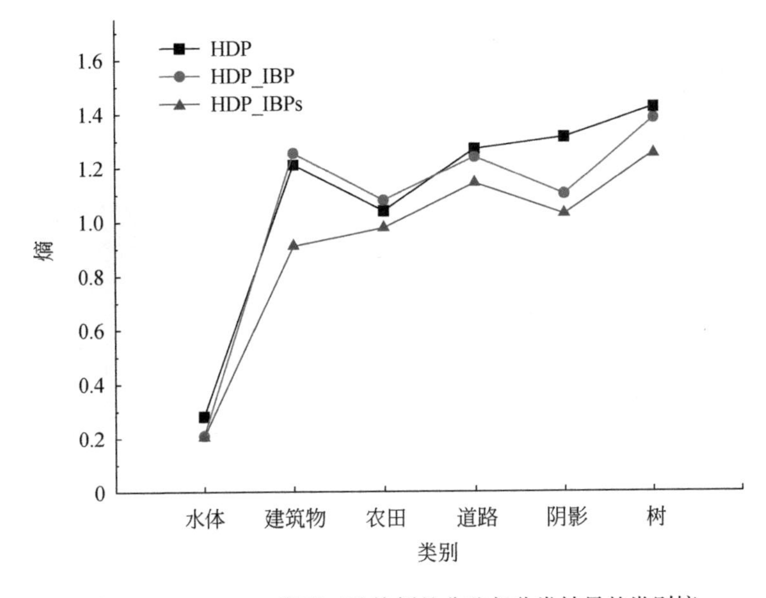

图 3-8　HDP_IBPs 模型三种特例的非监督分类结果的类别熵

3.2.3　遥感图像非监督分类结果评价

本节选择的对比模型除第 2 章中采用的 *K*-Means 模型和 ISODATA 模型外，还选择 LDA 模型和 Tang 等（2013）提出的多尺度 LDA（multi-scale LDA，msLDA）模型。msLDA 是一种专门适用于高分辨率遥感图像非监督分类提出的一种概率主题模型，该模型首先将原始遥感图像进行多尺度表达，然后通过尺度选择确定描述不同地物的最佳尺度，实现非监督分类结果的自适应平滑，同时利用文档选择确定生成地物的最佳文档（文档重叠划分），从而实现文档层的空间关系的有效利用。因此，msLDA 模型也是一种利用遥感图像空间关系的概率主题模型，关于该模型的详细介绍见文献 Tang 等（2013）。

此外，需要指出的是，在 HDP_IBPs 模型中引入了过分割体进行一定的约束。而传统的 LDA 模型、*K*-means 模型和 ISODATA 模型均是基于像素的非监督分类算法。因此为保证比较的客观性，实验中采用基于光谱-空间的分类方法的思想进行后处理（Tarabalka et al.，2009）。该方法认为包含以下三个相互独立的步骤：①利用基于像素的方法（如

K-means等）进行分类；②对原始遥感图像进行分割；③对分割体内像素的类别采用多数投票准则（majority voting）确定该分割体的类别。图3-9为光谱-空间的非监督分类方法示意。该方法的实质是利用分割体空间邻域的均质性对基于像素分类方法产生的结果进行局部空间一致性约束，获得具有较好空间平滑性的分类结果，其详细介绍参见文献Tarabalka等（2009）。本节将光谱-空间的非监督分类方法与以上三种基于像素的非监督分类方法进行结合，为表述方便，其改进后的模型分别简记为LDA+seg、*K*-means+seg和ISODATA+seg方法。下面将利用以上介绍的方法对HDP_IBPs模型的非监督分类结果进行详细评价。

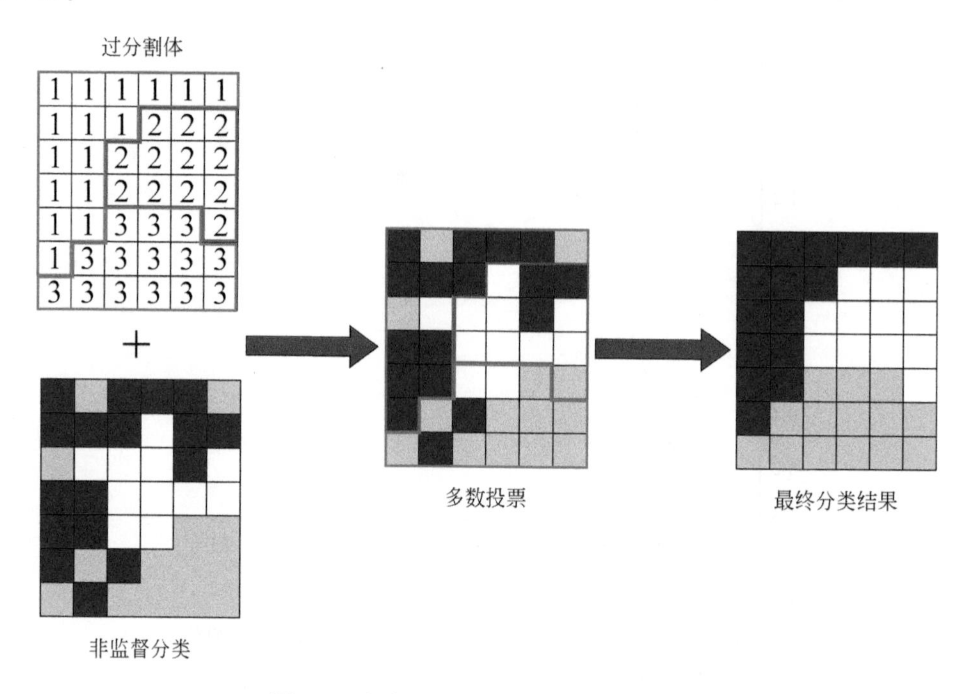

图3-9　光谱-空间的非监督分类方法示意

（1）QuickBird郊区图像结果分析

为保证评价的客观性，其中涉及的所有方法采用相同的过分割结果，过分割体个数设置为10 000。图3-10为不同方法对QuickBird郊区遥感图像的非监督分类结果，其对应Ground Truth如图3-10（b）所示。从目视效果上来看，利用*K*-means+seg和ISODATA+seg方法获得的非监督分类结果［分别对应图3-10（g）和（h）］中阴影和水体产生混淆，完全将阴影误分成水体，而所有的概率主题模型得到的非监督分类结果［图3-10（c）~（f）］中，阴影和水体得到了很好的区分。此外，由于建筑和道路两类地物在图像中灰度值也有部分重叠，LDA+seg、*K*-means+seg和ISODATA+seg三种方法的结果中均有部分建筑物被误分成道路，而HDP_IBPs和msLDA两种模型均可将建筑物和道路进行良好的区分。

(a)郊区QuickBird全色遥感图像

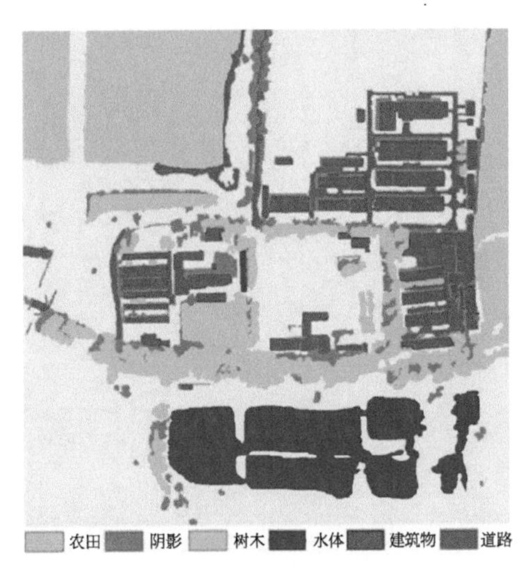

(b)QuickBird图像对应的Ground Truth

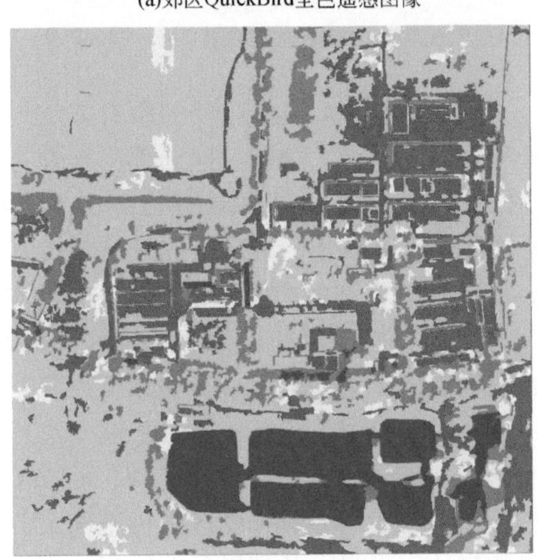

(c)HDP_IBPs

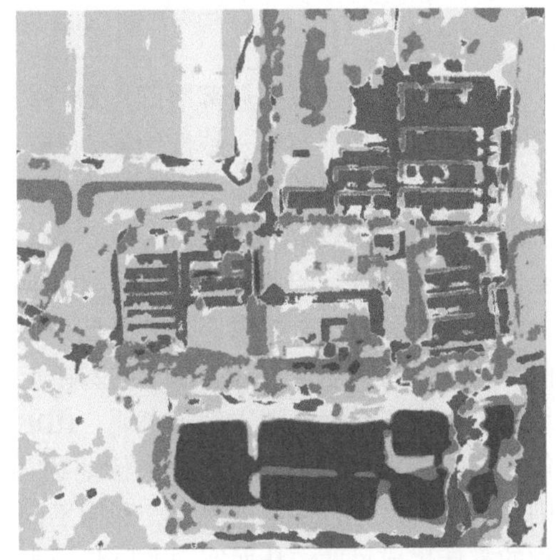

(d)msLDA

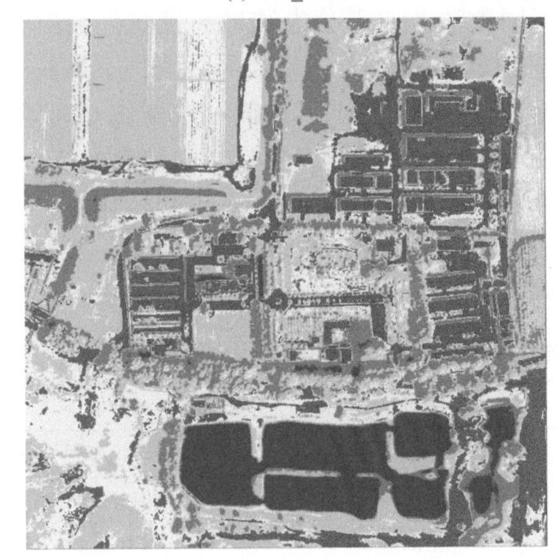

(e)LDA

(f)LDA+seg

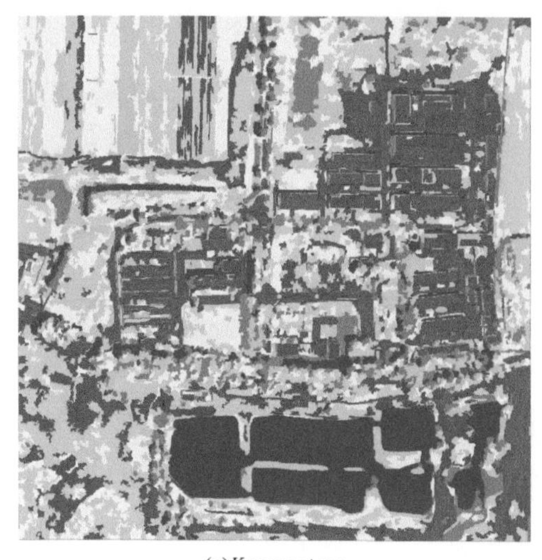

(g)K-means+seg

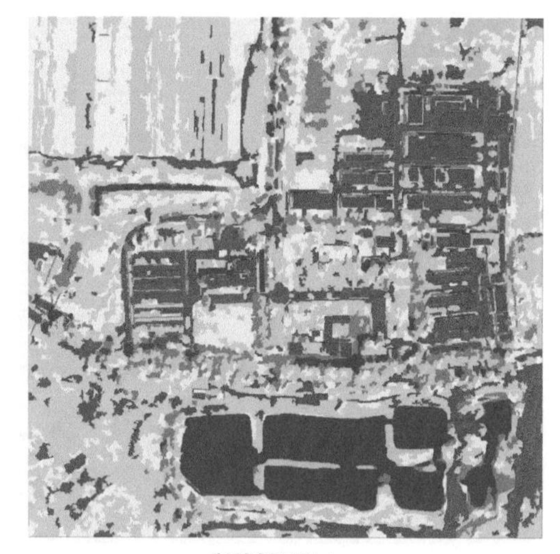

(h)ISODATA+seg

图 3-10　不同方法对 QuickBird 郊区遥感图像的非监督分类结果

从非监督分类结果的局部空间一致性来看，由于除 msLDA 模型以外的所有方法均利用过分割体进行局部空间一致性约束，“椒盐现象”得到了极大抑制，其局部平滑性有所提高。但是，从结果的整体空间一致性来看，在 LDA+seg、K-means+seg 和 ISODATA+seg 三种光谱-空间方法的结果中，仍有大量破碎斑块混杂在如农田、树木等连续区域，其整体空间一致性较低。与此相反，HDP_IBPs 和 msLDA 两种方法的非监督分类结果的整体空间一致性较高，农田、树木等连续区域中地物成片分布，破碎斑块较少。这是由于光谱-空间方法仅是在基于像素分类结果的基础上进行局部空间平滑，并不能从整体上改变其分类结果，如农田中大量混入破碎斑块。HDP_IBPs 模型中利用基于场景的 IBP 模型对各子图像中地物类别进行选择，确定最佳地物类别子集，抑制其他地物的出现。而 msLDA 模型则将遥感图像进行多尺度表达，利用不同地物的尺度效应，通过尺度选择机制确定各类地物的最佳生成尺度，从而实现非监督分类结果的自适应平滑，其结果具有较高的空间一致性。表 3-3 显示了 QuickBird 郊区遥感图像不同方法非监督分类结果的景观指数对比，定量化地评价了不同方法结果的空间一致性。通过对比不同方法的景观指数，不难发现，HDP_IBPs 模型的非监督分类结果的三个景观指数均最小，说明其空间一致性优于其他方法。空间一致性次好的是 msLDA 模型，需要指出的是，msLDA 模型是基于像素的非监督分类方法，其 NP 值较大，但是其 PAFRAC 和 ED 两个指数值均较小（仅次于 HDP_IBPs 模型），因此其空间一致性也较高。其他方法，如 LDA+seg、ISODATA+seg 和 K-means+seg 三种方法的非监督分类结果的空间一致性依次降低。

表 3-3　QuickBird 郊区遥感图像不同方法非监督分类结果的景观指数对比

非监督分类方法	NP	PAFRAC	ED/m
HDP_IBPs	1 616	1.315 4	1 449.28
msLDA	7 457	1.422 9	1 941.70
LDA	22 107	1.475 5	274 060.40

续表

非监督分类方法	NP	PAFRAC	ED/m
LDA+seg	1 843	1. 329 3	1 569. 69
K-means+seg	2 435	1. 345 9	1 911. 17
ISODATA+seg	2 242	1. 341 7	1 808. 64

图 3-11 为不同方法 QuickBird 郊区遥感图像非监督分类结果定量比较。从图 3-11 中不难发现，HDP_IBPs 模型的结果所对应的总体熵最小，而 Kappa 系数最大，说明其分类结果最优，分类精度最高。这表明该模型通过场景引入的空间信息可以有效指导模型的学习，提高分类精度。

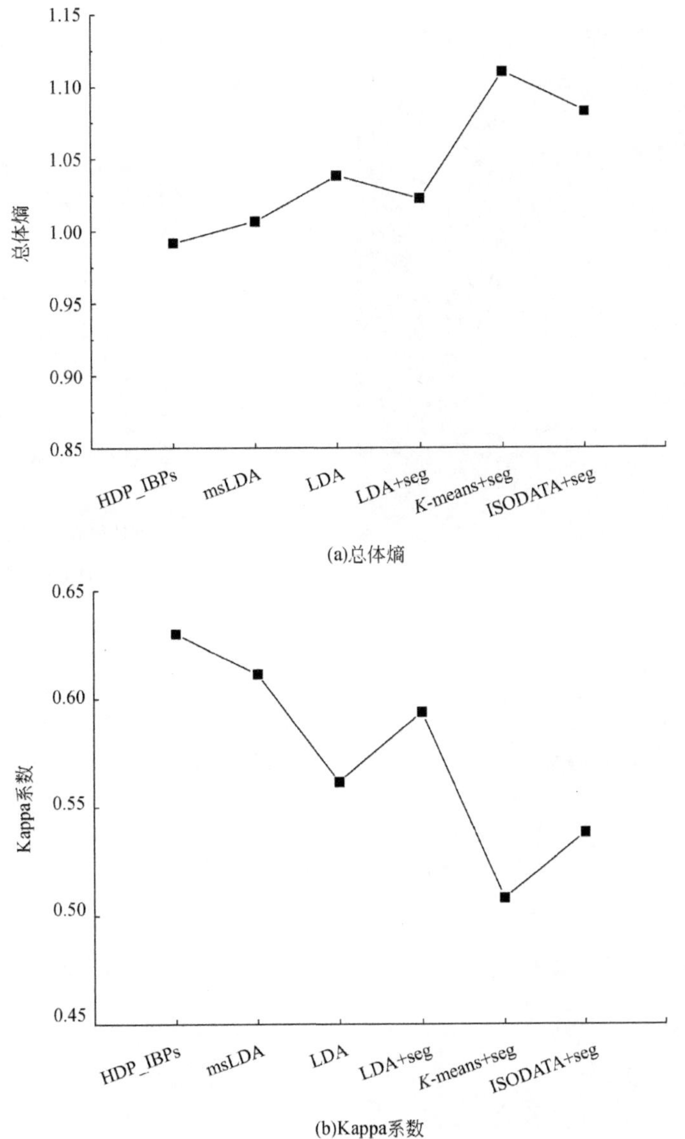

图 3-11　不同方法 QuickBird 郊区遥感图像非监督分类结果定量比较

综上所述，通过从定性和定量两个方面对比几种方法的非监督分类结果可以发现，HDP_IBPs 模型的性能优于其他方法，其优势主要体现在具有更好的空间一致性（局部和整体）和更高的分类精度两个方面。此外，与其他方法相比，HDP_IBPs 模型在获得非监督分类结果的同时，还可以自动生成场景分布图，其与人们的认知基本一致。这亦是 HDP_IBPs 模型与其他分类方法的区别，即分类的同时可获得更抽象语义的信息，在一定程度上实现了遥感图像的场景分类。

（2）天绘一号城区图像结果分析

图 3-12 为不同方法对天绘一号城区遥感图像的非监督分类结果，其对应的 Ground Truth 如图 3-12（b）所示，此时场景个数设为 2，过分割体个数为 30 000。从目视效果上来看，利用 LDA+seg、*K*-means+seg 和 ISODATA+seg 方法获得的非监督分类结果［分别

(a)天绘一号城区遥感图像

(b)天绘一号图像Ground Truth

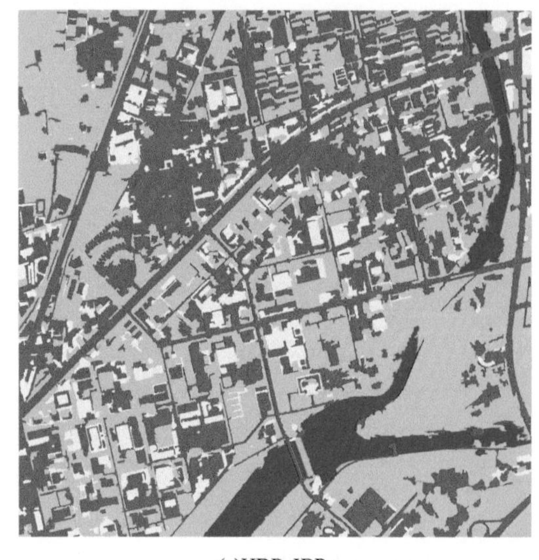

(c)HDP_IBPs

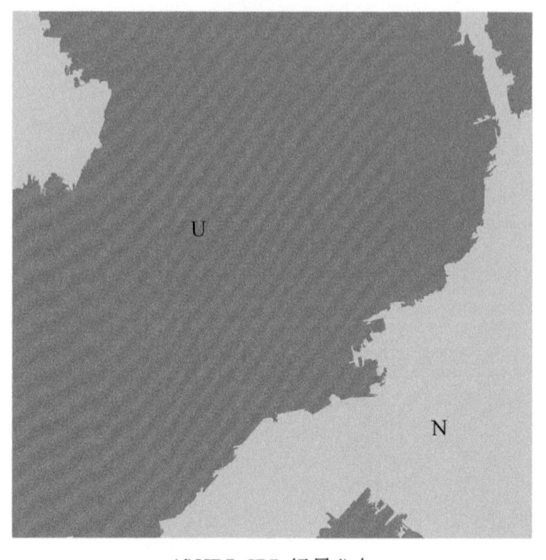

(d)HDP_IBPs场景分布

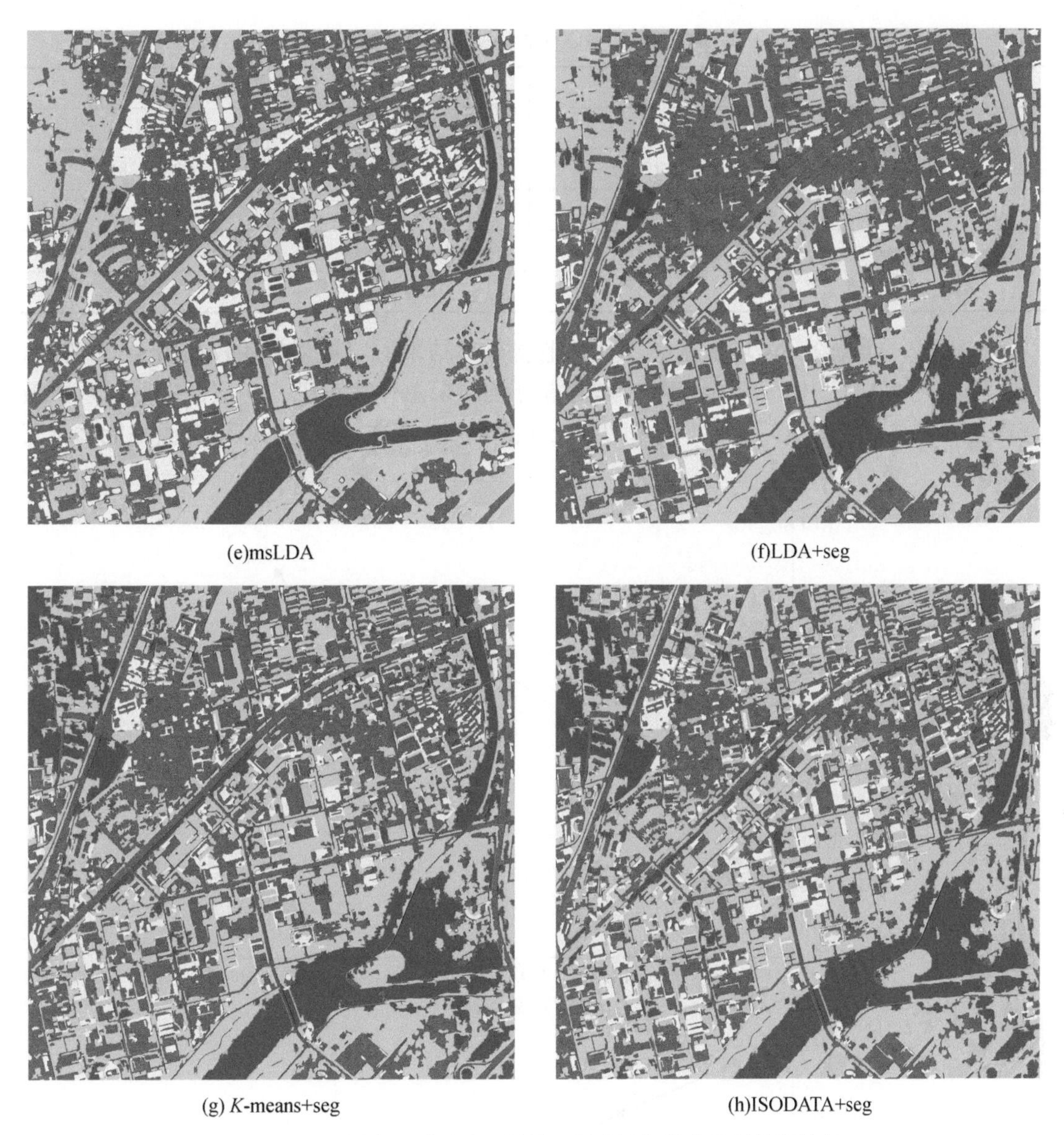

(e)msLDA　　(f)LDA+seg

(g) *K*-means+seg　　(h)ISODATA+seg

图 3-12　不同方法对天绘一号城区遥感图像的非监督分类结果

对应图3-12（f）~（h）］中草地和水体产生混淆，部分草地误分成水体。特别地，LDA+seg 方法的非监督分类结果中将图像上方的水体误分成草地。而 HDP_IBPs 和 msLDA 两种模型［分别对应图 3-12（c）和（e）］的结果对水体和草地进行了很好的区分，特别是 HDP_IBPs 模型的水体结果与 Ground Truth 基本一致，而 msLDA 模型的结果仍有少量其他地物被误分为水体。此外，图 3-12（d）为 HDP_IBPs 模型得到场景图，两类场景大致对应于城区和自然区域（水体、草地、裸地等），这与人们的认知基本吻合。

表 3-4 显示了天绘一号城区遥感图像不同方法非监督分类结果的景观指数对比，综合评价各方法的三种景观指数不难发现，HDP_ IBPs 模型结果的景观指数均较低（除 PAFRAC 外），说明其结果空间一致性总体上优于其他方法。

表 3-4　天绘一号城区遥感图像不同方法非监督分类结果的景观指数对比

非监督分类方法	NP	PAFRAC	ED/m
HDP_IBPs	1 571	1. 503 1	1 018. 58
msLDA	16 126	1. 394 8	2 018. 84
LDA+seg	2 210	1. 431 7	1 166. 52
K-means+seg	2 604	1. 421 4	1 247. 57
ISODATA+seg	3 160	1. 430 6	1 343. 20

不同方法对天绘一号城区遥感图像非监督分类结果的定量评价比较如图 3-13 所示。从图 3-13 中可知，HDP_IBPs 模型的非监督分类结果总体熵最低，相应的 Kappa 系数最高，表明该模型结果与实际地物分布吻合较好，分类精度高，模型的整体分类性能优于其他方法。

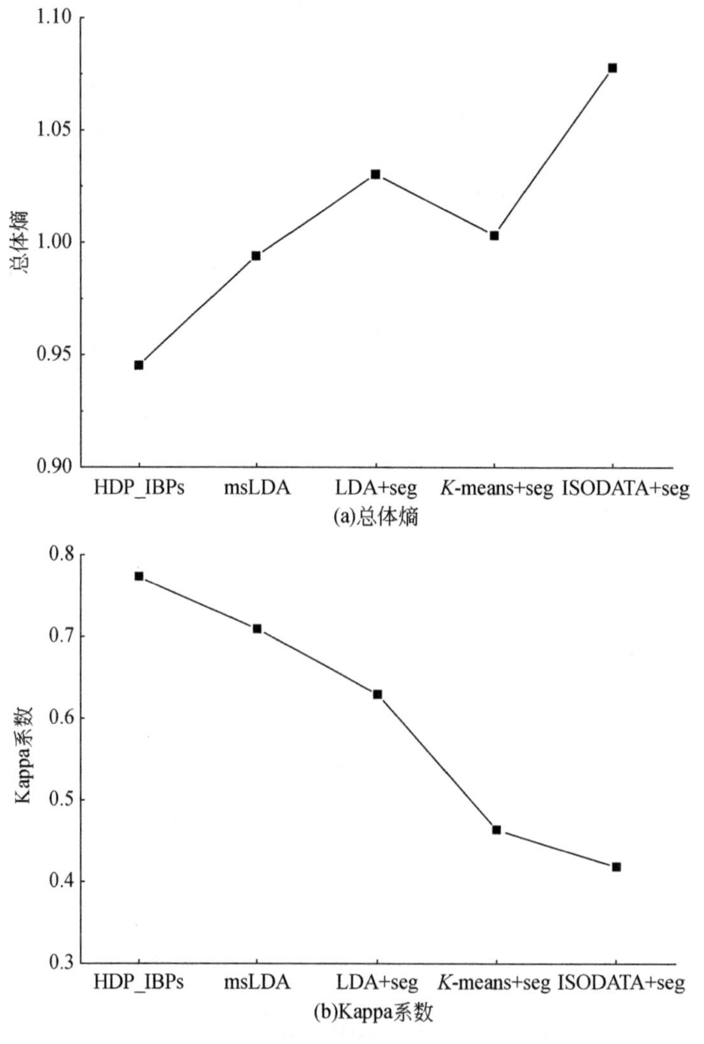

图 3-13　不同方法天绘一号城区遥感图像非监督分类结果的定量评价比较

3.3 本章小结

本章在传统 HDP 模型的基础上引入 IBP 模型，形成基于 HDP 和多场景 IBP 的耦合模型（即 HDP_IBPs）用于高分辨率遥感图像非监督分类。HDP_IBPs 模型以过分割体为基本处理基元，将像素间的空间关系隐含在其中，从而重点研究利用基于场景 IBP 模型对子图像进行建模，根据场景信息确定各子图像中最佳地物类别，实现了顾及分析单元间地物聚集关系的 HDP 模型高分辨率遥感图像非监督分类，在一定程度上解决了目前概率主题模型用于遥感图像分析时分析单元间相互独立而忽略其空间关系的问题。HDP_IBPs 模型在进行高分辨率遥感图像非监督分类时，以分析单元为桥梁，将“像素簇-结构-地物-场景”层次空间关系纳入建模过程，即：①像素间的空间关系，通过过分割体直接给定；②分析单元中的地物共生关系；③分析单元间地物聚集关系。其中前两层空间关系隐含在 HDP_IBPs 模型之中，该方法主要贡献在于对不同场景内分析单元聚集关系的刻画。这使得该模型一方面提高了模型分类的精度，保证分类结果的空间一致性；另一方面可以同时获得遥感图像的场景分类图，这是目前一般概率主题模型所不具备的。HDP_IBPs 模型实现了对遥感图像的多层次空间关系以及光谱信息的同时建模，因此是一种“空谱”协同的遥感图像非监督分类方法。

通过对不同的高分辨率遥感图像的实验结果进行定性和定量分析，结果表明：与其他方法相比，HDP_IBPs 模型的非监督分类结果的空间一致性更高，面向对象特性明显，与实际地物分布的吻合程度较高，具有较高的分类精度。此外，该模型还可同时获得分析单元聚集形成的场景分布，在一定程度上实现遥感图像的场景非监督分类，其分类结果与人们的直观认知基本保持一致。

第4章 引座员中餐馆连锁模型与图像过分割

层次 Dirichlet 过程混合模型等概率主题模型已成功应用于图像分析领域，但是在现有的层次 Dirichlet 过程非监督分类框架中，其“词袋”模型的假设忽略了分析单元内像素间的空间关系，往往导致分类结果出现“椒盐现象”，局部空间一致性降低。像素间的空间关系可通过图像分割或顾及像素邻域相关性等方式给出。本章将在层次 Dirichlet 过程混合模型的基础上，直接对像素间的空间关系进行刻画，并将其纳入模型的建模过程中，提出一种顾及分析单元内像素间空间关系的层次 Dirichlet 过程混合模型用于高分辨率遥感图像非监督分类。

具体地，本章首先介绍考虑数据间关系的距离依赖中餐馆过程模型，并在此基础上对其产生方式进行改进，提出利用数据间关系的模型——引座员中餐馆过程模型，进一步提出引座员中餐馆连锁模型，将传统中餐馆连锁的底层 DP 采用引座员中餐馆过程进行替换，使模型可直接对分析单元内像素间的空间关系进行建模，从而实现像素间空间关系利用和非监督分类过程的一体化建模。

4.1 引座员中餐馆过程

4.1.1 距离依赖中餐馆过程

传统的 CRP 模型中假设数据之间是无序可交换的。这种假设在许多应用中难以保证，如在对时间数据进行聚类分析时，时间相近的数据更可能被聚集在一起。为充分考虑数据间的相互关系，Blei 和 Frazier（2011）提出了 ddCRP 模型。

与 CRP 模型类似，ddCRP 模型可描述如下：顾客 $\{\theta_1, \theta_2, \cdots, \theta_N\}$ 依次进入餐馆就餐，第一位顾客随机选择一张餐桌就座；第 i 位顾客θ_i以正比于 $f(d_{i,j})$ 的概率与第 j 位顾客θ_j坐在一起，或者以正比于α_0的概率与自己坐在一起（即单独就座一张新餐桌）。其中，$d_{i,j}$表示顾客θ_i与θ_j在度量空间（如欧氏空间）中的距离，$f(d_{i,j})$ 为衰变函数，是关于距离的函数。设l_i为第 i 位顾客θ_i与其他顾客相邻就座的指示因子，D 为所有顾客间的距离集合，则有

$$p(l_i=j|D,\alpha_0) \propto \begin{cases} f(d_{i,j}) & i\neq j \\ \alpha_0 & i=j \end{cases} \tag{4-1}$$

由 ddCRP 模型的描述可知，该过程不直接为顾客分配餐桌，而是对顾客之间的邻座关系进行建模。由式（4-1）可知，顾客可以与任何顾客坐在一起就餐，且仅与 $f(d_{i,j})$ 有关，与其他顾客的邻座关系无关。利用 $f(d_{i,j})$ 描述顾客间的关系，假设数据间的距离越

大，其关系越弱；反之，则越强。对于衰变函数f（·）和顾客间的距离$d_{i,j}$将在 4.2.2 节中进一步进行分析。

中餐馆过程是关于某种划分的概率分布，这种划分是通过为顾客分配餐桌实现的。因此，中餐馆过程可以称为基于餐桌的构型，如图 4-1（a）所示。ddCRP 模型仅确定顾客之间的邻座关系，而没有显式生成餐桌，因此可以称为基于顾客的构型，如图 4-1（b）所示。实际上，根据邻座的顾客同桌就餐的规则，彼此关联的顾客分配同一餐桌。据此，ddCRP 模型可通过顾客间的邻座关系进一步回溯生成餐桌。图 4-1（b）中 ddCRP 模型所表示的顾客邻座关系通过回溯形成如图 4-1（a）所示的餐桌。因此，ddCRP 模型隐式地形成了餐桌，潜在地实现了对顾客的划分（聚集）。

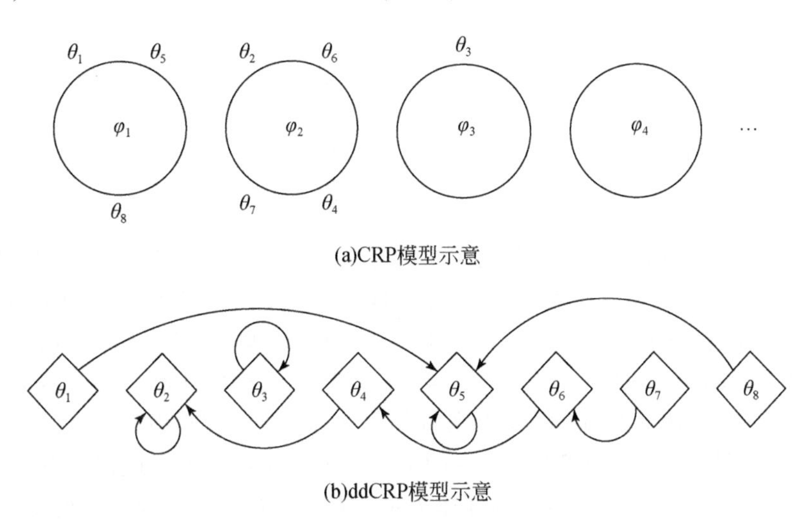

图 4-1　CRP 和 ddCRP 模型示意

4.1.2　依赖引座员的中餐馆过程

ddCRP 模型采用基于顾客的构型，建立顾客之间的邻座关系，隐式地实现对顾客的划分。而在本研究中，需要显式得到顾客的划分，即餐桌，以便后续分类工作服务。因此，ddCRP 模型需通过后处理的方式进一步形成餐桌，但这导致模型的计算量增大，降低图像识别效率。为解决这一问题，本节在 ddCRP 模型的基础上进行改进，提出 uCRP 模型。

uCRP 模型采用与 CRP 模型类似的基于餐桌的构型，具体描述如下：一家中餐馆有无限多张餐桌，有一位引座员负责为顾客分配餐桌。顾客 $\{\theta_1, \theta_2, \cdots, \theta_N\}$ 依次进入餐馆就餐，第一位顾客被分配到第一张餐桌就座；第 i 位顾客 θ_i 进入餐馆，以正比于$R_{i,t}$的概率被分配到第 t 张餐桌就座，或者以正比于 α 的概率被分配到一张新餐桌就座。其中，$R_{i,t}$表示顾客 θ_i 与第 t 张餐桌的相关性。同传统的 CRP 模型相比，该模型中加入了引座员负责为顾客分配餐桌，因此称为引座员中餐馆过程。设每位顾客所在餐桌的指示因子为 $\{z_1, z_2, \cdots, z_N\}$，顾客与餐桌的相关性用$R_i = \{R_{i,1}, R_{i,2}, \cdots, R_{i,T}\}$ 表示，则有

$$p(z_i=t|R_i,\alpha)\propto\begin{cases}R_{i,t} & t\leqslant T\\ \alpha & t=T+1\end{cases} \tag{4-2}$$

式中，T 为已有顾客的餐桌数。由式（4-2）可知，顾客与餐桌的相关性 $R_{i,t}$ 在为顾客分配餐桌时起关键作用，顾客更容易选择相关性大的餐桌就座。因此，如何确定 $R_{i,t}$ 成为该模型应用的关键问题，为方便表达，本书利用顾客与该餐桌上其他顾客的相关性的总和表示。设 $r_{i,j}$ 表示顾客 θ_i 和顾客 θ_j 之间的相关性，则对于第 t 张餐桌的 $R_{i,t}$，则有

$$R_{i,t}=\sum_{z_j=t}r_{i,j} \tag{4-3}$$

将式（4-3）代入式（4-2），并进行归一化处理，得到：

$$p(z_i=t\mid Z^{-i},R,\alpha)\propto\begin{cases}\dfrac{\sum\limits_{z_j=t}r_{i,j}}{\alpha+\sum\limits_{j\neq i}r_{i,j}} & t\leqslant T\\[2ex] \dfrac{\alpha}{\alpha+\sum\limits_{j\neq i}r_{i,j}} & t=T+1\end{cases} \tag{4-4}$$

利用式（4-4）即可对每位顾客进行餐桌的分配。需要指出的是，顾客间的相关性 $r_{i,j}$ 既可以利用所对应的数据根据应用需要直接进行刻画，也可以由其他相关知识给出。本书将顾客间的相关性抽象称为引导信息（guided information），该模型称为 uCRP。特别地，当顾客间的相关性相等且满足 $r_{i,j}\equiv 1$ 时，发现式（4-4）容易变成 CRP 采样公式。因此，传统 CRP 模型是本书提出的 uCRP 模型在顾客间相关性相等（即忽略顾客间相关性）时的特例。

进一步地，可以证明 ddCRP 模型与 uCRP 模型的等价性。证明过程如下。

利用式（4-4）可以实现顾客间的邻座关系，对其进行归一化处理，得到：

$$p(l_i=j\mid D,\alpha_0)\propto\begin{cases}\dfrac{f(d_{i,j})}{\alpha_0+\sum\limits_{i\neq j}f(d_{i,j})} & i\neq j\\[2ex] \dfrac{\alpha_0}{\alpha_0+\sum\limits_{i\neq j}f(d_{i,j})} & i=j\end{cases} \tag{4-5}$$

设 ddCRP 模型中潜在地有顾客的餐桌数量为 T，每位顾客所在餐桌的指示因子为 $\{z_1, z_2, \cdots, z_N\}$，对于第 t 张餐桌上的顾客 $\{\theta_j\mid z_j=t\}$，当第 i 位顾客 θ_i 与该餐桌上的任意一位顾客邻座时，顾客 θ_i 将被分配到第 t 张餐桌就座。根据加法原理，则有

$$p(z_i=t\mid Z^{-i},D,\alpha_0)=\frac{\sum\limits_{z_j=t}f(d_{i,j})}{\alpha_0+\sum\limits_{j\neq i}f(d_{i,j})}\quad t\leqslant T \tag{4-6}$$

当顾客分配一张新的餐桌就座时，根据概率和为 1 的准则，则有

$$\begin{aligned}p(z_i=T+1\mid Z^{-i},D,\alpha_0)&=1-\sum_{t=1}^{T}p(z_i=t\mid Z^{-i},D,\alpha_0)\\&=\frac{\alpha_0}{\alpha_0+\sum\limits_{j\neq i}f(d_{i,j})}\end{aligned} \tag{4-7}$$

当 uCRP 模型中顾客间的相关性$r_{i,j}=f(d_{i,j})$ 时，式（4-4）变成式（4-6）和式（4-7）。因此，uCRP 模型在对顾客进行划分方面是等价的。但是，uCRP 模型采用基于餐桌的构建形式，避免了 ddCRP 模型通过后处理方式生成餐桌的步骤，减少了计算量，提高了模型应用效率。

4.2 基于 uCRF 模型的遥感图像非监督分类

4.2.1 引座员中餐馆连锁模型

CRF 模型由两层 CRP 组成，底层 CRP 模型负责为顾客分配餐桌，顶层 CRP 模型负责为餐桌确定菜。通过 HDP 模型高分辨率遥感图像非监督分类框架，当利用中餐馆连锁进行高分辨率遥感图像非监督分类时，像素间的空间关系建模主要作用于底层 CRP。因此，本节利用 uCRP 替代原始中餐馆连锁中的底层 CRP，形成引导中餐馆连锁（guided Chinese restaurant franchise，uCRF）模型。特别地，本节是对 HDP 模型的实现方式之一的中餐馆连锁模型进行改进，因此 uCRF 模型本质上是 HDP 模型的一种变形。

与传统 CRF 类似，uCRF 具有类似的中国连锁店就餐隐喻，具体如下：假设有 M 家中餐馆构成的连锁店，每家中餐馆有无限多张餐桌，每张餐桌可以供无限多的顾客就餐。同时，每家餐馆配备一位引座员，负责引导每位顾客到餐桌就餐。每张餐桌仅点一道菜，餐桌上的所有顾客均共享该道菜。设菜单为从基分布 H 中独立采样的 K 个随机变量 $\{\varphi_1, \varphi_2, \cdots, \varphi_K\}$，其中第 k 道菜为 φ_k，所有餐馆共享同一份菜单。对于第 m 家餐馆的 N 位顾客 $\{\theta_{m,1}, \theta_{m,2}, \cdots, \theta_{m,N}\}$，第一位顾客被引座员分配就座在第一张餐桌并负责从菜单中点一道菜。第 n 位顾客 $\theta_{m,n}$ 进入餐馆，引座员以正比于$R_{n,t}$的比例分配餐桌 t 给顾客就座，或以正比于 α 的比例分配一张新餐桌。当顾客 $\theta_{m,n}$ 被分配一张新餐桌时，以正比于所有餐馆已点第 k 道菜的餐桌数 m_k 的比例点菜 φ_k，或者以正比于 γ 的比例点一道新菜。当点一道新菜时，菜单中菜的数量 K 增加 1，同时从基分布 H 中采样得到新菜 $\varphi_K \sim H$ 并更新菜单。其中，$R_{n,t}$表示引座员判断的顾客$\theta_{m,n}$与第 t 张餐桌的相关性。

采用前文相同意义的变量，根据 uCRP 模型的性质，当给定其他顾客就座的餐桌编号后，顾客 $\theta_{m,n}$所属餐桌编号 $t_{m,n}$可通过如下公式确定：

$$
p(t_{m,n}=t \mid t_{m,1}, t_{m,2}, \cdots, t_{m,2}, \alpha, \boldsymbol{R}) \propto \begin{cases} R_{n,t} & t \leqslant T \\ \alpha_0 & t = T+1 \end{cases}
$$

$$
\propto \begin{cases} \dfrac{\sum\limits_{z_{m,j}=t} r_{n,j}}{\alpha_0 + \sum\limits_{j \neq n} r_{n,j}} & t \leqslant T \\ \dfrac{\alpha_0}{\alpha_0 + \sum\limits_{j \neq n} r_{n,j}} & t = T+1 \end{cases} \tag{4-8}
$$

式中，$R_{n,t}$由顾客 $\theta_{m,n}$与该餐桌所有顾客间的相关性决定。需要指出的是，由于式（4-8）

仅用于确定第 m 个餐馆的餐桌分配，为表达方便，表征顾客与餐桌之间相关性的变量$R_{n,t}$以及顾客间相关性的变量$r_{n,j}$省略了其所属餐馆编号 m。

4.2.2 引导信息定义

本书通过在原始 CRP 和 CRF 模型的基础上，引入刻画数据间关系的引导信息，分别形成了 uCRP 和 uCRF 模型。因此，如何确定刻画数据间关系成为影响模型建立的关键。通过前面的分析可知，uCRF 直接用于高分辨率遥感图像非监督分类时，可以利用像素间的引导信息进行建模，从而克服传统 CRF 模型忽略像素间空间关系的问题。本节将重点讨论高分辨率遥感图像非监督分类时，如何确定刻画像素间关系的引导信息并分析其影响。

4.2.2.1 衰变函数

衰变函数$f(\cdot)$ 是非增函数，取值范围为非负实数，并且满足$f(\infty)=0$。因此，满足以上条件的函数都可以作为衰变函数，用于模型中数据间关系的表达。在 ddCRP 模型中，衰变函数反映了数据间的距离如何影响数据的分布，其隐含假设数据间的相关性随距离的增大而降低。因此，选取何种衰变函数将直接影响模型的结果。这里给出三种常用的衰变函数族，具体形式可根据需要进行修改。

（1）窗口衰变函数族

其定义如式（4-9）所示，其中 a 为窗口参数。根据定义可知，当选择窗口函数作为衰变函数，数据间距离不大于 a 时，数据间关系为 1，否则为 0，即仅考虑一定范围内的数据间的关系。窗口衰变函数的示意如图 4-2（a）所示。

$$f(d)=\begin{cases}1 & d\leqslant a\\ 0 & \text{其他}\end{cases} \tag{4-9}$$

（2）指数衰变函数族

其定义如式（4-10）所示。根据定义可知，当选择负指数函数作为衰变函数时，数据间的关系随距离的增大呈指数衰减，即当 $d\gg a$ 时，$f(d)=0$。指数衰变函数的示意如图 4-2（b）所示。

$$f(d)=\exp(-d/a) \tag{4-10}$$

（3）逻辑衰变函数族

其定义如式（4-11）所示。根据定义可知，当选择逻辑函数作为衰变函数，数据间距离 $d\ll a$ 时，数据间关系约为 1；数据间距离 $d\gg a$ 时，数据间关系为 0；数据间距离 d 与 a 相差不大时，数据间的关系随距离的增大呈指数衰减。逻辑衰变函数的示意如图 4-2（c）所示，对比窗口衰变函数不难发现，逻辑衰变函数在 a 附近取值更为平滑，可认为是窗口衰变函数的平滑过渡。

$$f(d)=\exp(-d+a)/[1+\exp(-d+a)] \tag{4-11}$$

不同的衰变函数刻画了数据间关系随距离的变化规律，恰当的衰变函数能够很好地反映数据间的关系，对模型结果起到至关重要的作用。通过不同衰变函数的比较（图 4-2），指数衰变函数对距离较为敏感，随距离变化其函数值变化较为明显，区分度较大；窗口衰

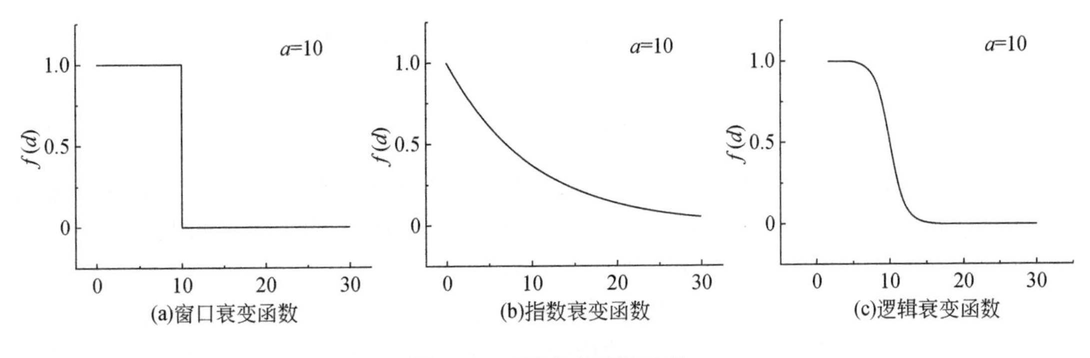

图 4-2　不同衰变函数示意

变函数和逻辑衰变函数随距离变化其函数值变化相对较小，区分度较小。因此，可以根据实际需要选择合适的函数用于数据关系的表达。

4.2.2.2　引导信息

引导信息既可以利用数据本身得到，也可以通过其他数据或先验知识获取。在本研究中，引导信息一般从图像数据中提取，被称为引导图像（guided image）。为使引导信息能够准确地刻画像素间的关系，利用衰变函数的性质给出其具体表达形式。具体而言，给定原始遥感图像 I，假设 $\mathcal{S}=\{s=(u,\ v)\mid 1\leqslant u\leqslant H,\ 1\leqslant v\leqslant W\}$ 表示遥感图像 I 中每个像素所对应的网格位置，其中 H 和 W 分别表示图像的高度和宽度（单位像素）。引导图像 G 具有同原始遥感图像相同的网格系统。原始遥感图像 I 无重叠划分形成子图像集合 $\mathcal{D}=\{d_1,\ d_2,\ \cdots,\ d_M\}$，对于第 m 个子图像，其所对应的原始遥感图像网格位置集合为$\mathbb{N}_m$。对于同一子图像的两个像素 I_i与 I_j，且$i\in\mathbb{N}_m$，$j\in\mathbb{N}_m$，其空间距离越远相关性越低，反之则越高。据此，假设像素间的空间相关性$r_{i,j}$满足以下高斯函数：

$$r_{i,j}=\frac{1}{\sqrt{2\pi}\sigma}\exp\left\{-\frac{(x_i-x_j)^2+(y_i-y_j)^2}{\sigma^2}\right\}\quad \sigma>0$$
$$\propto\exp\left\{-\frac{(x_i-x_j)^2+(y_i-y_j)^2}{\sigma^2}\right\}\tag{4-12}$$

式中，$(x_i,\ y_i)$ 为像素 I_i在图像网格系统 S 上位置 i 的坐标；σ 为控制相关性随空间距离变化的关键参数。特别地，当 $\sigma\to\infty$时，$r_{i,j}\to 1$，即像素间的空间相关性均相等，意味着忽略了像素间的空间关系。式（4-12）实际上是指数衰变函数的一种，能够细致刻画随距离增大而空间相关性降低的情况。

引导图像 G 具有同原始遥感图像相同的网格，因此式（4-12）定义的空间相关性亦可认为从引导图像中获取。此外，引导图像本身具有其特有的属性信息，如光谱、高程信息等。该信息同样可以描述像素间的关系，以光谱信息为例，光谱越接近其相关性越高，光谱差异越大其相关性越小。对于同一子图像的两个像素 I_i与 I_j，且$i\in\mathbb{N}_m$，$j\in\mathbb{N}_m$，假设像素间的光谱相关性 $r_{i,j}$满足以下高斯函数：

$$r_{i,j}=\frac{1}{\sqrt{2\pi}\sigma_{spe}}\exp\left(-\frac{||G_i-G_j||^2}{\sigma_{spe}^2}\right)\quad \sigma_{spe}>0$$
$$\propto \exp\left(-\frac{||G_i-G_j||^2}{\sigma_{spe}^2}\right) \tag{4-13}$$

式中，G_i为图像网格系统 S 上位置 i 所对应的光谱值（灰度值或多光谱），光谱距离采用欧氏距离；σ_{spe}为控制相关性随光谱距离变化的参数。特别地，当 $\sigma_{spe}\to\infty$时，$r_{i,j}\to 1$，即像素间的光谱相关性均相等，意味着忽略了像素间的光谱差异。

以上定义的两种描述像素间关系的形式分别仅考虑像素间的空间距离或光谱距离，这通常无法正确反映像素间的真实情况。如图 4-3 所示，对于遥感图像中房屋边缘的像素 A 和 B，仅考虑空间距离，则二者的相关性较大，利用 uCRF 模型进行建模时很可能被分配在同一张餐桌（即具有相同类别），而实际上像素 A 和 B 灰度值差异较大，分别属于房屋和道路两类地物。遥感图像中像素 C 和 D 具有接近的灰度值，仅考虑光谱距离时二者的相关性较大，很可能被判定为同类地物。然而像素 C 和 D 空间距离较远，分别属于水体和阴影。因此，为能更好地刻画像素间的关系，本书将以上两种相关性度量方法结合起来，形成顾及空间和光谱信息的像素间相关性描述方法，如式（4-14）所示。

图 4-3　不同像素关系示意

$$r_{i,j}=\frac{1}{\sqrt{2\pi}\sigma_{spa}}\exp\left\{-\frac{(x_i-x_j)^2+(y_i-y_j)^2}{\sigma_{spa}^2}\right\}\frac{1}{\sqrt{2\pi}\sigma_{spe}}\exp\left(-\frac{\| G_i-G_j \|^2}{\sigma_{spe}^2}\right)$$
$$\propto \exp\left\{-\frac{(x_i-x_j)^2+(y_i-y_j)^2}{\sigma_{spa}^2}\right\}\exp\left(-\frac{\| G_i-G_j \|^2}{\sigma_{spe}^2}\right)$$
$$=\exp\left\{-\frac{(x_i-x_j)^2+(y_i-y_j)^2}{\sigma_{spa}^2}-\frac{\| G_i-G_j \|^2}{\sigma_{spe}^2}\right\} \tag{4-14}$$

式中，σ_{spa}和 σ_{spe}分别表示控制空间和光谱的参数，且满足 $\sigma_{spa}>0$，$\sigma_{spe}>0$。需要注意的是，引导图像的属性信息并不限于光谱信息，亦可是其他信息。为表述方便，引导图像中的空间信息称为“空间域”信息；各种属性信息统称为“光谱域”信息，简称“光谱”信息。式（4-14）的形式与联合双边滤波器（joint bilateral filter）的滤波核的表达形式类似，该滤波器能够很好地保持图像的边缘信息（He et al., 2013）。类似地，当 uCRF 模型用于高分辨率遥感图像非监督分类时，采用式（4-14）作为定义像素间相关性的引导信息，可使非监督分类结果的地物边缘清晰，具有一定的保边能力。

需要特别注意的是，引导信息的定义方式不是一成不变的，可以根据实际的应用需求进行选择，其实质是用于描述像素间关系（空间、时间等）。本节中引导图像既可以是原始图像，也可以是其他相关图像，本书如无特别说明，引导图像均使用原始图像。

4.2.3 模型生成过程

在对高分辨率全色遥感图像进行建模时，本节及其后续章节均假设地物服从关于灰度值的多项式分布，多项式分布的分布参数$\boldsymbol{\varphi}_k$服从参数为 H 的 Dirichlet 分布。uCRF 模型所对应的概率图模型如图 4-4 所示。高分辨率全色遥感图像中像素可通过如下生成过程产生。

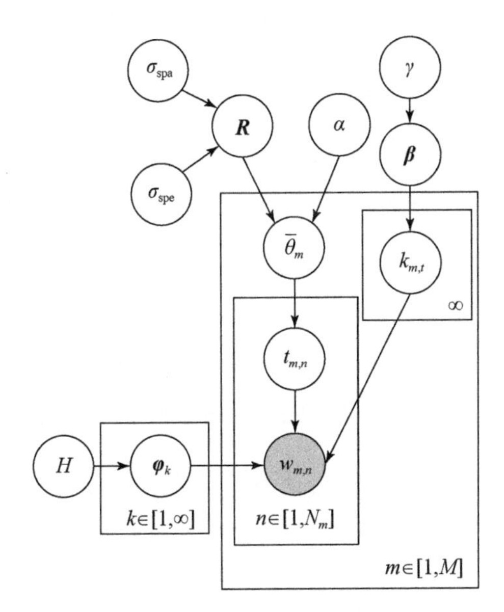

图 4-4　uCRF 对应的概率图模型

1）采样地物类别，对于每个地物类别 $k\in\{1, 2, \cdots, K, \cdots\}$，根据 Dirichlet 先验采样每个地物类别关于灰度值（8 位图像取值 0 ~ 255）的多项式分布，即$\boldsymbol{\varphi}_k \sim \mathrm{Dir}(H)$。

2）对于子图像集合 $\mathcal{D}=\{d_1, d_2, \cdots, d_M\}$ 中每个子图像$d_m\in D$。

对于子图像中的每个像素$w_{m,n}\in\{w_{m,1}, w_{m,2}, \cdots, w_{m,N}\}$。

a）采样像素对应地物类别。根据模型描述，像素$w_{m,n}$的地物类别可以通过以下两步得到：① 采样餐桌。对引导图像利用式（4-14）计算像素间的相关性，将其代入式（4-16）中采样获得像素$w_{m,n}$所对应的餐桌编号$t_{m,n}$。② 采样餐桌类别。根据式（4-17）得到第 $t_{m,n}$

张餐桌所点的菜$k_{m,t}$（即类别），由此可得到像素 $w_{m,n}$所对应的地物类别$z_{m,n}=k_{m,t}$，$t=t_{m,n}$。

b）根据像素灰度值服从多项式分布的假设，采样 $w_{m,n}$所对应的灰度值，即$w_{m,n}\sim \text{Mult}(\boldsymbol{\varphi}_{z_{m,n}})$。

由以上生成过程可以确定每个像素所对应的灰度值 $w_{m,n}$，进而构成完整的全色遥感图像。

uCRF 模型用于高分辨率遥感图像非监督分类时，通过引导信息刻画了像素间的关系并将其嵌入模型的建模过程中。uCRF 模型的层次空间结构示意如图 4-5 所示，该图描述了“像素-结构-地物”的自下而上的层次空间关系，有向边仅表示空间信息流动的方向，像素间的连线表示相关性强度。从图 4-5 中可以看出，uCRF 模型在考虑像素间关系的情况下将像素合并形成结构（即餐桌），进而将结构合并形成地物。实际上，uCRF 模型与原始 CRF 模型相比，增加了在像素形成结构的过程中考虑了像素间的空间关系，在餐桌形成地物的空间信息（地物共生关系）传递是 CRF 模型所固有的特性。

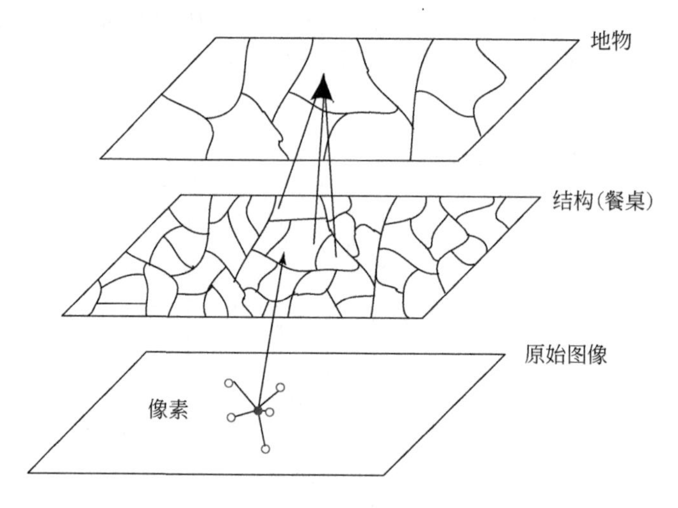

图 4-5　uCRF 模型的层次空间结构示意

基于 uCRF 混合模型的高分辨率全色遥感图像非监督分类框架如图 4-6 所示，其中引导图像采用原始图像替代。

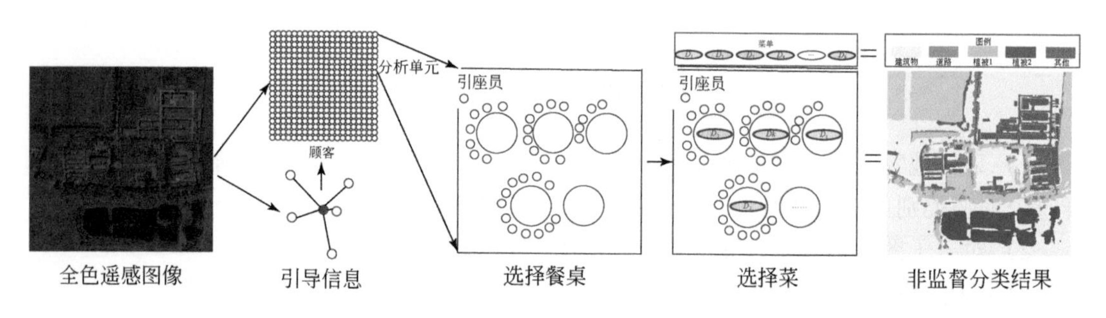

图 4-6　基于 uCRF 混合模型的高分辨率全色遥感图像非监督分类框架

4.2.4 模型推理及算法流程

uCRF 混合模型的生成过程描述了产生高分辨率全色遥感图像中每个像素灰度值的流程，在此过程中引入了一些隐变量，如餐桌编号 $t_{m,n}$、菜编号 $k_{m,t}$（即类别编号）等，如图 4-4 所示。模型推理（或称模型求解）的目的是根据可观测变量（像素灰度值 $w_{m,n}$）推理得到模型中其他隐变量的值。因此，模型推理实际上与生成过程相反，具体而言是计算模型中可观测变量与隐变量的联合概率分布，即

$$p(\boldsymbol{W},\boldsymbol{T},\boldsymbol{K}|\alpha,\sigma_{\text{spa}},\sigma_{\text{spe}},\gamma,H)=p(\boldsymbol{W}|\boldsymbol{T},\boldsymbol{K},H)\times p(\boldsymbol{T}|\alpha,\sigma_{\text{spa}},\sigma_{\text{spe}})\times p(\boldsymbol{K}|\gamma) \quad (4\text{-}15)$$

式中，可观测变量 $\boldsymbol{W}$ 是高分辨率遥感图像 I 所对应的像素值矩阵，对于全色图像可认为是二维灰度值矩阵，同图像 I 大小相同；隐变量 $\boldsymbol{T}$ 是遥感图像中每个子图像中每个像素所对应的餐桌编号，为 $M\times N$ 大小的矩阵，M 为子图像的个数，N 为子图像像素的个数；隐变量 $\boldsymbol{K}$ 是每个子图像中每张餐桌所点菜（即类别）的编号，为 $M\times T$ 大小的矩阵，T 为子图像餐桌的个数。

同传统 CRF 模型类似，uCRF 模型可以通过 Gibbs 采样的方式对式（4-15）进行求解。利用 Gibbs 采样方法对基于 uCRF 混合模型的高分辨率全色图像非监督分类的模型推理和参数估计，其算法流程如图 4-7 所示。整个流程主要包括以下 4 个步骤。

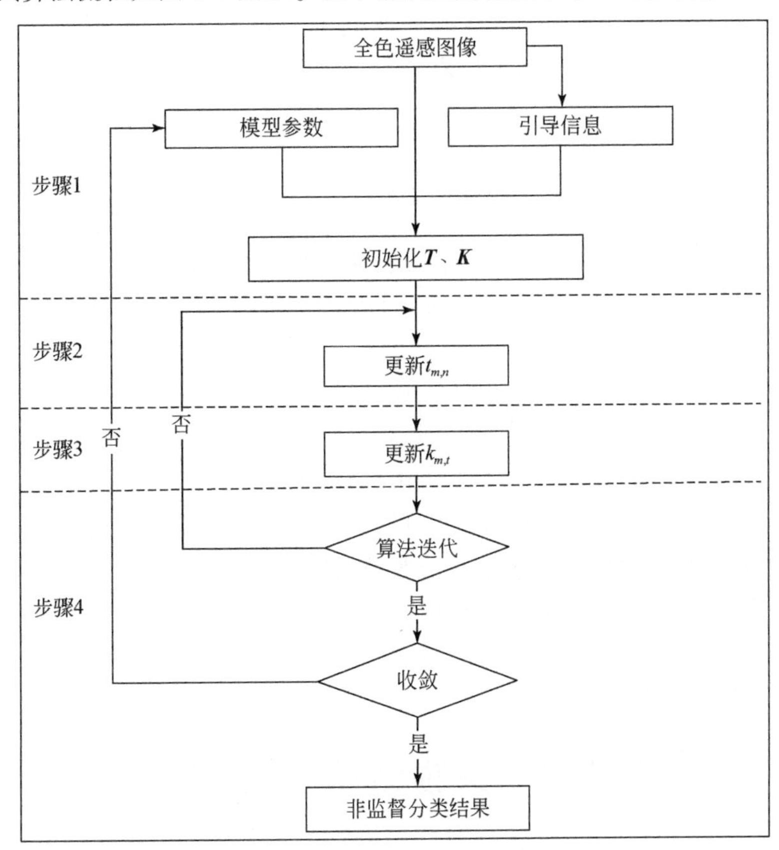

图 4-7　uCRF 模型推理的 Gibbs 采样算法流程

（1）步骤 1：模型初始化及引导信息计算

根据图 4-4 所示的概率图模型，uCRF 模型中需进行初始化的参数主要包括计算引导信息的空间参数σ_{spa}和光谱参数σ_{spe}，初始地物类别个数K_0，两个超参数 α 和 γ，控制类别分布参数的对称 Dirichlet 先验参数 H。其中超参数可以如 4. 3. 3 节所示采用事先给定初始值并保持不变，也可以在模型推理过程中重新估计超参数。由于刻画像素间关系的引导信息 R 在模型中保持不变，引导信息可在初始化阶段计算后存储起来，以减少计算量，提高模型的运行效率。但这将带来存储空间的巨大消耗，应根据需要合理进行选择。为表述方便，后文中的引导信息 R 默认为已经事先确定，因此涉及的空间参数 σ_{spa}和光谱参数 σ_{spe}直接采用引导信息 R 替代。

同时为保证 Gibbs 采样过程的进行，需对隐变量 $\boldsymbol{T}$ 和 $\boldsymbol{K}$ 在采样前进行随机初始化。需要指出的是，初始化时每个像素分配一张餐桌。

（2）步骤 2：对于子图像$\boldsymbol{d}_m$中每个像素$\boldsymbol{w}_{m,n}$，采样餐桌编号$\boldsymbol{t}_{m,n}$

对于子图像中的像素 $w_{m,n}$，其所对应的餐桌编号$t_{m,n}$可通过给定其他变量的条件概率采样获得，具体如下：

$$p(t_{m,n}=t \mid \boldsymbol{T}^{-m,n},\boldsymbol{K},\alpha,\boldsymbol{R}) \propto \begin{cases} \dfrac{\sum\limits_{z_{m,j}=t} r_{n,j}}{\alpha+\sum\limits_{j\neq n} r_{n,j}} f_{k_{m,t}}^{-w_{m,n}}(w_{m,n}) & t \leqslant T \\ \dfrac{\alpha}{\alpha+\sum\limits_{j\neq n} r_{n,j}} p(w_{m,n} \mid \boldsymbol{T}^{-m,n},t_{m,n}=t^{\text{new}},\boldsymbol{K}) & t=T+1 \end{cases} \tag{4-16}$$

式中，$f_{k_{m,t}}^{-w_{m,n}}(w_{m,n})$ 表示给定餐桌 t 时其类别是像素的似然函数；$\boldsymbol{T}^{-m,n}$表示矩阵 $\boldsymbol{T}$ 去掉像素 $w_{m,n}$所对应的餐桌编号 $t_{m,n}$后的部分。

（3）步骤 3：对于子图像$\boldsymbol{d}_m$中餐桌 $\boldsymbol{t}$，采样菜（地物类别）编号$\boldsymbol{k}_{m,t}$

对于子图像中的第 $t_{m,n}$张餐桌，其所对应的地物类别$k_{m,t}$可通过给定其他变量的条件概率采样得到，具体如下：

$$p(k_{m,t}=k \mid \boldsymbol{T},\boldsymbol{K}^{-m,t}) \propto \begin{cases} m_k^{-m,t} f_k^{-\boldsymbol{w}_{m,t}}(\boldsymbol{w}_{m,t}) & k \leqslant K \\ \gamma f_{k^{\text{new}}}^{-\boldsymbol{w}_{m,t}}(\boldsymbol{w}_{m,t}) & k=K+1 \end{cases} \tag{4-17}$$

式中，$\boldsymbol{w}_{m,t}$表示第 t 张餐桌上所有像素的数据集合。通过以上两个步骤，可以确定像素 $w_{m,n}$所属的餐桌以及该餐桌所点的菜，进而可以得到该像素所对应的类别$z_{m,n}$，即$z_{m,n}=k_{m,t_{m,n}}$。

（4）步骤 4：判断模型是否收敛，如果收敛得到最终的分类结果

循环步骤 2 和步骤 3 两个 Gibbs 采样过程，当达到最大迭代次数后，判断模型是否收敛；如果模型不收敛则返回步骤 1，重新计算模型的超参数后继续进行 Gibbs 采样。重复以上步骤，得到收敛模型并形成最终的非监督分类结果。

4.3 实验分析与讨论

本章在原始 HDP 模型的 CRF 构造的基础上，加入引导信息，提出了 uCRF 模型，实现了顾及像素间空间关系的高分辨率遥感图像非监督分类。本节采用不同数据源的高分辨率全色遥感图像作为数据源，对 uCRF 模型的非监督分类性能进行分析。

首先对实验使用的数据源进行简要说明，并介绍评价模型非监督分类性能的指标；其次对 uCRF 模型中的关键参数对模型结果的影响进行分析；最后将 uCRF 模型的结果与现有的非监督分类方法进行比较。

4.3.1 实验数据

本节所采用的高分辨率图像为一幅 QuickBird 郊区全色图像以及一幅天绘一号城区全色图像。两幅图像的具体信息如下。

1）QuickBird 郊区全色遥感图像。该图像为拍摄于 2006 年 4 月 26 日的北京通州郊区图像，图像空间分辨率为 0.6m，实验选取的图像范围为 900 像素×900 像素，如图 4-8（a）所示。通过目视解译，该图像中主要包含六类地物，分别为道路、建筑物、阴影、水体、农田和树木，其所对应的 Ground Truth 如图 4-8（b）所示（图 4-8 中土黄色为未定义类型，在后续分析时不予考虑）。QuickBird 图像分辨率较高，导致阴影较为明显且无法与其他地物对应，因此本书将其单独作为一类地物处理。

2）天绘一号城区全色遥感图像。天绘一号是一颗传输型立体测绘卫星，主要用于地图测绘，但其上搭载的全色传感器可获得 2m 分辨率的遥感图像。本实验选取该卫星拍摄于 2012 年 8 月 13 日北京密云城区的高分辨率全色图像作为数据源，图幅大小为 1600 像素×1600 像素，如图 4-8（c）所示。通过目视解译，该图像中主要包含五类地物，分别为建筑物、道路、水体、草地和裸地，其所对应的 Ground Truth 如图 4-8（d）所示。

(a)郊区QuickBird全色遥感图像

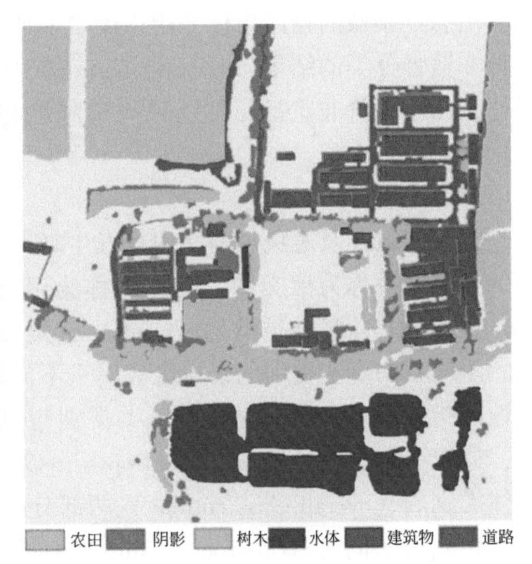

(b)QuickBird图像对应的Ground Truth

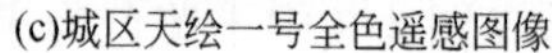
(c)城区天绘一号全色遥感图像

(d)天绘一号图像对应的Ground Truth

图 4-8　实验数据及其对应的 Ground Truth

4.3.2　评价指标

本节从定性和定量两个方面对各模型的非监督分类性能进行评价。定性分析方面采用目视法进行评价。定量评价方面采用总体熵和 Kappa 系数两种指标进行量化。其中，总体熵是信息论领域的描述指标，用于度量非监督分类结果的不确定性。然而，总体熵并不能度量非监督分类的结果与 Ground Truth 的对应情况，因此引入 Kappa 系数作为另一种度量指标，用于评价非监督分类结果与实际地物分布的一致性程度。下面介绍这两种定量化指标。

(1) 总体熵

为便于叙述及避免与前文内容发生歧义，本节在对总体熵进行介绍时将非监督分类得到的分类结果称为聚类图，其类别称为聚类类别，而 Ground Truth 中的类别称为真实类别。理想的非监督分类结果是：同一聚类类别的斑块对应于 Ground Truth 中同一真实类别，对应不同真实类别的聚类斑块属于不同的聚类类别。总体熵是信息论中用于描述不确定性的指标，可以很好地描述聚类类别与真实类别之间的同质性。为利用总体熵进行评价，这里引入总体熵（overall entropy），该指标由整体聚类熵（overall cluster entropy）和整体类别熵（overall class entropy）两部分构成（Halkidi et al., 2001）。

设h_{ck}表示同时对应 Ground Truth 中真实类别 c 和聚类图中聚类类别 k 的像素个数。用h_c表示 Ground Truth 中真实类别 c 所对应的像素个数，则满足 $h_c = \sum_{k=1}^{K} h_{ck}$；用$h_k$表示聚类图中聚类类别 k 所对应的像素个数，则满足 $h_k = \sum_{c=1}^{C} h_{ck}$。其中，$K$ 表示聚类图中聚类类别的个数，C 表示 Ground Truth 中真实类别的个数。

某个聚类类别 k 的聚类质量可用其所包含的真实类别的同质性进行度量，即该聚类类别中真实类别的不确定性，称为聚类熵，用 E_k 表示。具体地，第 k 个聚类类别对应的聚类熵 E_k 可表示为

$$E_k = -\sum_{c=1}^{C} \frac{h_{ck}}{h_k} \ln \frac{h_{ck}}{h_k} \tag{4-18}$$

整体聚类熵 E_{cluster} 为各个聚类熵的加权和，即

$$E_{\text{cluster}} = \frac{1}{\sum_{k=1}^{K} h_k} \sum_{k=1}^{K} h_k E_k \tag{4-19}$$

一个小的聚类熵反映了某一聚类类别内部较高的同质性，换言之其包含的真实地物类别较为单一。然而，随着聚类个数的增加，聚类熵是不断降低的。极端情况为遥感图像中每个像素对应于一个聚类类别，虽然此时聚类熵很低，但不能说明该聚类结果好。因此，为解决这一问题，需引入另一度量指标类别熵。同聚类熵类似，类别熵用于表示同一真实类别中包含的聚类类别的同质性，即真实类别中聚类类别的不确定性。对于真实类别 c，其所对应的类别熵 E_c 可表示为

$$E_c = -\sum_{k=1}^{K} \frac{h_{ck}}{h_c} \ln \frac{h_{ck}}{h_c} \tag{4-20}$$

同理，整体类别熵 E_{class} 为各个类别熵的加权和，即

$$E_{\text{class}} = \frac{1}{\sum_{c=1}^{C} h_c} \sum_{c=1}^{C} h_c E_c \tag{4-21}$$

然而，与聚类熵不同，类别熵值随着聚类个数的增加而增加。因此，为整体上描述非监督分类结果，需综合考虑整体类别熵和整体聚类熵两个指标，引入总体熵 E。总体熵为整体聚类熵和整体类别熵的线性组合，其可表示为

$$E = \varepsilon E_{\text{class}} + (1-\varepsilon) E_{\text{cluster}} \tag{4-22}$$

式中，$\varepsilon \in [0, 1]$，是调节系数，用于调节整体聚类熵和整体类别熵两个指标对总体熵的影响（Halkidi et al., 2001）。本书中将该调节系数设置为 0.5，即整体类别熵和整体聚类熵的地位相同。一般而言，非监督分类结果的总体熵越低，其所描述的不确定性越低，而其所对应的分类结果同质性越好。同时，越低的总体熵表示非监督分类结果与真实地物的分布越接近，分类结果也越好。因此，本书选择总体熵用于评价非监督分类的结果。

（2）Kappa 系数

Kappa 系数最初由 Cohen 于 1960 年提出，是遥感领域进行分类结果质量评价的重要指标，可以定量化地描述分类算法得到的分类结果与地表真实地物类别分布的吻合程度，即二者的一致性。在对 Kappa 系数进行计算时，首先需建立遥感图像分类结果与地表真实类别之间的混淆矩阵，其中地表真实类别通过地面实地调查或人工目视解译获得。混淆矩阵是二维矩阵，其中设列号表示地表真实类别编号，行号表示实际分类结果对应的类别编号，则 Kappa 系数的计算公式为

$$K_{\text{kappa}} = \frac{N\sum_{i=1}^{r} x_{ij} - \sum_{i=1}^{r} x_{i+} x_{+i}}{N^2 - \sum_{i=1}^{r} x_{i+} x_{+i}} \tag{4-23}$$

式中，r 表示混淆矩阵的行列数，即实际地物类别的个数；x_{ij}为混淆矩阵第 i 行第 j 列的元素，表示图像分类结果类别编号为 i 而对应实际地物类别编号为 j 的像素个数；x_{i+}和x_{+i}分别为第 i 行和第 i 列的元素的总和，表示图像分类结果类别编号为 i 的像素个数和实际地物类别编号为 i 的像素个数；N 为混淆矩阵各元素的总和，表示参与遥感图像分类结果评价的总像素个数。

Kappa 系数可以间接反映遥感图像分类结果的精度，较高的 Kappa 系数所对应的分类精度也较高。特别地，当对非监督分类结果利用 Kappa 系数进行评价时，需要建立非监督分类类别与地表真实类别之间的映射关系。本书采用最小误分策略建立这种对应关系，即对于每个非监督分类类别，分别统计其对应各真实地表类别的像素总数，该非监督类别与像素总数最大的真实地表类别相对应。

4.3.3 参数设置与分析

根据4.2.3 节的介绍可知，在 uCRF 模型中，主要涉及的参数主要包括两大类：①5 个标量，分别是地物类别的初始个数K_0，超参数 α、γ，空间参数σ_{spa}，光谱参数σ_{spe}；②一个参数向量，地物的先验分布 Dirichlet 分布 $p(\bar{\varphi} \mid \overline{\boldsymbol{H}})$ 的参数向量$\overline{\boldsymbol{H}}$($V$ 维)，其中 V 为灰度级。

上述参数中，地物类别初始个数 K_0 通常设置为 1；超参数 α 和 γ 首先分别初始化为 10 和 0.01，然后在模型的推理阶段，利用估计方法对超参数进行重新估计得到最优值。根据 Wallach 等（2009）对主题模型先验参数的研究，地物类别分布的 Dirichlet 先验分布可简化为对称先验而对结果影响不大，即分布参数$\overline{\boldsymbol{H}}$可简化为 $\boldsymbol{H}$，本书根据 Wallach 的经验将 $\boldsymbol{H}$ 固定地设为 100。空间参数 σ_{spa}和光谱参数 σ_{spe}是计算引导信息的重要参数，能够影响对像素间关系的刻画，进而对 uCRF 模型的非监督分类结果产生重要影响。

下面，以 QuickBird 郊区的高分辨率全色遥感图像为例，详细分析空间参数 σ_{spa}和光谱参数 σ_{spe}对 uCRF 模型的影响，包括对餐桌数量以及非监督分类性能的影响。

(1) 餐桌数量的影响

根据第 2 章的介绍，传统的 CRF 模型中餐桌是一种抽象概念，表示顾客之间的聚集性，首先实现文档中数据的局部聚类，然后在此基础上为每张餐桌分配一道菜（即类别）。整体上看，CRF 模型的分类过程与基于对象的“先分割后识别”分类过程类似，即先对图像分割形成局部均质区域，然后对分割体识别确定最终类别。当 CRF 模型用于遥感图像分类时，由于未考虑像素之间的空间关系，属于同一餐桌的像素仅为数据上相邻（即属性同一），其空间位置并不保证相邻，具体实例如图 4-9（b）所示。图 4-9（b）中同一张餐桌的像素用相同的颜色表示，从图 4-9（b）中可以看出同一餐桌中像素的位置杂乱无章，没有呈现出空间上的聚集性。而与此相反，uCRF 模型的餐桌结果如图 4-9（c）所示，从图 4-9（c）中可以看出该模型得到的餐桌呈现出空间上的聚集性。这是因为 uCRF 模型考虑了像素间的空间关系，距离越近的像素很可能处于同一张餐桌。此时，餐桌与分割体十分接近，为方便表达以及同分割体进行区分，后续章节亦将像素或过分割形成的餐桌称为“结构”。

在基于分割的分类中，理想的分割体应对应于单一的地物对象。因此，在一定程度上，分割体的个数与地物对象的数量越接近，其分割效果越理想。特别地，从图 4-9（c）中可以看出 uCRF 模型得到的结构（餐桌）对应地物的一部分（如图中的建筑物），这与基于对象的分割体有较好的对应。自下而上的分割方法得到分割体的数量一般远大于地物对象的数量，因此可以在一定程度上认为分割体越少，其过分割率越低，而与地物对象的对应越好。对于 uCRF 模型而言，得到的餐桌数量越少，其形成的结构越好。

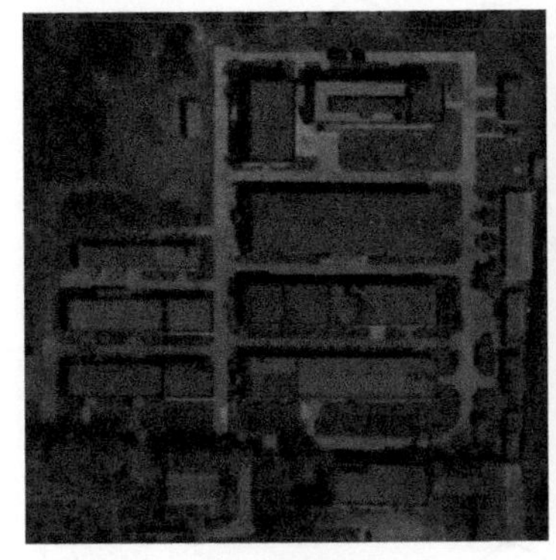
(a)局部图像

(b)CRF模型的餐桌

(c)uCRF模型的餐桌

图 4-9　不同模型的餐桌结果

光谱参数 σ_{spe} 因遥感图像的不同对结果的影响差异较大，为保证分析的客观性，选择整幅遥感图像的标准差 σ_{global} 作为基准，即 $\sigma_{spe}=\lambda\sigma_{global}$，其中 λ 为比例系数。为表达方便，后续实验中将比例系数 λ 作为光谱参数 σ_{spe} 的替代变量。图 4-10 为餐桌数量随空间参数变化曲线，此时固定光谱参数不变。从图 4-10 可以看出，开始时，随着空间参数的增大，餐桌数量急剧降低；当空间参数增大到一定程度后（即 $\sigma_{spa}>5$），餐桌数量的变化不大，趋于平稳。根据式（4-14），当空间参数较小时，仅很小范围内的像素间的空间关系较强，导致形成的餐桌包含的像素数量较少，即餐桌数量较多；而随着空间参数的增大，有较强空间关系的像素范围同时增大，导致形成的餐桌包含的像素数量增多，即餐桌数量减少；当空间参数增大到一定程度时，像素间的空间关系变化不大，既而形成的餐桌数量变化也不大。同时注意到，当空间参数相同时，光谱参数小的餐桌数量略大于光谱参数大的餐桌数量。

图 4-11 为餐桌数量随光谱参数（用 λ 表示）变化曲线，此时固定空间参数不变。通过观察图 4-11 中曲线的变化，可以看出：①餐桌数量随光谱参数的增大呈缓慢下降趋势；②光谱参数相同时，空间参数较小的餐桌数量远大于空间参数大的餐桌数量。出现这种现象的原因可能是，根据式（4-14），光谱参数增大导致像素间的关系减弱，但是遥感图像中会大量存在像素间光谱差异较大的情况，因此即使光谱参数增大，其所决定的像素间关系变化也不大，因而对餐桌数量的影响较小。

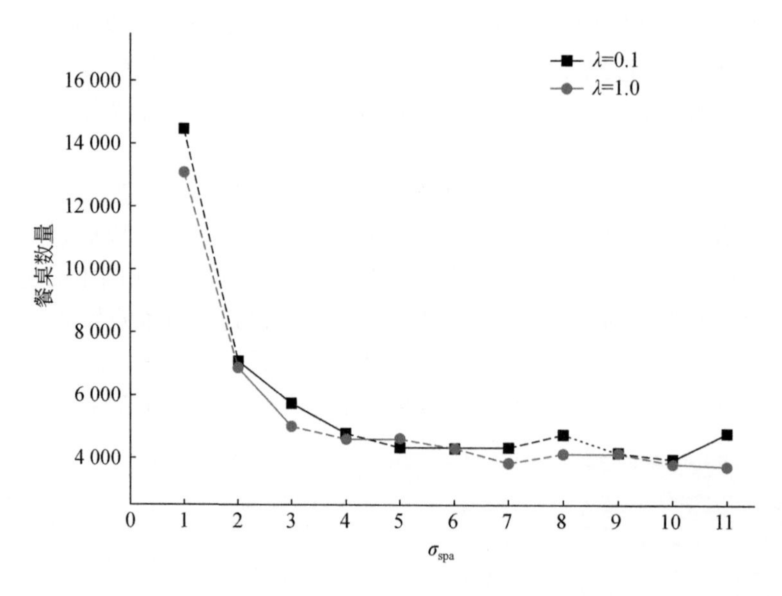

图 4-10　餐桌数量随空间参数变化曲线

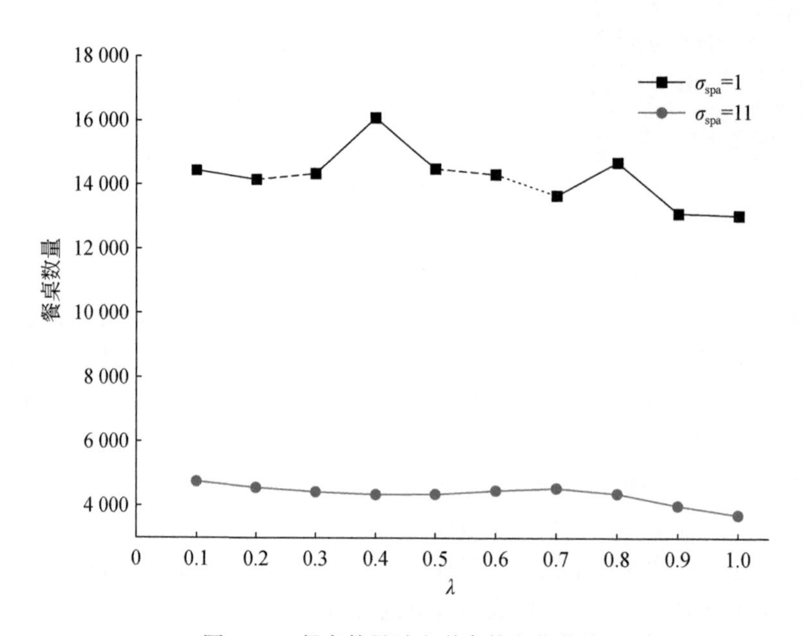

图 4-11　餐桌数量随光谱参数变化曲线

综合分析图 4-10 和图 4-11 所示的结果，可以得出如下结论：空间参数对餐桌数量的变化影响较大，且随着空间参数的增大，餐桌数量先显著降低后保持相对稳定；光谱参数对餐桌数量的变化影响较小，随着光谱参数的增大，餐桌数量缓慢降低。

图 4-12 为不同光谱和空间参数下的餐桌结果，同一餐桌采用相同颜色表示，从图中可以直观地看出不同参数下餐桌结果的变化情况。当空间参数较小时，形成的餐桌较小，数量较多，类似于图像的过分割结果；当空间参数较大时，形成的餐桌较大，数量较少，类

似于分割结果。需要注意的是，由于 uCRF 模型是概率模型，虽然考虑邻近像素间的关系，但是其形成的餐桌与其他方法得到的分割体相比，无法保证其连通性等特征。同时，餐桌是 uCRF 模型进行“分割识别一体化”方法的中间结果，在模型推理阶段会自适应调整，与传统的“先分割后识别”中的分割体并不相同。

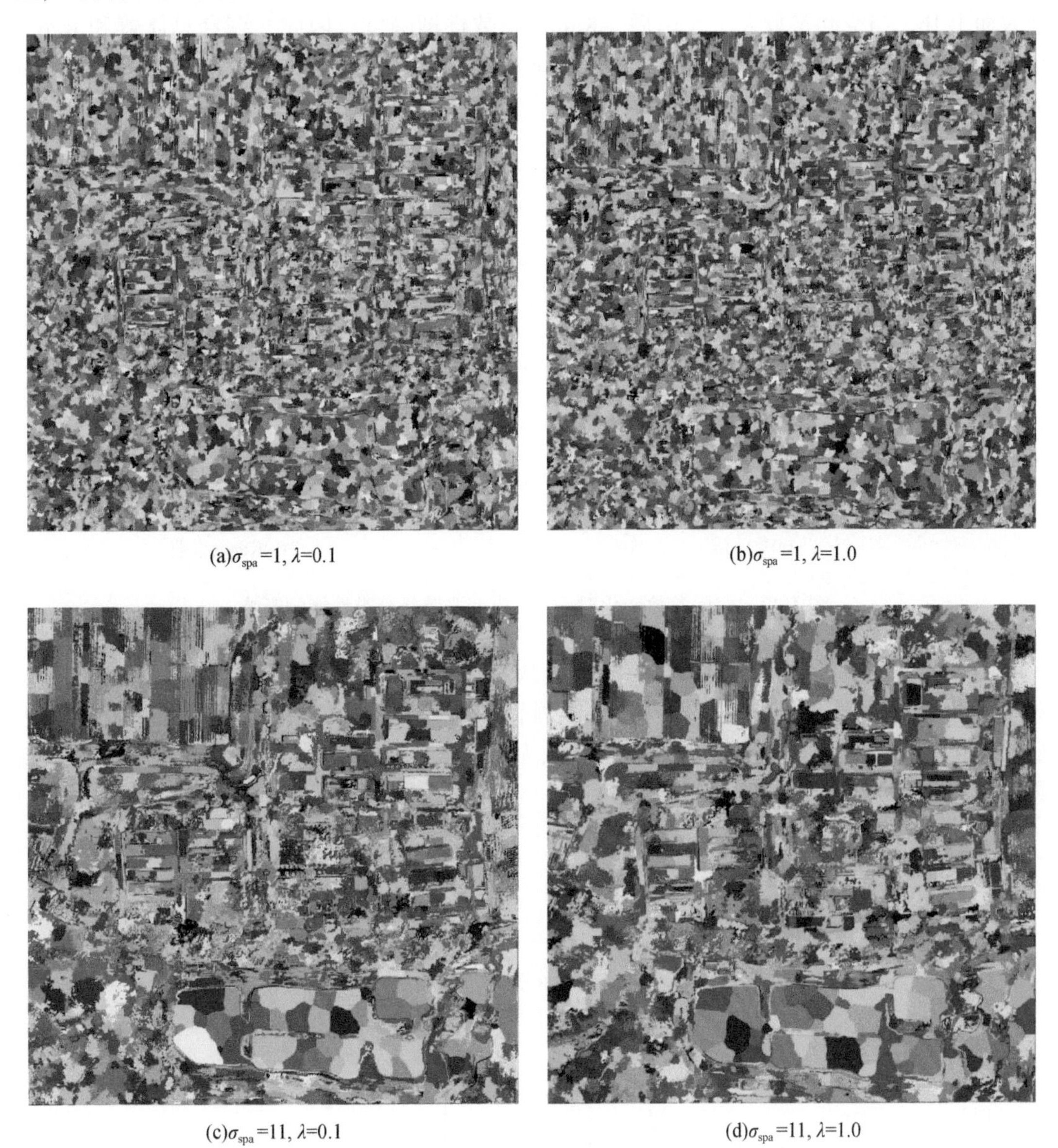

(a)$\sigma_{spa}=1, \lambda=0.1$　(b)$\sigma_{spa}=1, \lambda=1.0$

(c)$\sigma_{spa}=11, \lambda=0.1$　(d)$\sigma_{spa}=11, \lambda=1.0$

图 4-12　不同光谱和空间参数下的餐桌结果

(2) 非监督分类性能的影响

这里分析空间参数和光谱参数对 uCRF 模型高分辨率遥感图像非监督分类性能的影响。利用 4. 3. 2 节介绍的两种定量化的评价指标，即总体熵和 Kappa 系数对非监督分类结果进行评价。图 4-13 为空间参数变化对 uCRF 模型非监督分类性能的影响，其中光谱参数

λ 分别为0.1和1.0。通过分析图4-13（a）所示的总体熵随空间参数的变化情况发现，开始时，总体熵随着空间参数的增大而逐渐降低，当空间参数达到一定程度以后（$\sigma_{spa}>5$），总体熵随着空间参数增大而上升。在两种光谱参数下，总体熵均呈现这种变化规律。同样地，对图4-13（b）所示的Kappa系数的变化情况分析发现，Kappa系数随着空间参数的增大而上升，当空间参数大于5以后，Kappa系数逐渐降低。因此，综合总体熵和Kappa系数的变化情况可知，uCRF模型的非监督分类性能随着空间参数的增大先显著上升后逐渐下降。根据以上分析，在后续实验中统一将空间参数 σ_{spa} 设置为5。

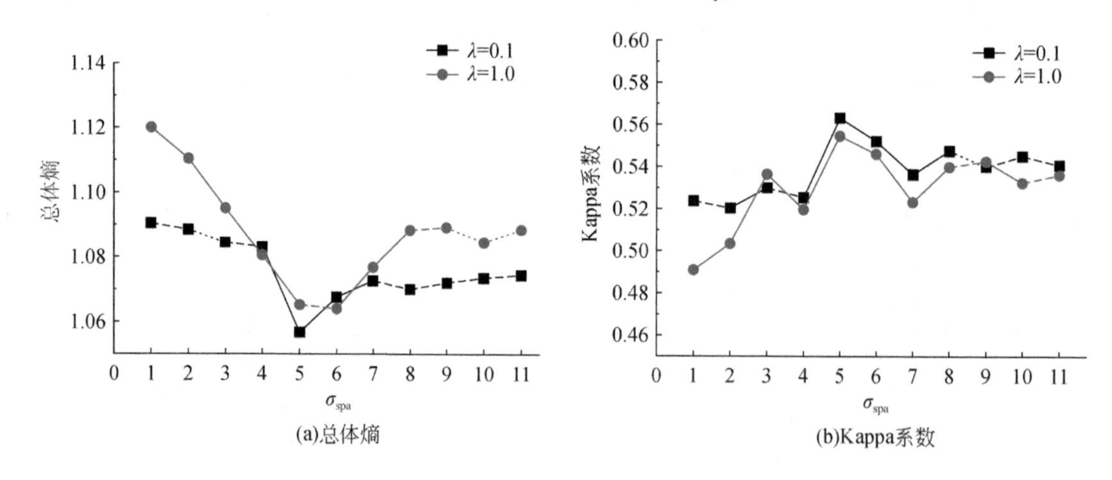

图4-13　空间参数变化对uCRF模型非监督分类性能的影响

图4-14是空间参数 σ_{spa} 为5时，光谱参数变化对uCRF模型非监督分类性能的影响。对图4-14所示的结果进行分析发现，总体熵和Kappa系数随着光谱参数 λ 的变化没有明显的变化规律。为此，在后续实验中选择最大Kappa系数和最小总体熵所对应的光谱参数，即 λ 设置为0.8。

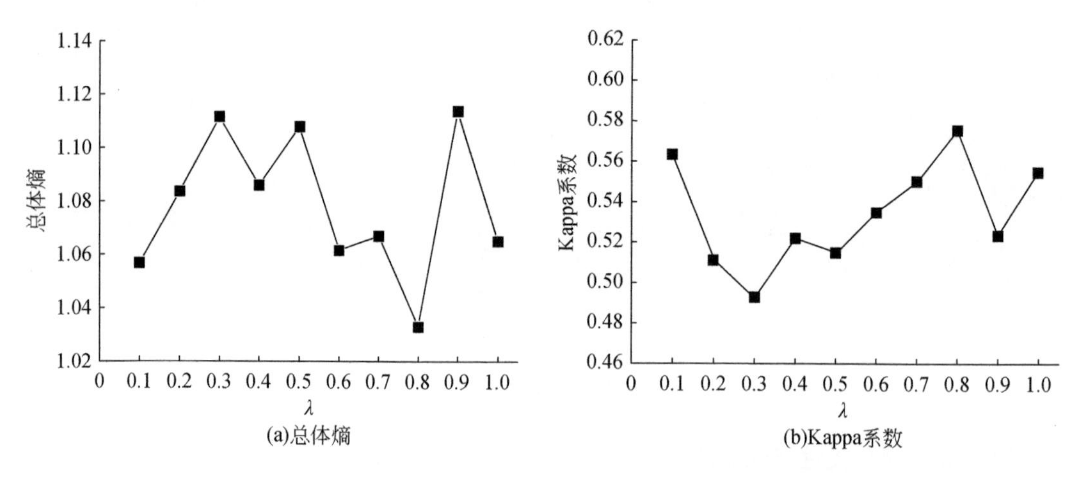

图4-14　光谱参数变化对uCRF模型非监督分类性能的影响

4.3.4 遥感图像非监督分类结果评价

本节重点分析与评价 uCRF 模型用于高分辨率遥感图像非监督分类的可靠性。采用 4.3.1 节介绍的两景全色遥感图像作为数据源，将 uCRF 模型的结果与现有的 CRF、*K*-means和 ISODATA 模型结果进行比较。

4.3.4.1 QuickBird 郊区图像结果分析

对于 QuickBird 郊区全色遥感图像，各种不同模型的非监督分类结果如图 4-15 所示。从视觉角度分析，通过将不同方法的结果与解译的 Ground Truth 对比发现，如 4-15（e）和（f）所示的 *K*-means 和 ISODATA 两种方法的结果中，水体和阴影出现严重的混淆，阴影基本被误分成水体；而 4-15（c）和（d）所示的 uCRF 和传统 CRF 模型的结果中，水体和阴影得到了很好的区分。该幅图像中阴影和水体的灰度值分布存在一定的重叠，因此这两类地物属于“异物同谱”。传统的 *K*-means 和 ISODATA 方法仅仅利用遥感图像的光谱信息进行分类，对于“异物同谱”的地物无法进行区分。而 uCRF 和 CRF 作为概率主题模型，可充分利用分析单元内的地物共生关系，具有解决“异物同谱”的能力。这进一步说明了主题模型用于高分辨率遥感图像分类的优越性。

此外，在 CRF、*K*-means 和 ISODATA 三种方法的结果中，建筑物与道路也存在一定的混淆，部分建筑物被分为道路。而 uCRF 模型的结果与以上三种方法相比，建筑物与道路的区分有了一定的提高。同时，CRF、*K*-means 和 ISODATA 三种方法均是基于像素直接进行建模，没有考虑像素间的空间关系，因此分类结果存在大量的斑点，“椒盐现象”十分严重。这进一步说明对高分辨率遥感图像分析时考虑空间关系的重要性。

(a)郊区QuickBird全色遥感图像

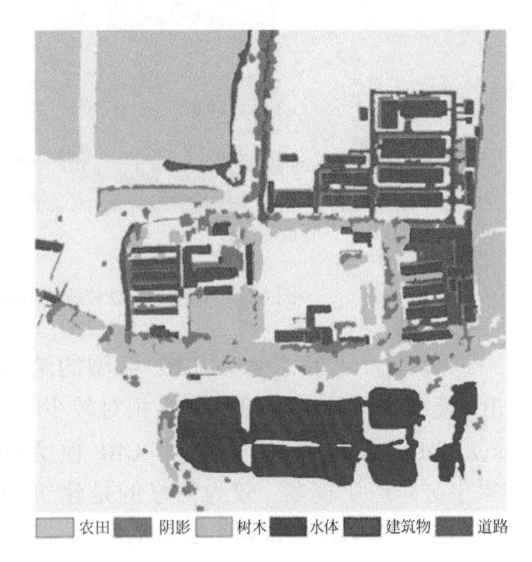

(b)QuickBird图像对应的Ground Truth

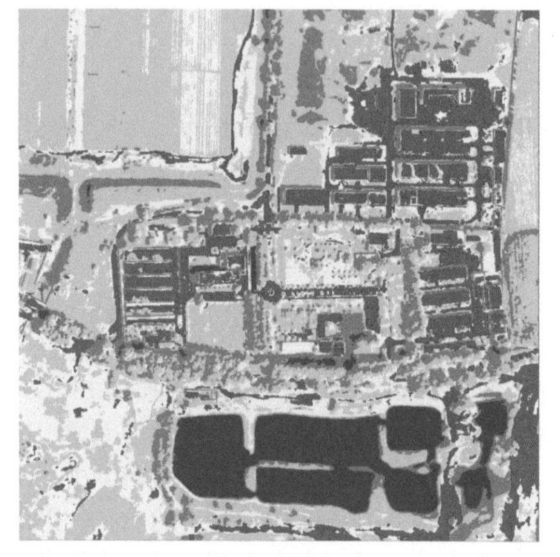

(c)uCRF

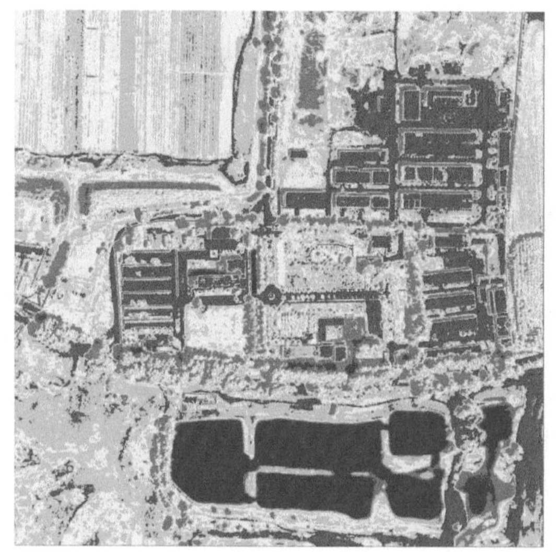

(d)CRF

(e)*K*-means

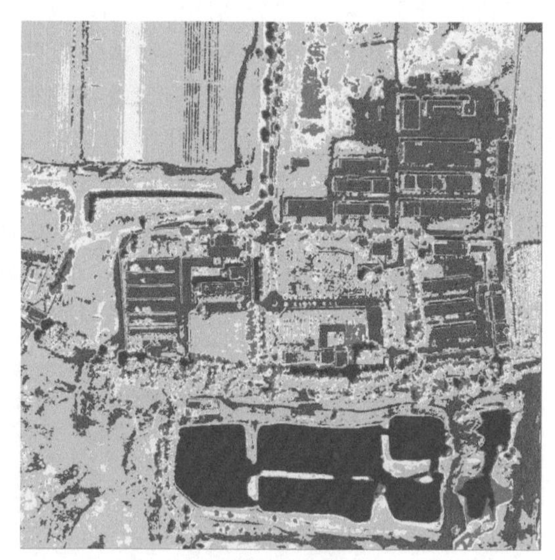

(f)ISODATA

图 4-15　不同模型对应 QuickBird 郊区图像非监督分类结果

通过对比 uCRF 模型和 CRF 模型的结果发现，与 CRF 模型的非监督分类结果相比，uCRF 模型的分类结果图中斑点相对较少，“椒盐现象”得到了一定的抑制。图 4-16 为 QuickBird 图像所对应的 uCRF 和 CRF 模型的结果对比。从图 4-16 可以看出，在 CRF 模型结果中破碎斑块较多，较为明显的是建筑物上散布一些小的斑点，而在 uCRF 模型结果中，建筑物上的斑点得到了明显的抑制，局部空间一致性得到了提高。这种现象可以解释为 uCRF 模型引入引导信息作为像素间关系的度量，距离近的像素间的关系较强，反之较弱，据此可以引导邻近具有较强关系的像素尽可能地被分配到同一餐桌，分配同一类地物类别，进而提高分类结果局部的空间一致性。这说明引入像素间的空间关系可以有效提升高分辨率遥感图像分类的效果。

此外，本书 uCRF 模型中的引导信息采用类似联合双边滤波器滤波核的定义形式，使 uCRF 模型具有类似联合双边滤波器保持图像边缘的性质。这种性质在实验中得到了进一步的验证，对比图 4-16（b）和（c）不难发现，与 CRF 模型结果相比，uCRF 模型结果中建筑物的边缘细节清晰，形状更为规整。

(a)QuickBird局部图像

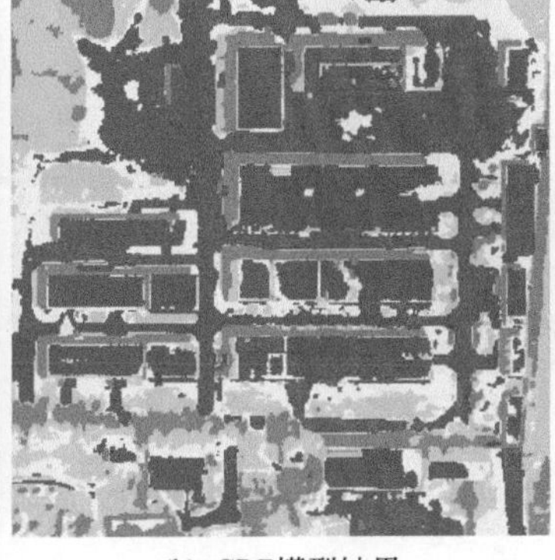

(b)uCRF模型结果

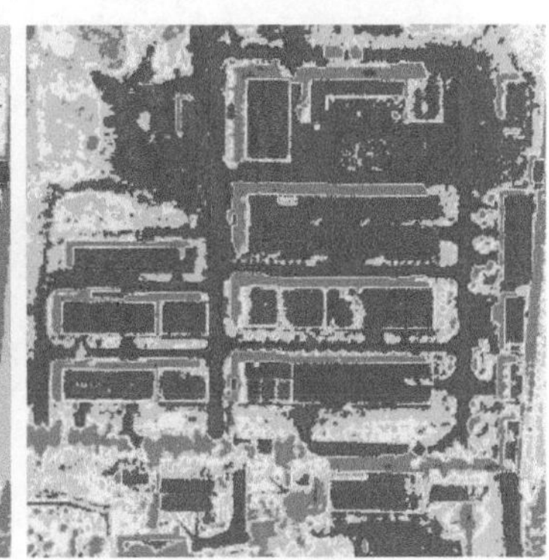

(c)CRF模型结果

图 4-16　uCRF 与 CRF 模型 QuickBird 图像非监督分类结果局部对比

QuickBird 郊区图像不同方法非监督分类结果的定量评价见表 4-1。从表 4-1 中可以看出，uCRF 模型的总体熵最小，而相应的 Kappa 系数最大，表明其非监督分类结果与实际的地物分布吻合较好，一致性较高，具有较高的分类精度。这说明 uCRF 模型的非监督分类性能优于其他分类方法。同时，CRF 模型的非监督分类结果的评价指标仅次于 uCRF 模型，而高于 *K*-means 和 ISODATA 等传统方法的结果。这表明 CRF 等概率主题模型用于遥感图像非监督分类可以获得比传统方法更好的结果，进一步说明该类方法用于遥感图像分析的潜力。

表 4-1　QuickBird 郊区图像不同方法非监督分类结果的定量评价

非监督分类方法	总体熵	Kappa 系数
uCRF	1.0331	0.5954
CRF	1.0709	0.5512
ISODATA	1.1048	0.5104
K-means	1.1221	0.4595

4.3.4.2　天绘一号城区图像结果分析

对于天绘一号全色遥感图像，各种不同模型的非监督分类结果如图 4-17 所示。从视觉角度定性分析，通过将不同方法的结果与解译的 Ground Truth 对比发现，*K*-means 和 ISODATA 两种方法的结果中［图 4-17（e）和（f）］，未能有效区分水体与草地，部分草地被误分成水体；而 uCRF 和 CRF 两个模型将水体和草地进行了有效的区分，其草地与水体基本与 Ground Truth 保持一致。同时，相比其他方法的结果，uCRF 模型结果中道路得

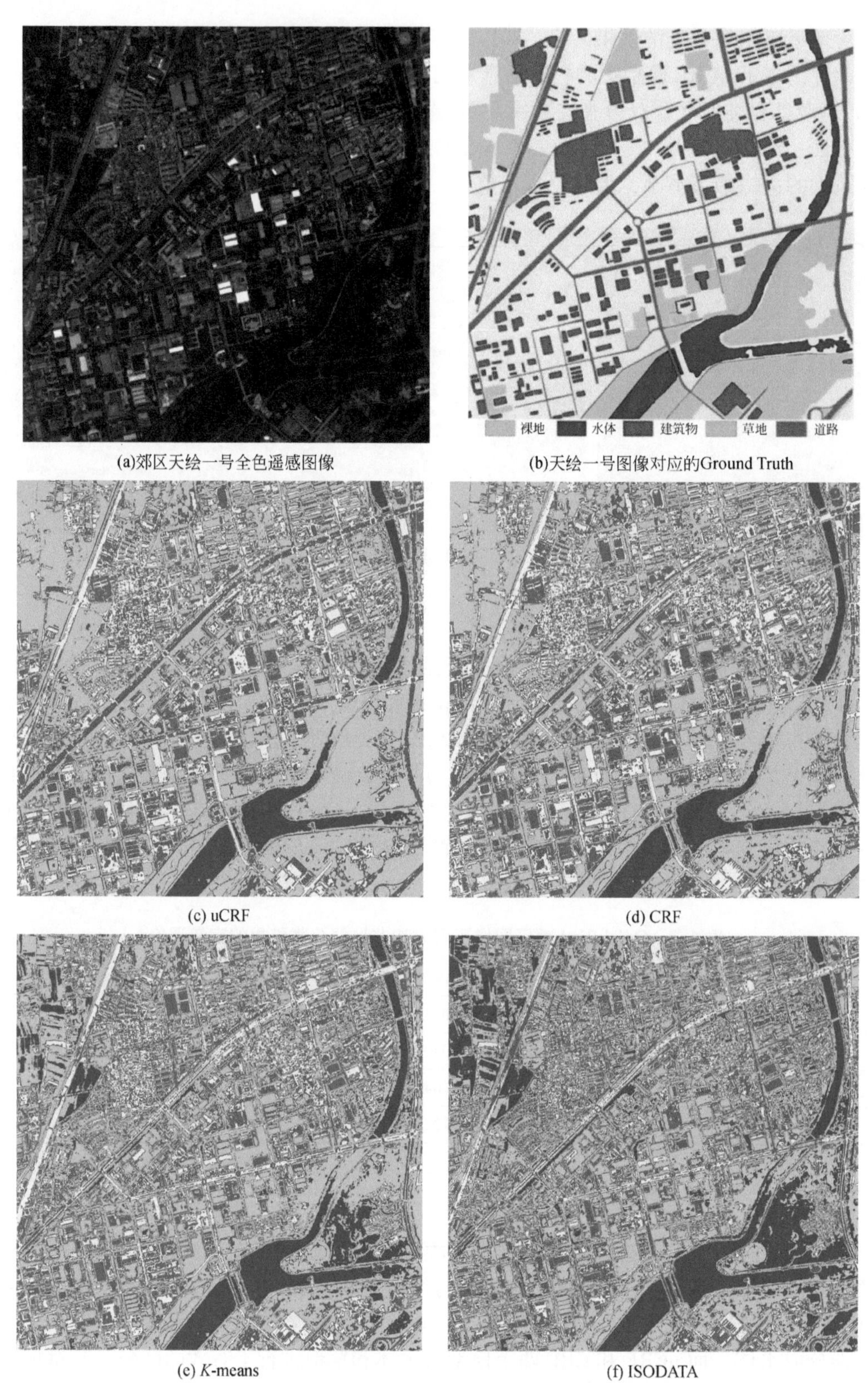

(a)郊区天绘一号全色遥感图像

(b)天绘一号图像对应的Ground Truth

(c) uCRF

(d) CRF

(e) *K*-means

(f) ISODATA

图 4-17　不同模型对应天绘一号城区图像非监督分类结果

到了有效识别。此外，uCRF 模型结果的局部空间一致性较好，碎斑相对较少，其分类结果与 CRF 模型的局部对比如图 4-18 所示。从图 4-18 可以看出，与 CRF 模型结果相比，uCRF 模型结果中草地混有的水体大为减少（图 4-18 中红圆圈区域），同时细小的碎斑被抑制，其局部空间一致性优于 CRF 模型结果。

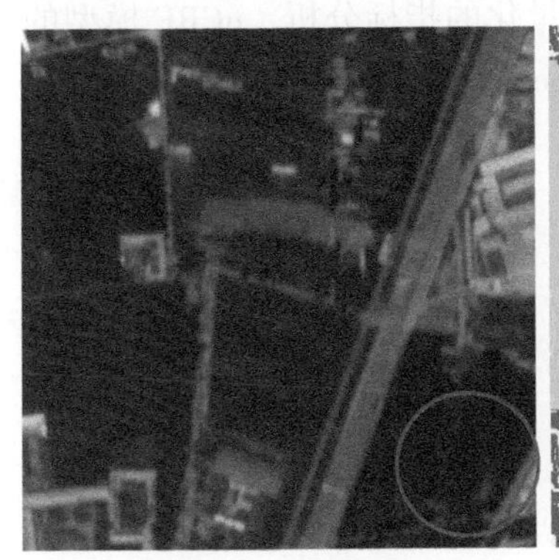
(a)天绘一号局部图像

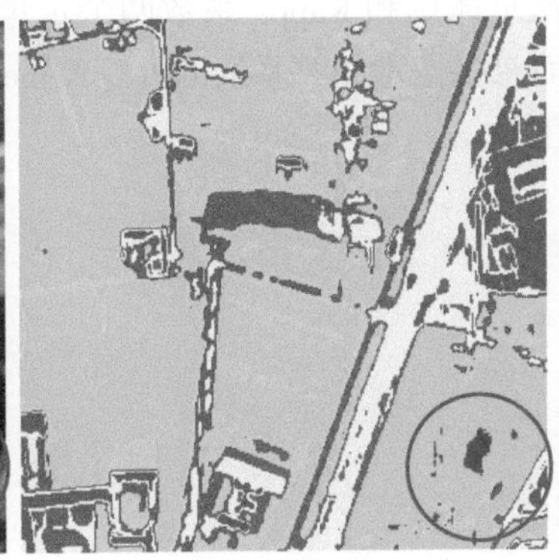
(b)uCRF模型结果

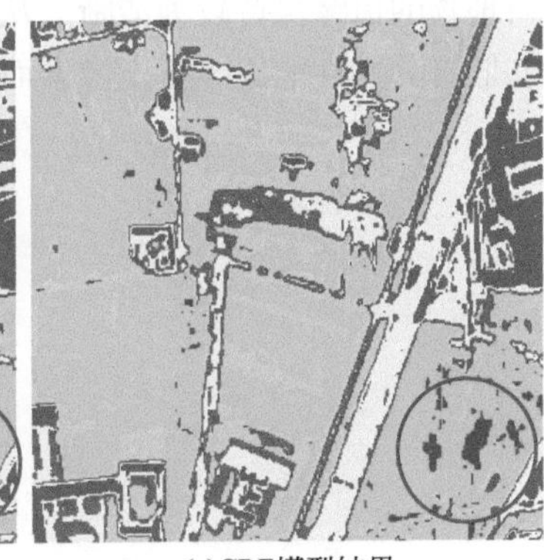
(c)CRF模型结果

图 4-18 uCRF 与 CRF 模型天绘一号图像非监督分类结果局部对比

天绘一号城区图像不同方法非监督分类结果定量评价见表 4-2。从表 4-2 中可以看出，uCRF 模型非监督分类结果的总体熵最小，而相应的 Kappa 系数最大，两项定量化指标略优于 CRF 模型结果，但大大优于 *K*-means 和 ISODATA 两种方法的结果。这进一步表明了 uCRF 模型的分类性能高于其他方法。

表 4-2 天绘一号城区图像不同方法非监督分类结果定量评价

非监督分类方法	总体熵	Kappa 系数
uCRF	1.0132	0.5874
CRF	1.0281	0.5732
ISODATA	1.1252	0.3731
K-means	1.0949	0.4135

4.4 本章小结

本章在传统 CRF 模型的两层 DP 模型的基础上，将底层 DP 采用 uCRP 模型进行替换，提出了 uCRF 模型用于高分辨率遥感图像非监督分类。uCRF 模型通过引导信息刻画遥感图像中像素间的空间关系，并引导像素形成有局部聚类特性的结构（即餐桌），实现了顾及分析单元内像素间关系的高分辨率遥感图像非监督分类，克服了目前概率主题模型用于遥感图像分析时其“词袋”模型的假设而忽略像素间关系的不足。特别地，uCRF 模型通过加入引导信息形成的中间结果“结构”，在空间上呈现一种聚集，然后确定结构所属地物类别，其过程类似于“先分割后识别”方法。因此，进一步说明该方法可以称为“分割识别一体化”的方法，“分割”过程在模型中实现，而无须事先给定。同时，uCRF 模型实现了遥感图像中“像素-结构-地物”间空间信息的运用，即考虑了分析单元内像素间关系和地物共生关系，在一定程度亦是一种“空谱”协同的非监督分类方法。

通过对实际高分辨率遥感图像的实验分析，结果表明，相比传统的方法，uCRF 模型的非监督分类结果的“椒盐现象”得到了很好的抑制，地物局部的空间一致性有明显提高，同时地物的边缘保持较为清晰。从总体熵和 Kappa 系数两个定量化的指标分析，uCRF 模型的非监督分类性能优于基于像素而忽略像素间关系的 CRF、*K*-means 和 ISODATA 方法。

第 5 章　广义中餐馆连锁模型与图像融合

传统用于融合多源遥感数据进行分类的方法大多为“两步法”，如先对多源图像进行融合，再基于融合后的图像进行分类或是目标提取。以全色和多光谱图像为例，常见基于二者的分类方法为对利用全色图像锐化后的多光谱图像进行分类，或是将全色图像的空间信息“注入”基于多光谱图像得到的分类结果中，得到能够综合全色图像的高空间分辨率以及多光谱图像高光谱分辨率二者优势的最终分类结果。本章提出一个新的非参数贝叶斯框架用以融合不同空间分辨率的多源遥感图像或特征。该方法通过迭代的方式基于高空间分辨率数据获取分割体，并利用高光谱分辨率等更有助于分类或目标提取的数据对所获取的分割体确立最终对应地物类别信息，具有综合不同空间分辨率遥感数据各自优势的特点。该方法通过一个易于理解的隐喻对不同分辨率的多源遥感数据进行解释。该隐喻假设有两组可以类比两组对应相同地理空间位置的遥感数据的不同类型的顾客，这些顾客会进入个数不限的餐馆中并根据两个随机过程分别实现两个层面的聚集：①顾客通过选择餐桌入座呈现以餐桌为中心的聚集；②每张餐桌上的顾客会点一道菜，餐桌之间会呈现以菜品是否相同为依据的第二层聚集。该模型两次的聚集特性可以实现基于不同空间分辨率图像的“超像素-结构-地物”的空间层次关系的构建。

5.1　广义中餐馆连锁模型

传统的 CRF 模型最初主要用于文本分析和自然图像理解等领域，后来，基于 CRF 在这些领域的成功应用经验，有些学者将其成功应用于单幅遥感图像分类（Shen et al., 2014；Shu et al., 2015；Li et al., 2015；Tang et al., 2018）。本章基于 CRF 模型提出一种新的多源遥感数据分类框架，称为广义中餐馆连锁（generalized Chinese restaurant franchise, gCRF）模型。本章首先介绍 gCRF 的流程，随后说明 gCRF 如何将其选餐桌、点菜两个随机过程用于融合不同分辨率遥感数据的分类，最后具体对 gCRF 用于融合全色和多光谱遥感图像分类进行阐述。

5.1.1　广义中餐馆连锁模型介绍

假设有覆盖相同地理位置的两种不同空间分辨率的多源遥感图像，分别用X^P和X^M来表示。其中X^P表示可提供更多图像空间细节信息的高空间分辨率的全色图像，X^M表示光谱分辨率更高或更适宜于地物识别的多光谱图像。首先通过某种相同的划分方式将二者划分为 L 组子图像，即有$\{\boldsymbol{x}_1^P, \boldsymbol{x}_2^P, \cdots, \boldsymbol{x}_L^P\}$及$\boldsymbol{x}_1^M, \boldsymbol{x}_2^M, \cdots, \boldsymbol{x}_L^M\}$。以$X^P$图像为例，向量$\boldsymbol{x}_i^P$对应$X^P$第 i 个子图像中的观测值，即$\boldsymbol{x}_i^P=\{x_{i1}^P, x_{i2}^P, \cdots, x_{iD}^P\}$，其中 D 为第 i 个子图像中包含的观测值个数。高分辨率遥感图像基于像素的处理分析方法中易出现“椒盐现象”，因此常以超像素作为概率主题模型中的底层视觉词，一个超像素中的所有像素共享一个模型参数。换言之，此时x_{ij}^P表示图像X^P第i个子图像第j个超像素。图像X^M的划分及观测的含义与之相同。

gCRF模型利用了和传统CRF模型相似的中餐馆就餐隐喻，具体而言，假设有多家中餐馆构成的连锁店，每家餐馆有无限多张餐桌，每张餐桌可供无限多顾客就餐。与CRF模型不同之处在于，为了描述这两种不同空间分辨率的多源遥感图像，gCRF模型利用两类顾客来表示不同空间分辨率的图像。具体而言，利用“白色超顾客”θ^P来隐喻较高空间分辨率的数据X^P所对应的分布参数，利用“彩色超顾客”θ^M来表示具有更高光谱分辨率或更有益于进行地物分类或目标提取的特征X^M所对应的分布参数。gCRF模型隐喻中，一个餐馆对应一个子图像，且餐馆内包含该子图像覆盖区域所对应的两组超顾客（超像素）。如图5-1所示，gCRF模型通过两个随机过程来对两种图像的对应概率分布实现模型推理：①白色超顾客θ^P选餐桌T；②将T传递给彩色超顾客θ^M并基于T点菜K^M。通过这两个过程实现多源遥感图像分类，即基于高空间分辨率图像得到图像局部结构（分割体）；基于更适宜于分类的图像或特征为所获取的语义分割体分配地物类别编号，以此达到综合不同空间分辨率多源遥感图像得到更可靠的分类结果的目的。gCRF模型中涉及的隐喻同多源遥感数据分类中涉及的概念对应关系见表5-1。

表5-1　gCRF隐喻及图像分类所涉及的概念对应

gCRF隐喻	符号	遥感图像分类
第i个餐馆中第j个白色超顾客	θ_{ij}^P	高空间分辨率图像中观测值对应地物类别分布参数
第i个餐馆中第j个彩色超顾客	θ_{ij}^M	高光谱分辨率等数据中观测值对应的地物类别分布参数
餐桌	$T=\{\boldsymbol{t}_1, \boldsymbol{t}_2, \cdots, \boldsymbol{t}_L\}$	语义分割体编号
由白色超顾客点的菜	$K^P=\{\boldsymbol{k}_1^P, \boldsymbol{k}_2^P, \cdots, \boldsymbol{k}_L^P\}$	由高空间分辨率数据所确定的地物类别编号
由彩色超顾客点的菜	$K^M=\{\boldsymbol{k}_1^M, \boldsymbol{k}_2^M, \cdots, \boldsymbol{k}_L^M\}$	由高光谱分辨率等数据所确定的地物类别编号
餐馆	$\theta^P=\{\boldsymbol{\theta}_1^P, \boldsymbol{\theta}_2^P, \cdots, \boldsymbol{\theta}_L^P\}$，$\theta^M=\{\boldsymbol{\theta}_1^M, \boldsymbol{\theta}_2^M, \cdots, \boldsymbol{\theta}_L^M\}$	不同数据每个子图像中数据对应的地物类别分布的参数集合

此外，在介绍gCRF中所涉及的两个随机过程前，定义如下符号：m_{ik}表示第i个餐馆中对应菜的编号为k的餐桌的个数；$m_{i\cdot}$表示第i个餐馆中餐桌的个数；符号$\neg$表示去除下标所示个体后的统计或集合，如$n_{it}^{\neg ij}$表示除顾客θ_{ij}^P外第i个餐馆中第t张餐桌上对应的顾客个数，$T_{\neg ij}$表示除顾客θ_{ij}^P外第i个餐馆中所有白色超顾客所选餐桌的集合，$K_{\neg it}^M$表示除第t张餐桌外，第i个餐馆中所有菜的集合。

（1）基于高空间分辨率图像选餐桌

考虑到CRF模型中各变量的可交换性，假设t_{ij}为给定其他变量后最后一个待采样的变

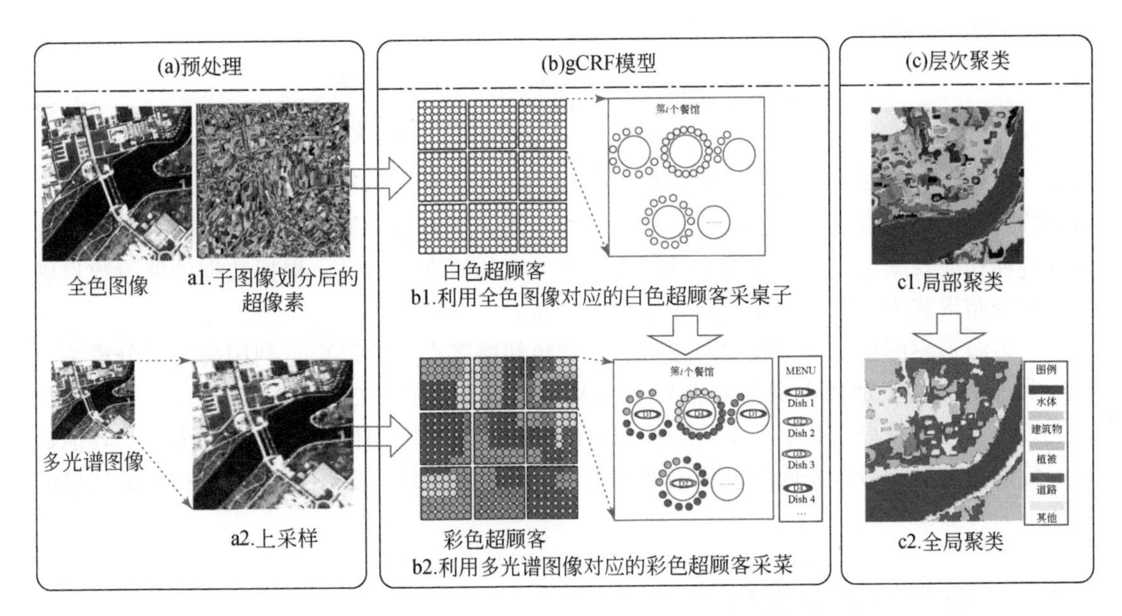

图 5-1　融合全色和多光谱图像的广义中餐馆连锁模型示意

量，即除第 i 个餐馆中第 j 个白色超顾客θ_{ij}^P外，其他所有白色超顾客对应的餐桌集合$T_{\neg ij}$及菜品集合$K_{\neg ij}^P$均已知，则白色超顾客θ_{ij}^P通过以下概率采样餐桌编号 t：

$$p(t_{ij}=t \mid T_{\neg ij},K_{\neg ij}^P) \propto \begin{cases} n_{it}^{\neg ij} f_{k_{it}^P}^P(x_{ij}^P) & t \leqslant T_i \\ \gamma_0 f_{k_{it}^P}^P(x_{ij}^P) & t=T_i+1 \end{cases} \tag{5-1}$$

式中，T_i为第 i 个餐馆中的餐桌总数；γ_0为超参数；$f_{k_{it}^P}^P(x_{ij}^P)$为给定分布k_{it}^P后观测x_{ij}^P的似然。换言之，白色超顾客θ_{ij}^P负责解释高空间分辨率图像X^P中第 i 个餐馆中第 j 个观测值多大程度上由给定的概率分布生成。此外，若采样到一个新餐桌时，即$t^{\text{new}}=T+1$，T 为所有餐馆中的餐桌总数，则通过式（5-2）为该餐桌对应一个新的菜 k：

$$p(k_{it^{\text{new}}}=k \mid T_{\neg ij},K_{\neg ij}^P) \propto \gamma f_k^P(x_{ij}^P) \tag{5-2}$$

式中，$f_k^P(x_{ij}^P)$ 为给定分布 k 后观测x_{ij}^P的似然；γ 为超参数。对应于多源遥感图像分类时，通过为每个白色超顾客进行餐桌采样，获取高空间分辨率图像每个超像素对应的图像结构（分割体），其中为高空间分辨率图像的超像素x_{ij}^P分配分割体编号时，依赖于该超像素与该图像全局的地物类别（菜）的统计k_{it}^P的相似性。

特别地，对于单波段图像而言，假设数据服从多项式分布；对于多波段图像而言，假设数据服从多维高斯分布，其参数服从 Gaussian-Wishart 分布。

（2）基于高光谱分辨率或其他数据的点菜过程

所有白色超顾客完成餐桌和菜的采样后，直接将其替换为对应相同地理位置的彩色超顾客。换言之，将所有由白色超顾客所确定的餐桌 T 与对应相同地理位置的彩色超顾客所共享。彩色超顾客所要做的是利用光谱信息丰富的图像X^M为每张餐桌选择一道菜。gCRF 基于白色超顾客获取的餐桌 T，利用彩色超顾客点菜 K 的过程如下所述。

假设除第 i 个餐馆中第 t 张餐桌外，其他所有餐桌已由彩色超顾客确定了菜的编号

$K^M_{\neg it}$，该餐桌根据式（5-3）确定菜的编号 k：

$$p(k^M_{it}=k\mid T_{\neg it},K^M_{\neg it})\propto\begin{cases}m_k f^M_{k^M_{it}}(x^M_{it}) & k\leqslant K\\ \gamma f^M_k(x^M_{it}) & k=K+1\end{cases}\tag{5-3}$$

式中，K 为当前数据对应所有菜的总数；$f^M_{k^M_{it}}(x^M_{it})$ 为X^M对应的第 i 个餐馆中第 t 张餐桌上对应的观测值x^M_{it}来自分布k^M_{it}的可能性。换言之，第 i 个餐馆中第 t 张餐桌上的彩色超顾客负责解释相应观测由哪个事先假定的概率模型产生的概率。同样，根据数据的波段数目确定数据分布形式为多项式分布还是多维高斯分布。

在多源遥感图像分类过程中，通过基于彩色超顾客点菜的过程，利用高光谱分辨率数据或其他更有益于地物识别的数据X^M为餐桌采样过程所获取的分割体确定其最终地物类别。该过程通过餐桌的共享，实现空间信息经高空间分辨率图像到高光谱分辨率或其他数据的传递，并基于后者完成分割体的地物类别分配，实现综合利用空间信息和光谱信息的目的。

5.1.2 算法及模型推理

gCRF 可以通过类似 Gibbs 的采样方式进行模型推理。利用类似 Gibbs 采样法对基于 gCRF 的多源遥感图像分类的模型推理和算法流程如图 5-2 所示，整个流程包括以下三个步骤：预处理、模型推理及分类（Laben and Brower，2000）。

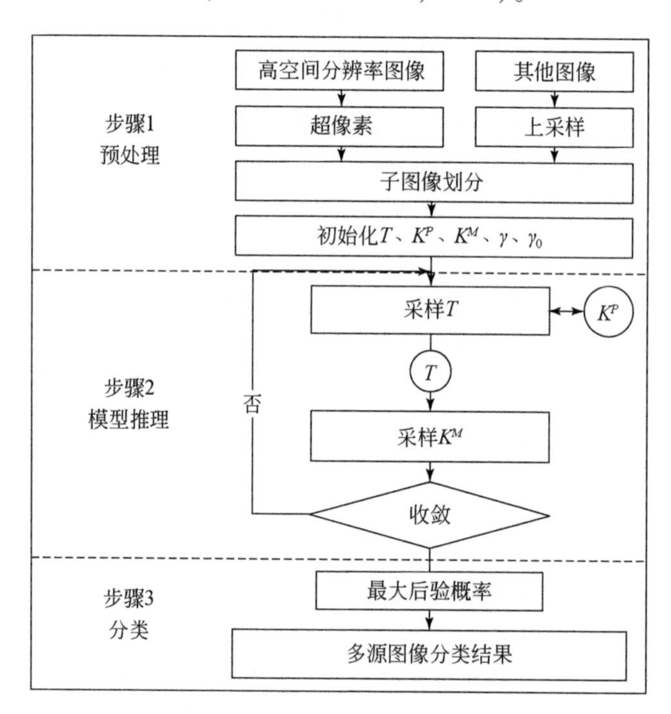

图 5-2　gCRF 算法流程

(1) 步骤 1：预处理

在预处理阶段包括如下步骤：①基于高分辨率图像X^P得到超像素。②若另一数据空间分辨率较低，则需要将其根据最邻近等方法上采样至与高空间分辨率图像相同分辨率。③将多源数据X^P和X^M通过相同方式各自划分为 L 个子图像 $\{\boldsymbol{x}_1^P, \boldsymbol{x}_2^P, \cdots, \boldsymbol{x}_L^P\}$ 及 $\{\boldsymbol{x}_1^M, \boldsymbol{x}_2^M, \cdots, \boldsymbol{x}_L^M\}$。④初始化参数。模型参数主要包括两个超参数$\gamma_0$和 γ，此外，为保证 Gibbs 采样过程的进行，需要对隐变量 T、K^P及K^M进行初始化，其中初始化时每个白色超顾客分配一张餐桌，对 T 随机初始化菜K^P及K^M。

(2) 步骤 2：模型推理

1) 采样餐桌 t：对X^P第 i 个子图像$\boldsymbol{x}_i^P$每个超像素x_{ij}^P，根据式 (5-1) 采样餐桌编号 t，若采样到一张新的餐桌，令$t^{\text{new}}=T+1$，且 T 增加 1，并根据式 (5-2) 为t^{new}采样一道菜 k。

2) 采样菜 k：所有餐桌 T 采样完毕后，将其传递给数据X^M对应的彩色超顾客；对于 T 中每张餐桌 t，利用式 (5-3) 为其采样菜编号k_{it}。

(3) 步骤 3：判断模型是否收敛，若收敛则得到最终分类结果

循环步骤 2 中基于数据X^P采样 T 和基于X^M采样菜K^M的过程，模型收敛后基于最大后验概率得到最终融合多源遥感数据的分类结果。

5.1.3 融合全色和多光谱遥感图像分类

gCRF 是用于融合多源遥感数据的非监督分类，可以通过模型中“选餐桌”的过程实现高空间分辨率图像的语义分割，并基于高光谱分辨率或是更适宜于地物分类或是目标识别的数据进行聚类。本节以全色和多光谱图像为数据源，对 gCRF 融合多源遥感数据分类方法进行研究。

具体而言，gCRF 用于融合全色和多光谱图像分类的算法流程为 5.1.2 节，其中的两种图像分别为全色图像X^P和多光谱图像X^M，具体的分类过程如下所述。

(1) 预处理

预处理阶段，首先将多光谱图像上采样至与全色图像具有相同的空间分辨率，基于全色图像获取超像素并建立 gCRF 中的两组输入：“白色超顾客”对应全色图像超像素，“彩色超顾客”对应全色图像超像素对应的上采样后多光谱图像超像素，“白色超顾客”和“彩色超顾客”根据其对应超像素的地理位置是否相同存在一一对应关系；最后将两幅图像划分成 L 组子图像，每组子图像对应一个“餐馆”，每个“餐馆”包含相应子图像中超像素所对应的两组超顾客。子图像划分方式可以分为规则或不规则的、重叠或非重叠的方式。本书采用如图 5-3 所示的不规则的重叠子图像划分方法，即以一个超像素为中心，构建长宽均为 h 的正方形网格，落在网格内和网格相交的超像素共同组成一个子图像。

(2) 模型推理及图像分类

建立全色图像、多光谱图像同 gCRF 的对应关系后，根据 5.1.2 节中的算法流程对模型进行初始化参数及模型推理，具体模型每次迭代包括基于全色图像的餐桌采样获取分割，以及基于多光谱图像点菜更新每个分割体对应的地物类别标签。模型收敛后得到最终融合两幅图像的分类结果。

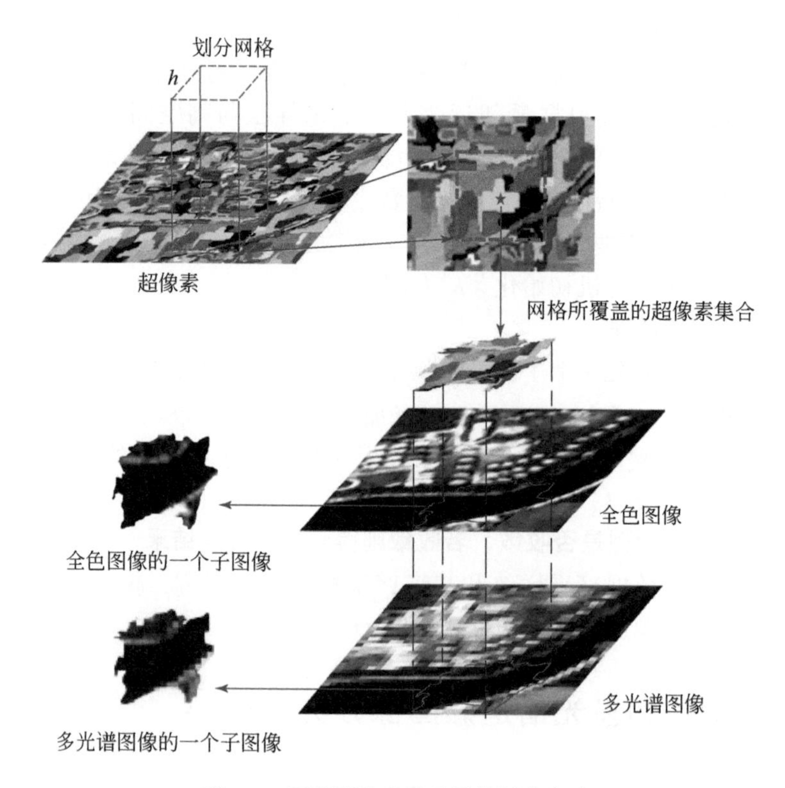

图 5-3　不规则的重叠子图像划分方法

除可融合全色和多光谱图像进行分类外，gCRF 还可应用于融合其他不同遥感数据及特征以满足不同的应用需求，如建筑物提取、震后屋顶漏空检测等，并已由实验证明该方法在融合其他多源数据分类时的有效性。对 gCRF 融合多源数据进行建筑居民区提取方法介绍如下：Li 等（2017）基于 gCRF 提出基于多源遥感图像的自动化建筑物提取方法，并取得较高的提取精度。简单而言，该方法通过全色和多光谱图像波段叠加（layer stacking）后的多波段图像提取建筑形态学指数，同时利用全色图像通过采样餐桌编号获取语义分割，并基于建筑形态学指数为所获取的语义分割通过点菜进行聚类，得到“建筑物”及“非建筑物”的判定，从而实现建筑物的自动提取，且实验结果表明基于 gCRF 的融合全色图像及建筑形态学指数所提取的建筑结果要优于 *K*-means 的非监督提取结果以及基于 SVM 的监督方法。此外，gCRF 拓展方法还可以用于融合正射镶嵌图像及梯度图像，具体见 Li 等（2015）的相关论述。

5.2　实验分析与讨论

如表 5-2 所示，本节实验部分选择分别覆盖郊区、农村、城镇三个研究区的三组数据对 gCRF 融合全色和多光谱图像的非监督分类结果进行评价。本节首先对实验用的数据进行简要说明，并介绍评价非监督分类方法性能的指标，接着介绍用于比较 gCRF 方法分类性能的现有融合全色和多光谱图像的分类方法，最后将 gCRF 得到的基于全色和多光谱图像的分类结果与现有方法的结果进行定性及定量的比较。

5.2.1 实验设计

5.2.1.1 实验数据

本节选择郊区、农村及城镇三个不同场景的研究区，每个研究区实验图像包含覆盖相同地理区域的全色和多光谱图像。不同研究区遥感图像及真实地物分布见表5-2。

表5-2 实验数据

地区	全色图像	多光谱图像	地表真实值
郊区			水体 草地/树木 建筑物 道路 裸地
农村			农田 裸地 草地 树木 水体 建筑物
城镇			建筑物 草地/树木 道路 水体

1）郊区。该研究区选择天绘一号卫星所获取的中国北京密云地区的郊区区域，主要包含五种地物，即水体、植被（草地/树木）、裸地、建筑物以及道路，全色图像尺寸为1200像素×1200像素，其主要参数见表5-3（Zhang et al.，2009）。

2）农村。该研究区主要包含6种地物，即农田、草地、树木、水体、裸地以及建筑物。图像同样由天绘一号卫星获取，图像覆盖地点为中国北京密云，全色图像尺寸为2000像素×2000像素。

3）城镇。该研究区主要包含四种地物，即建筑物、道路、水体以及植被。全色和多光谱图像由资源三号卫星（ZY-3）获取，图像覆盖地点为中国徐州，其主要参数见表5-3。其中，全色图像尺寸为1000像素×1000像素。

表5-3　卫星传感器参数

卫星	全色		多光谱	
	分辨率/m	波段/μm	分辨率/m	波段/μm
天绘一号卫星	2	0.51～0.69	10	0.43～0.52
				0.52～0.61
				0.61～0.69
				0.76～0.90
资源三号卫星	2.8	0.5～0.8	5.8	0.45～0.52
				0.52～0.59
				0.63～0.69
				0.77～0.89

5.2.1.2　评价指标

实验采用定性分析及定量评价两个角度对gCRF以及其他不同空间分辨率遥感图像分类方法进行评价。对分类结果进行定性评价采用的是目视比较的方法，着重分析分类结果地物类别与Ground Truth之间的吻合程度以及细节信息的丰富程度，即考察多源遥感图像分类方法对不同图像的光谱信息和空间信息的利用能力。定量评价时，采用总体熵和Kappa系数两种分类整体评价指标，以及基于每种地物类型的评价指标，即用户精度和制图精度。评价前，需要通过地面实地调查或人工目视解译获得Ground Truth。在进行非监督分类结果定量评价时，为了避免混淆，将Ground Truth中的地物类别称为真实类别，将非监督分类得到的分类类别称为聚类类别。以上分类评价指标中，Kappa系数和用户精度、制图精度的计算基于混淆矩阵，在计算混淆矩阵前需要建立聚类类别和真实类别之间的关系，本书采用最小误分策略，即对于分类结果中每个聚类类别，确认该聚类类别内部像素对应的所有真实类别，并统计对应每个真实地表类别的像素个数。若对应某类真实类别的像素个数最多，则认为该聚类类别对应该地表真实类别。下面对总体熵、Kappa系数和用户精度/制图精度进行介绍。

（1）总体熵

理想的非监督分类结果中，聚类类别应与真实类别存在一一对应关系，但实际非监督分类中这一条件往往不能满足，此时需要衡量聚类类别和真实类别之间对应程度。本书利用总体熵对非监督分类结果中聚类类别与真实类别的同质性进行衡量，该指标包含整体聚类熵和整体类别熵两部分。

设h_{ck}表示同时对应Ground Truth中真实类别c和非监督聚类类别k的像素个数。用h_c表示Ground Truth中真实类别c所对应的像素个数，则满足$h_c = \sum_{k=1}^{K} h_{ck}$；$h_k$表示非监督分

类结果中聚类类别 k 所对应的像素个数，则满足 $h_k = \sum_{c=1}^{C} h_{ck}$ 。其中，K 表示非监督分类结果中聚类类别的个数，C 表示 Ground Truth 中真实类别的个数。

聚类熵用以衡量某个聚类类别 k 的质量，用 E_k 来表示。第 k 个聚类类别对应的聚类熵 E_k 定义为

$$E_k = -\sum_{c=1}^{C} \frac{h_{ck}}{h_k} \ln \frac{h_{ck}}{h_k} \tag{5-4}$$

聚类熵越小，该聚类类别内部真实类别的同质性越高，即包含的真实地物类别越单一，分类结果与真实地物分布越接近。基于每个聚类类别聚类熵的整体聚类熵E_{cluster}定义如下，它为各个聚类熵的加权和：

$$E_{\text{cluster}} = \frac{1}{\sum_{k=1}^{K} h_k} \sum_{k=1}^{K} h_k E_k \tag{5-5}$$

随着非监督分类结果中聚类个数的增加，每个聚类类别内部包含的真实类别个数随之减少，导致聚类熵的值随着聚类个数增加而不断减小，但这并不意味着分类质量一定变好，如假设遥感图像中每个像素对应于一个聚类类别，虽然此时分类结果整体聚类熵最低，但聚类结果较差。单靠聚类熵无法有效衡量聚类结果准确性，因此引入另一度量指标——类别熵。类别熵表征真实类别包含的聚类类别的不确定性。定义每个地表真实类别 c 的类别熵 E_c如下：

$$E_c = -\sum_{k=1}^{K} \frac{h_{ck}}{h_c} \ln \frac{h_{ck}}{h_c} \tag{5-6}$$

对于非监督分类结果整体而言，与整体聚类熵一样，定义整体类别熵E_{class}为各个类别熵的加权和，定义如下：

$$E_{\text{class}} = \frac{1}{\sum_{c=1}^{C} h_c} \sum_{c=1}^{C} h_c E_c \tag{5-7}$$

类别熵的值随着聚类个数的增加而增大，这点同聚类熵正好相反。因此，可以引入综合整体聚类熵及整体类别熵二者的综合性指标，减小聚类个数在分类性能评价时的影响。具体而言，以整体聚类熵和整体类别熵（Blei and Frazier，2011）二者为基础，引入总体熵 E：

$$E = \varepsilon E_{\text{class}} + (1-\varepsilon) E_{\text{cluster}} \tag{5-8}$$

即认为总体熵 E 为给定加权系数 ε 后，整体聚类熵E_{cluster}和整体类别熵E_{class}的线性组合，通常设置 $\varepsilon=0.5$。非监督分类结果的总体熵越低，表征分类结果聚类类别同 Ground Truth 中的地表真实类别具有更高的一致性，即总体熵越低，非监督分类结果越好。

（2）Kappa 系数

Kappa 系数（Ghosh et al.，2011）可以定量地描述分类结果与 Ground Truth 的一致性，是遥感领域进行分类结果质量评价的重要指标。计算分类结果 Kappa 系数前，先根据前文所述方式建立非监督聚类类别与真实类别之间的对应关系，随后计算聚类类别与真实类别的混淆矩阵。混淆矩阵是 $r \times r$ 维的矩阵，r 为地表真实类别的个数。Kappa 系数的计算公式

如下：

$$\text{Kappa} = \frac{N\sum_{i=1}^{r} x_{ii} - \sum_{i=1}^{r} x_{i+} x_{+i}}{N^2 - \sum_{i=1}^{r} x_{i+} x_{+i}} \tag{5-9}$$

式中，x_{ii}为混淆矩阵第 i 行第 i 列的值，表示图像分类结果类别编号为 i 而对应实际地物类别编号为 j 的像素个数；x_{i+}为第 i 行元素的总和，表示分类结果中第 i 类的像素个数；x_{+i}为第 i 列的元素的总和，表示 Ground Truth 中第 i 个地表真实类别的像素个数；N 为混淆矩阵所有元素总和，表示分类评价时总像素个数。

（3）用户精度和制图精度

Kappa 系数和总体熵通过对分类结果中所有类别进行评价，对分类结果进行整体的精度评价。此外，对于 Ground Truth 中每种具体的地物类别，还可用基于类别的评价指标对分类结果中每个地物类别进行评价，获取各个类别的分类精度。常用的基于类别的评价指标为基于混淆矩阵的用户精度和制图精度，其中，用户精度定义为从分类结果中任意抽取一个样本，其对应地物类别与地表真实类别相同的概率；制图精度则为地表真实类别中任意一个样本，分类图上同一位置的分类结果与其相一致的概率。二者定义如下。

用户精度：

$$\text{UA} = \frac{x_{ii}}{x_{i+}} \tag{5-10}$$

制图精度：

$$\text{PA} = \frac{x_{ii}}{x_{+i}} \tag{5-11}$$

x_{ii}、x_{i+}和x_{+i}的定义同式（5-9），为混淆矩阵中的对应元素。其中，用户精度和错分率（commission error rate）互补，后者定义为从分类结果中任取一个样本，其对应的类别编号与真实类别编号不相符的概率；制图精度和漏分率（omission error rate）互补，后者定义为对于地物真实类别中任意一点，分类结果图中相同位置的类别编号与真实类别编号不相符的概率。

5.2.1.3 对比方法

gCRF 性能评估包括定性及定量两方面。本节中，将 gCRF 与两种非监督分类器，即 CRF 及 K-means 进行对比，此外，还将 gCRF 分类性能与一种监督分类器——支持向量机（support vector machine，SVM）进行比较。为了证明 gCRF 较之于基于单幅遥感图像分类方法以及现有融合两幅图像的分类方法之优势，对比方法包含目前常用的基于全色和多光谱图像进行分类的方法。

1）先锐化后分类。即先利用全色影像对多光谱图像进行锐化，得到和全色图像具有相同分辨率、与多光谱图像具有相同光谱分辨率的图像。锐化方法采用 Gram-Schmidt（GS），针对锐化后图像再基于上述三种分类器，即 CRF、K-means 及 SVM 进行分类。

2）先分割后分类。即先基于全色图像获取分割体以提供空间细节信息，再基于分割体利用多光谱图像特征进行分类。其中，K-means 及 SVM 分类器中，每个分割体特征用该分割体内所有多光谱图像像素的平均光谱向量来表示。

3）先分类后锐化。即先基于多光谱图像进行分类，继而利用基于全色图像获取的分割体为分类后图像提供空间细节。首先利用多光谱图像基于 SVM 和 *K*- means 进行分类，并利用全色图像获取的分割体为分类后图像提供空间细节信息。具体而言，每个分割体最终的分类标签表示为利用多数投票准则（major voting，MV）所获取的该分割体内部像素对应多光谱图像分类结果中包含像素最多的类别标签。

此外，还对比了综合利用全色和多光谱图像两种信息以及单独利用全色或多光谱图像时分类器的分类性能。对于 *K*- means 及 SVM 而言，分别使用全色和多光谱图像作为输入获取基于像素的分类结果。

为了叙述的简洁性，对比方法命名原则为“分类器_图像_类型”，其中分类器包括上述三种分类器，即 *K*-means、CRF 及 SVM，图像包括锐化后图像（GS）、全色图像（PAN）及多光谱图像（MS），TYPE 包含 PIX、MV 以及 SEG 三种，PIX 表示基于像素的分类方法，MV 表示先分类后锐化的方法，SEG 表示先分割后分类的方法。特别地，对于 CRF 而言，SEG 表示以超像素为最小单元代替像素。

本节中，利用 eCognition 软件中多分辨率分割（multiresolution segmentation，MRS）方法（Joshi et al.，2006）基于全色图像获取分割体，对于一景图像而言，所有分类方法中需要的分割体图都保持一致。此外，同 gCRF 一样，所有需要用到的多光谱图像均利用 ENVI 中的最邻近采样的方法上采样至与全色图像具有相同的空间分辨率。对于所有监督分类方法即 SVM 来说，每类的训练数据为总地表真实类别的 10%。所有 Dirichlet 过程先验均设为对称先验，即对于所有 CRF 相关方法，有 $\gamma = n/L$ 。其中 L 和 n 分别为相应全色图像子图像个数及总像素个数。

5.2.2 融合全色和多光谱遥感图像非监督分类的结果评价

5.2.2.1 定性评价

（1）郊区

所有分类方法针对郊区图像的分类结果如图 5-4 所示，由于全色图像中图像右下角的植被与水光谱值接近而难以区分，由该图第一行观察可得，CRF_PAN_SEG 错误地将二者分为一类，同样的问题亦出现在只利用全色图像作为输入的其他分类器，即 *K*- means_PAN_PIX 及 SVM_PAN_PIX。当以多光谱图像作为输入时，如 CRF_MS_SEG，这类误分得以避免，但其分类结果中存在空间细节信息丢失的问题。如图 5-4 所示，郊区研究区中有两种特殊地物类别，即水体和道路。相对于其他地物类别而言，水体的光谱分布更为均质，而道路则呈现出更多空间细节信息，如图像左上角横跨河流的桥梁。不同分类方法对光谱相近的地物区分能力以及对地物空间细节的提取能力可根据对图像中水体的分类结果以及对道路的提取能力进行对比，针对这两类典型地物的分类结果如图 5-5 和图 5-6 所示。如图 5-5 和图 5-6 中所示，图像左上角横跨河流的桥梁在 CRF_MS_SEG 结果中细节并未很好体现。尽管以锐化后图像作为输入的分类方法 CRF_GS_SEG 要优于 CRF_PAN_SEG 和 CRF_MS_SEG，但其

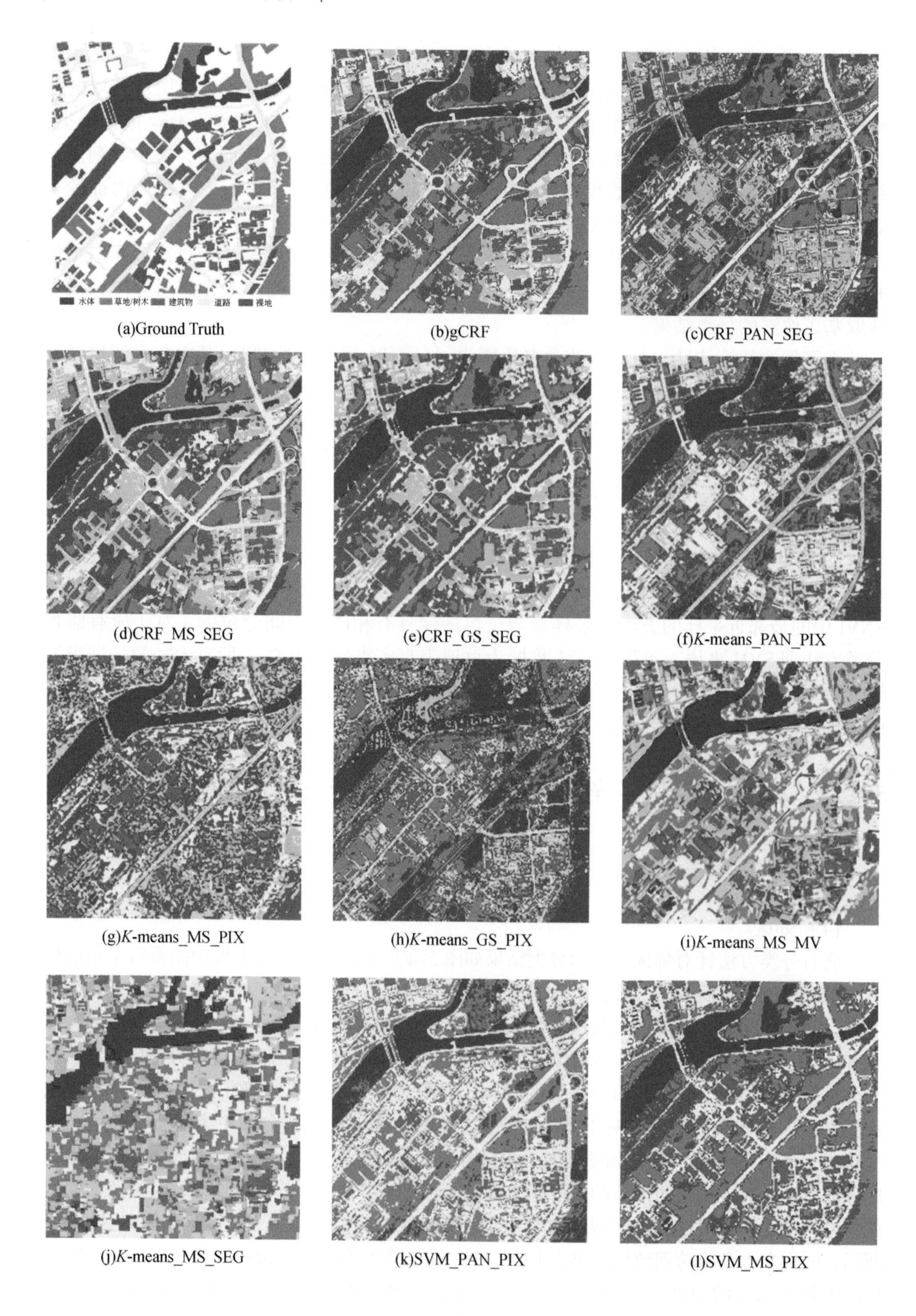

(a)Ground Truth (b)gCRF (c)CRF_PAN_SEG

(d)CRF_MS_SEG (e)CRF_GS_SEG (f)*K*-means_PAN_PIX

(g)*K*-means_MS_PIX (h)*K*-means_GS_PIX (i)*K*-means_MS_MV

(j)*K*-means_MS_SEG (k)SVM_PAN_PIX (l)SVM_MS_PIX

(m)SVM_GS_PIX

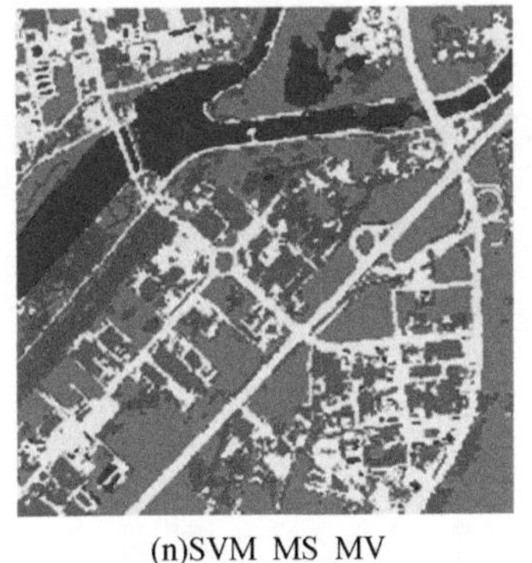

(n)SVM_MS_MV

(o)SVM_MS_SEG

图 5-4　郊区天绘一号图像对应实验结果

分类结果仍逊于 gCRF 的分类结果。如图 5-5 所示，CRF_GS_SEG 并未将图像左上角的桥梁正确分类，且误将较多水体分为道路。对于光谱特性与周围地物接近因而难以区分的水体而言，如图 5-6 所示，可以观察到 gCRF 对水体的分类结果与地表真实情况较为接近，对于水体和道路这两种典型地物而言，gCRF 不论是地物区分能力还是空间细节方面均表现良好。这表明 gCRF 能够充分利用多光谱图像区分地物的能力以及全色图像丰富的空间信息。此外，由图 5-5 和图 5-6 可观察到，以 *K*-means 为分类器的非监督分类方法在地物区分能力要远远逊于 gCRF。得益于监督学习，基于 SVM 的分类方法除 SVM_PAN_PIX 和 SVM_MS_SEG 外，其他分类方法分类结果良好，但是也出现将部分植被和水体混淆的现象。由图 5-4 观察可得，gCRF 得到的分类结果与基于 SVM 的监督分类结果非常接近。总而言之，通过目视检查可得，gCRF 作为一种非监督的融合全色和多光谱图像的分类方法，可得到媲美于基于 SVM 的监督分类方法。

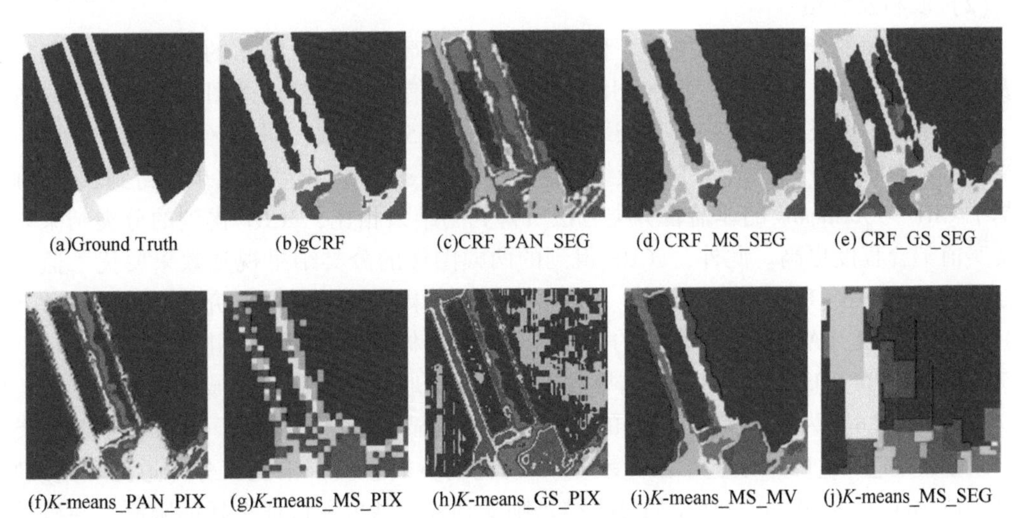

(a)Ground Truth　(b)gCRF　(c)CRF_PAN_SEG　(d) CRF_MS_SEG　(e) CRF_GS_SEG

(f)*K*-means_PAN_PIX　(g)*K*-means_MS_PIX　(h)*K*-means_GS_PIX　(i)*K*-means_MS_MV　(j)*K*-means_MS_SEG

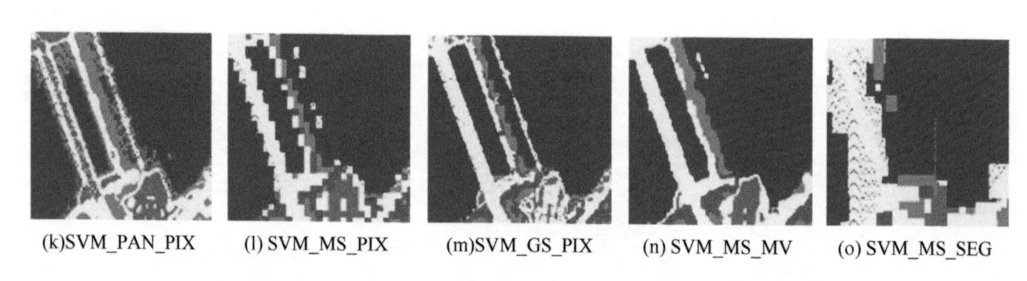

图 5-5　郊区桥梁部分分类结果

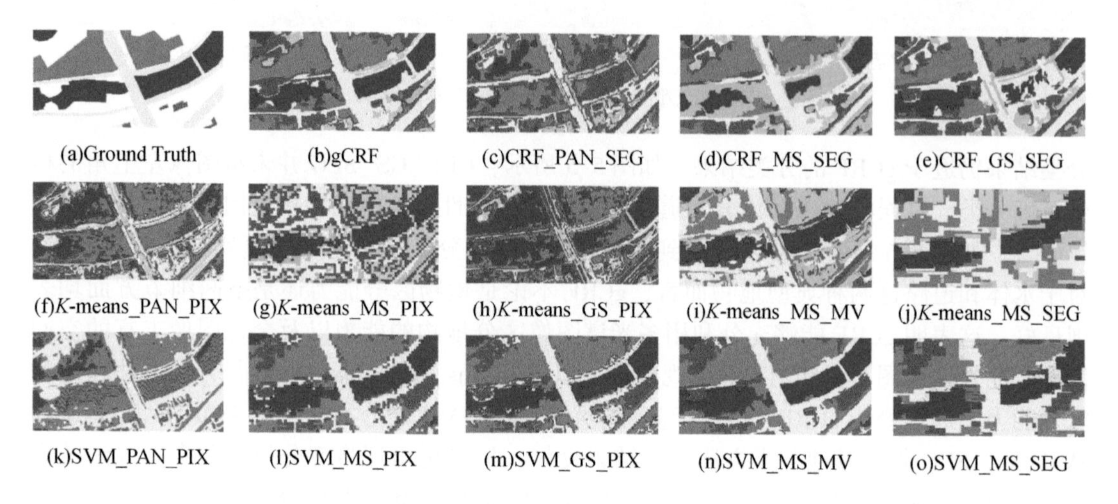

图 5-6　郊区水体部分分类结果

（2）农村及城镇

农村及城镇的分类结果如图 5-7 和图 5-8 所示。基于农村及城镇的分类结果中同样可以表现出 gCRF 的两个优势：充分利用全色图像空间信息以及多光谱图像光谱特征以得到空间细节丰富、分类精度较高的分类结果。例如，图 5-7 中农村研究区中图像中部的树木以及图 5-8 中城镇研究区图像中部较细的道路，均在 gCRF 所得到的结果中得到较好刻画。与基于 CRF 与 *K*-means 的非监督分类方法所得到的结果相比，gCRF 得到的分类结果与地表真实值契合程度更高。此外，gCRF 得到的两幅图像的分类结果视觉效果要优于监督分类方法 SVM_PAN_PIX 和 SVM_MS_SEG 的分类结果。对于农村研究区而言，以图 5-7（k）为例，SVM_PAN_PIX 所得到的分类结果混淆了树木及农田，且并未区分出水体，而图 5-7（o）SVM_MS_SEG 的分类结果混淆了部分草地和农田。对于城镇研究区而言，以图 5-8（m）~（o）为例，gCRF 得到的分类结果要明显优于这三种基于 SVM 的监督分类方法，其中 SVM_GS_PIX 的分类结果受到 GS 锐化的负面影响，未能区分开道路和建筑物；SVM_MS_MV 及 SVM_MS_SEG 的分类结果则受到分割结果和特征选择的限制，导致结果欠佳。

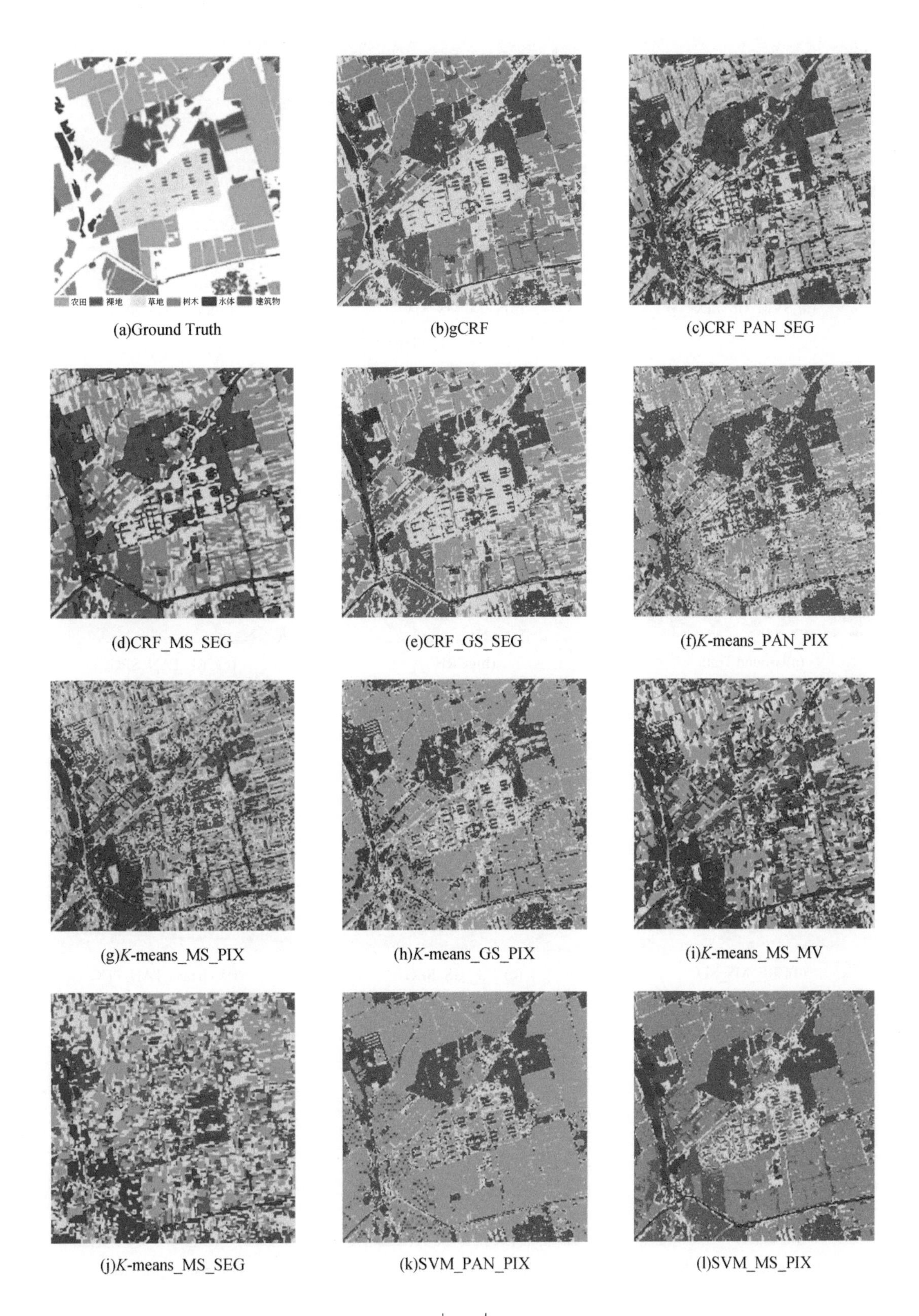

(a)Ground Truth　(b)gCRF　(c)CRF_PAN_SEG

(d)CRF_MS_SEG　(e)CRF_GS_SEG　(f)*K*-means_PAN_PIX

(g)*K*-means_MS_PIX　(h)*K*-means_GS_PIX　(i)*K*-means_MS_MV

(j)*K*-means_MS_SEG　(k)SVM_PAN_PIX　(l)SVM_MS_PIX

(m)SVM_GS_PIX

(n)SVM_MS_MV

(o)SVM_MS_SEG

图 5-7　农村天绘一号图像实验结果

(a)Ground Truth

(b)gCRF

(c)CRF_PAN_SEG

(d)CRF_MS_SEG

(e)CRF_GS_SEG

(f)*K*-means_PAN_PIX

(g)*K*-means_MS_PIX

(h)*K*-means_GS_PIX

(i)*K*-means_MS_MV

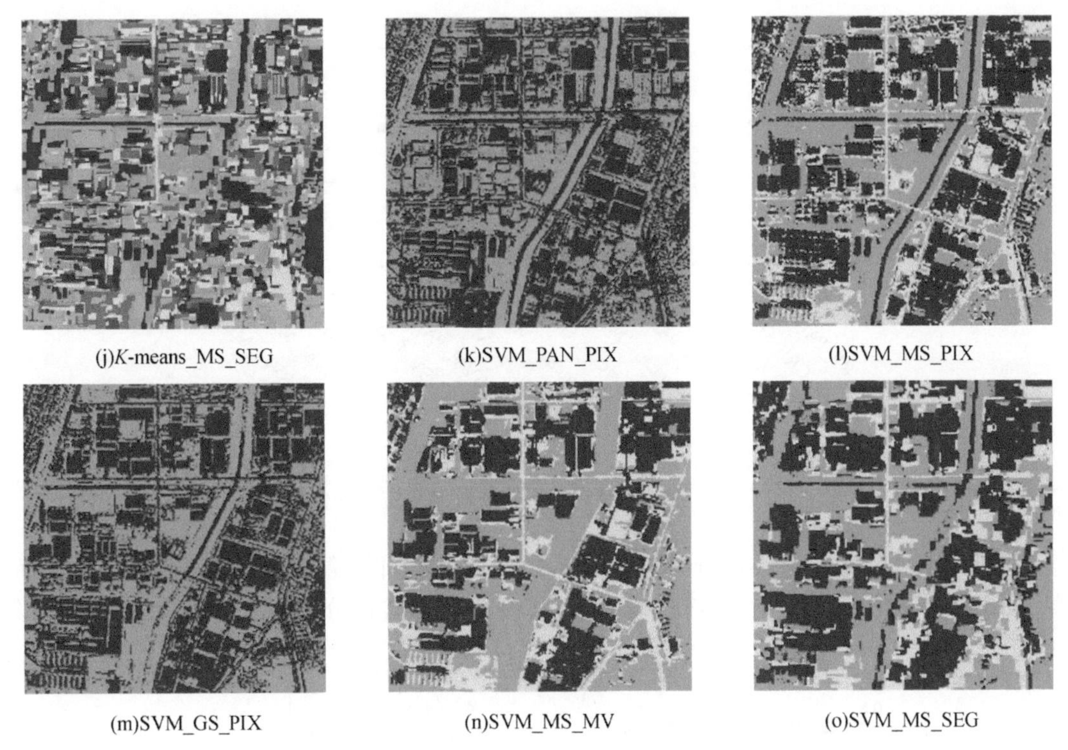
(j)*K*-means_MS_SEG (k)SVM_PAN_PIX (l)SVM_MS_PIX

(m)SVM_GS_PIX (n)SVM_MS_MV (o)SVM_MS_SEG

图 5-8 城镇资源三号图像实验结果

5.2.2.2 定量评价

(1) 郊区

如图 5-9 所示，在郊区天绘一号图像实验定量评价结果中，所有非监督分类方法中(包含 CRF 及基于 *K*-means 的所有分类方法) gCRF 的 Kappa 系数最高，且总体熵最低，这表明 gCRF 所获取的分类结果与真实地物类别分布最为接近，分类结果最为理想。此外，与基于 SVM 的方法相比，gCRF 基于 Kappa 系数和总体熵的表现要好于 SVM_ PAN_ PIX 和 SVM_ MS_ SEG 的方法，且仅略差于其他监督分类的方法。

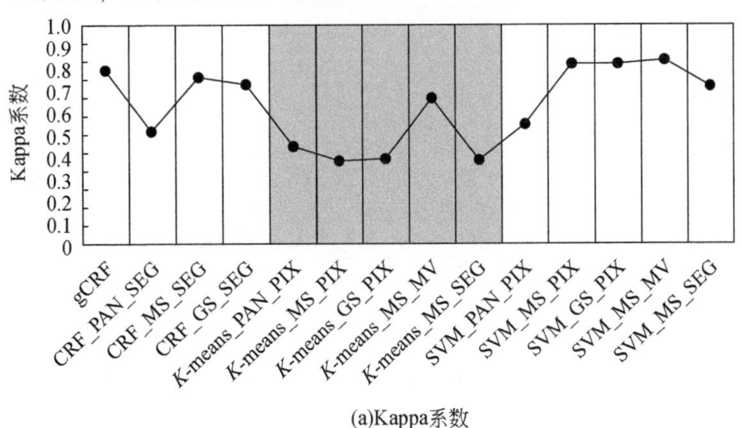

(a)Kappa系数

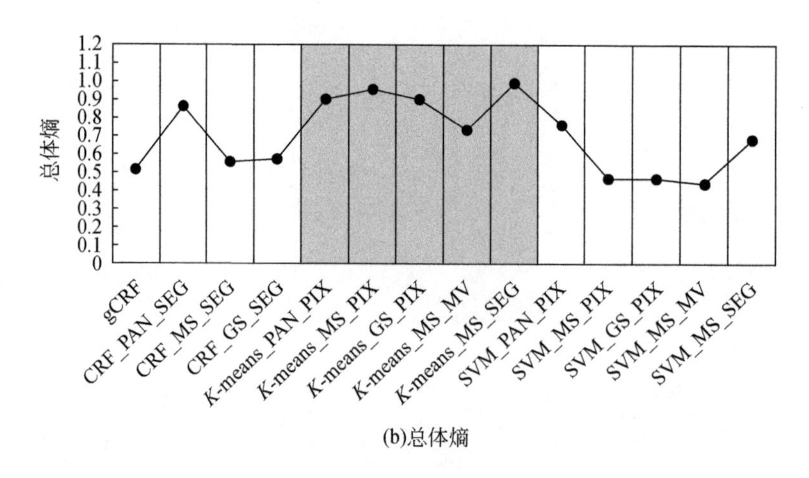

(b)总体熵

图 5-9　郊区天绘一号图像分类结果定量评价

基于地物类别进行分类评价时，如图 5-10 所示，与非监督方法比较，就用户精度而言，gCRF 的分类结果除了水体外，要优于其他所有非监督分类方法，且其大部分地物

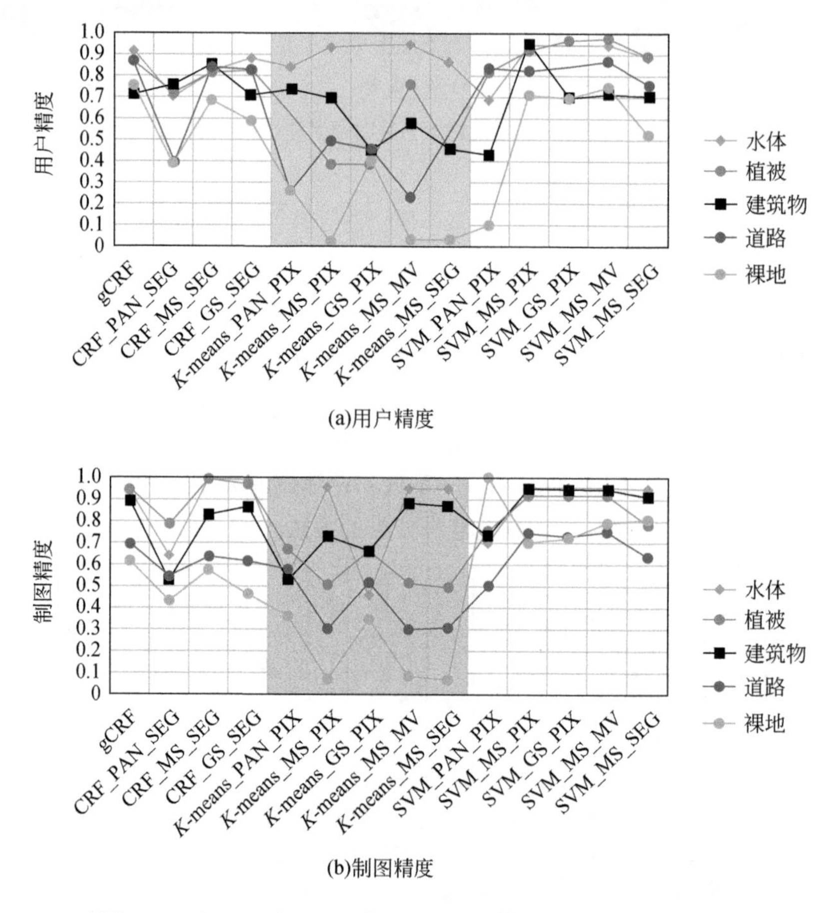

(a)用户精度

(b)制图精度

图 5-10　郊区天绘一号图像基于地物类别的分类结果定量评价

（建筑物、道路以及裸地）的制图精度也要高于其他非监督分类方法。与基于 SVM 的监督分类方法相比，除了略逊于 SVM_PAN_PIX 和 SVM_MS_SEG 外，gCRF 分类结果中大部分地物类别的用户精度和制图精度与其他基于 SVM 的监督分类相近或是仅仅略逊于后者。证明在郊区天绘一号卫星图像实验区中，对于大部分地物而言，gCRF 基于全色和多光谱图像的分类性能要优于所有基于 *K*-means 的非监督分类方法，且与基于 SVM 的监督分类方法相媲美。

（2）农村及城镇

如图 5-11 所示，对农村天绘一号卫星图像分类结果基于 Kappa 系数和总体熵的定量评价表明，除了 SVM_MS_MV 外，gCRF 分类结果的 Kappa 系数和总体熵均优于其他所有分类方法，即基于 *K*-means 的非监督分类方法和基于 SVM 的监督分类方法。对于基于地物类别的评价指标而言（图 5-12），gCRF 分类结果中，裸地、树木以及建筑物的用户精度要高于其他所有分类方法，且水体、裸地以及草地的制图精度要优于所有非监督分类方法。基于农村研究区的分类结果定量评价同样表明，gCRF 分类性能要优于其他所有非监督分类方法，并媲美甚至优于基于 SVM 的监督分类方法。

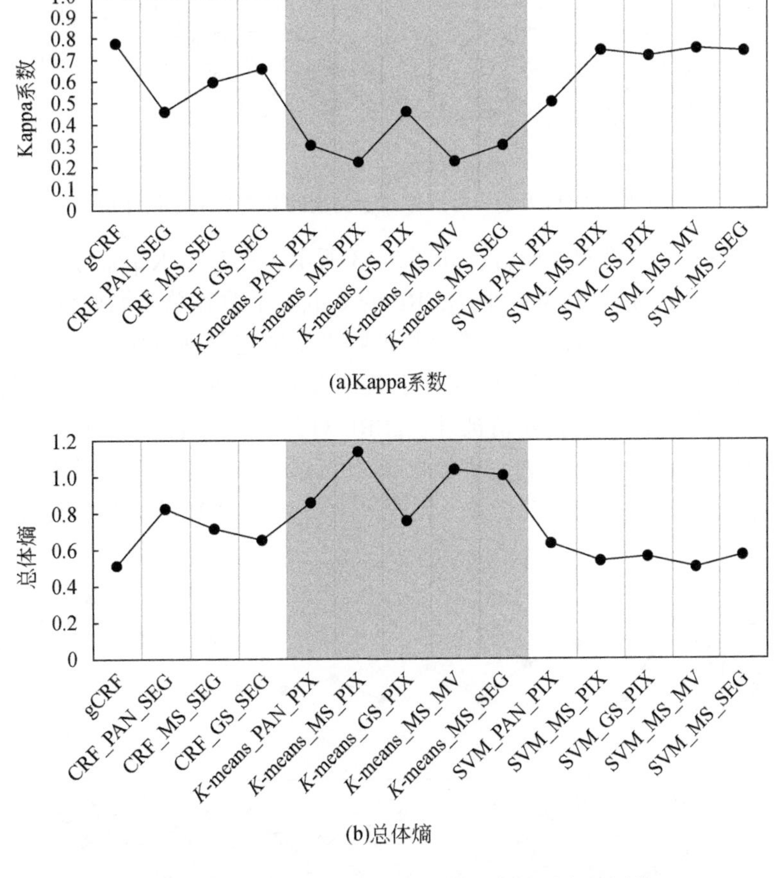

图 5-11　农村天绘一号卫星图像分类结果定量评价

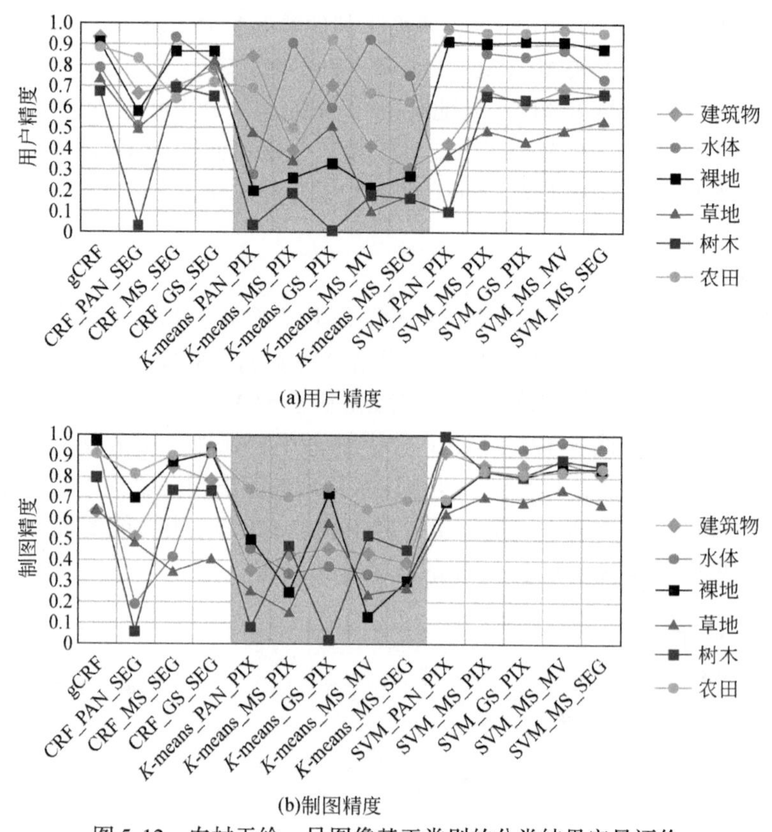

图 5-12　农村天绘一号图像基于类别的分类结果定量评价

对于城镇资源三号卫星图像而言，如图 5-13 所示，在基于 Kappa 系数的定量评价中，除 SVM_MS_PIX 和 SVM_ MS_MV 外，gCRF 的 Kappa 系数和总体熵要优于其他所有分类方法，此外，在图 5-14 中针对不同分类结果地物类别的定量评价中，对于不同地物类别，gCRF 分类结果的用户精度和制图精度要优于其他大部分非监督分类方法。尤其相对于基于 *K*-means 的非监督方法而言，除植被外，gCRF 对其他所有地物的用户精度和制图精度均要高于基于 *K*-means 的分类方法。基于城镇研究区的实验定量评价同样能表明 gCRF 相对于其他非监督分类方法的优越性，并一定程度上与基于 SVM 的监督分类方法相媲美。

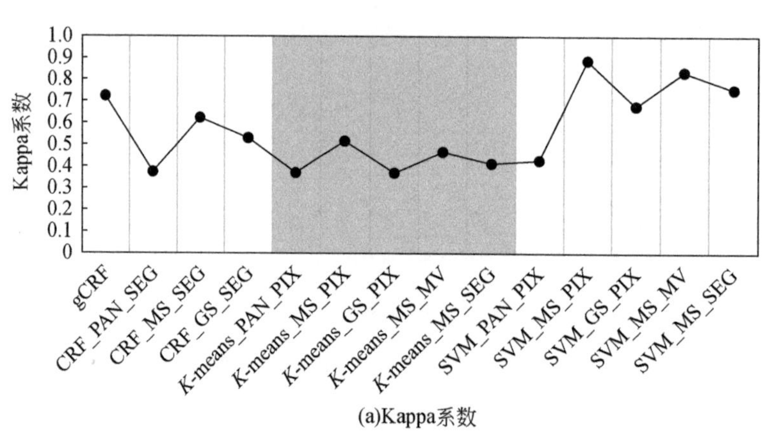

(a)Kappa系数

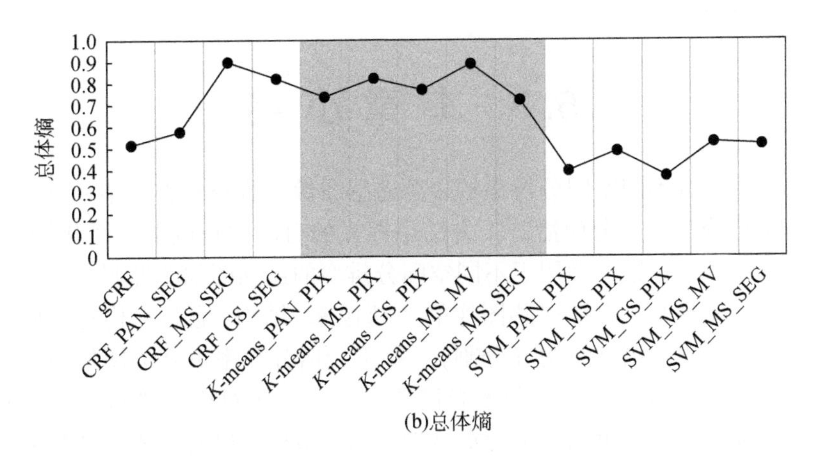

(b)总体熵

图 5-13　城镇资源三号图像分类结果定量评价

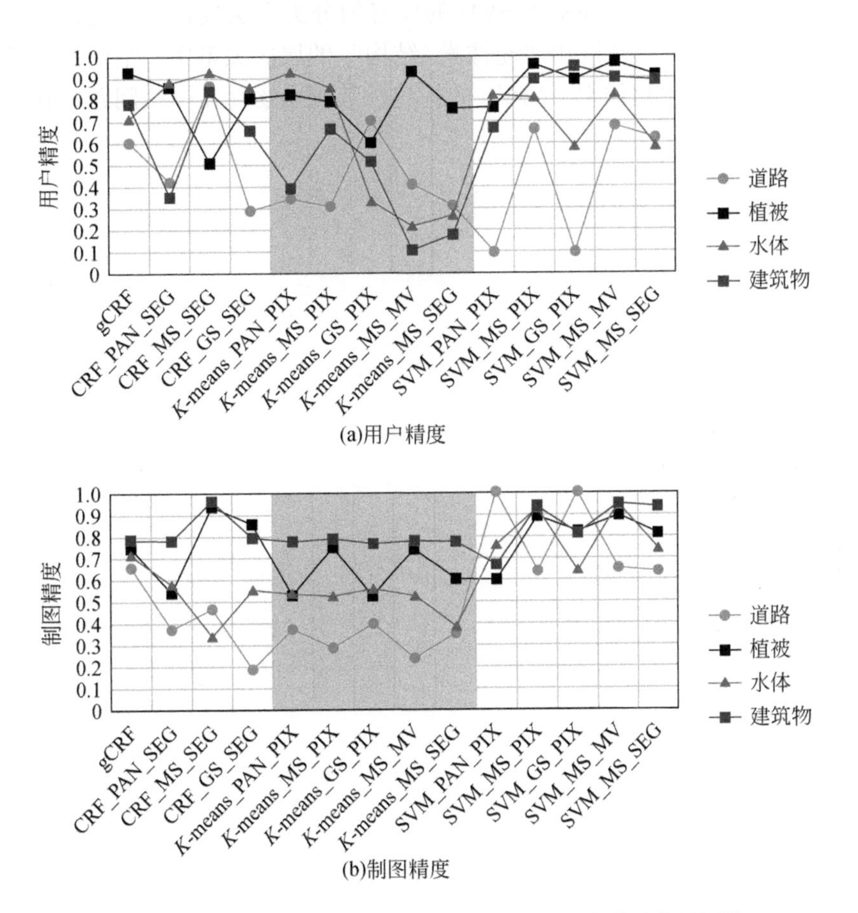

图 5-14　城镇资源三号图像基于地物类别的分类结果定量评价

综上所述，针对三个研究区的定性比较和定量评价表明，gCRF 用于融合全色和多光谱图像的分类时，其表现要优于所采用的其他所有非监督分类方法，且其结果媲美于基于

SVM 的监督分类方法。

5.3 本章小结

本章提出一种融合不同空间分辨率的多源遥感图像非监督分类框架。针对现有大多数融合多源数据进行分类的“分而治之”方法中存在的自动化程度低、泛化能力弱的问题，本章提出了广义中餐馆连锁模型用于不同空间分辨率的遥感图像非监督分类。该方法基于中餐馆连锁模型，实现基于多源遥感图像的“超像素-结构-地物”构建，即基于高空间分辨率影像构建超像素及语义结构（分割），基于光谱分辨率更高的图像或更适宜于目标识别的特征进行分类。本章以全色和多光谱图像为数据源对模型进行验证。实验结果表明，其分类结果能够综合全色图像更为丰富的空间细节信息以及多光谱图像对地物类别区分能力更高的光谱信息，得到细节更为丰富、结果更为准确的分类结果，且优于书中采用的所有非监督的分类方法，并和基于 SVM 的监督的分类方法接近。但是，广义中餐馆连锁模型基于高空间分辨率图像构建“超像素-结构”的层次关系中，空间信息建模，即基于高空间分辨率图像的“超像素-结构”的构建及其传递还存在一些问题，在后续章节展开进一步分析。

第 6 章 内嵌局部聚类的广义中餐馆连锁模型

gCRF 模型利用一个非参数贝叶斯模型从不同空间分辨率图像分别获取分割体和进行分类，基于多源遥感图像构建了“超像素-结构（分割）-地物”的层次结构。以全色和多光谱图像为数据源的实验结果表明，该层次结构可以充分利用全色图像丰富的空间信息以获取分割体，并基于所获取的全色图像分割体利用更高光谱分辨率的多光谱图像进行分类。与传统“分而治之”的方法不同之处在于，gCRF 在一个统一的贝叶斯框架之下完成基于全色图像获取分割体以及基于多光谱图像获取地物类别信息这两个过程。gCRF 最终的分类精度依赖于基于全色图像的分割结果。在分割阶段，与全局聚类统计量的相似性高的超像素会聚集为同一个分割体。其中，全局聚类在图像所划分的所有子图像中共享。但是在研究过程中发现，基于全色图像所获取的全局聚类用于构建图像的语义结构时，有如下两个问题：①全色图像具有较高空间分辨率，但其光谱分辨率不足导致其区分光谱相近的地物时能力有限；②gCRF 基于全色图像的全局聚类在图像空间中缺乏足够的空间信息。用于刻画分割体相似性的全局聚类存在的问题会导致两个现象，即得到的分割体不连贯，易出现欠分割现象。

本章通过对 gCRF 获取分割的过程进行改进，提出内嵌局部聚类的广义中餐馆连锁模型，以下称为 local_gCRF。针对 gCRF 的改进包含两点：①基于邻近超像素构建子图像，在图像平界面中嵌入空间连贯性约束；②在分割阶段，利用局部聚类代替全局聚类来刻画超像素和分割体之间的相似性。最后以第 3 章实验所采用的覆盖不同场景（郊区、农村及城镇）的高分辨率全色和多光谱图像为数据源开展实验以验证 local_gCRF 基于 gCRF 改进的有效性。

6.1 广义中餐馆连锁模型中语义分割过程所存在的问题

如图 6-1 所示，gCRF 的选餐桌和点菜两个随机过程分别利用全色和多光谱图像获取分割体与类别标签。在基于全色图像选餐桌阶段，如式（3-1）所示，对每个超像素根据分割体的尺寸以及给定全局聚类后该超像素属于分割体的似然相乘得到的概率来分配分割体标签。其中，全局聚类在所有子图像中共享，且全局聚类的数量一般远远少于分割体数量。全局聚类的统计特征可用于刻画整幅图像的全局聚集特性，但是 gCRF 基于全局聚类的选餐桌以获取分割体的过程存在两个问题。

1）分割体不连贯。预处理过程中对图像划分得到的子图像可以在 gCRF 选餐桌阶段为超像素提供可供选择的分割体标签约束，但是这是一种较弱的空间约束，且并未在图像

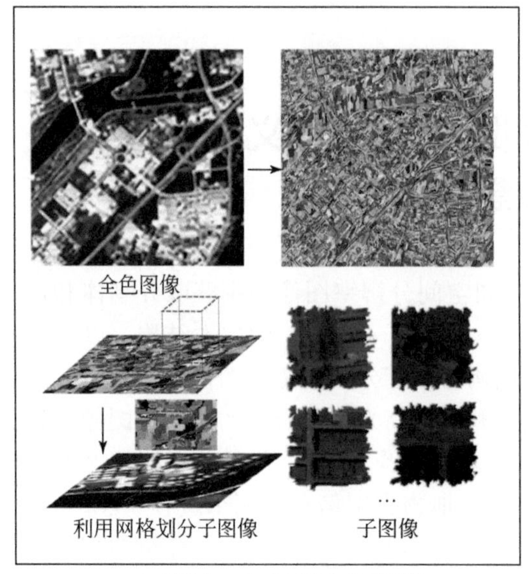

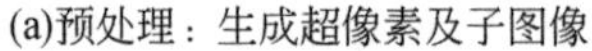

(a)预处理：生成超像素及子图像

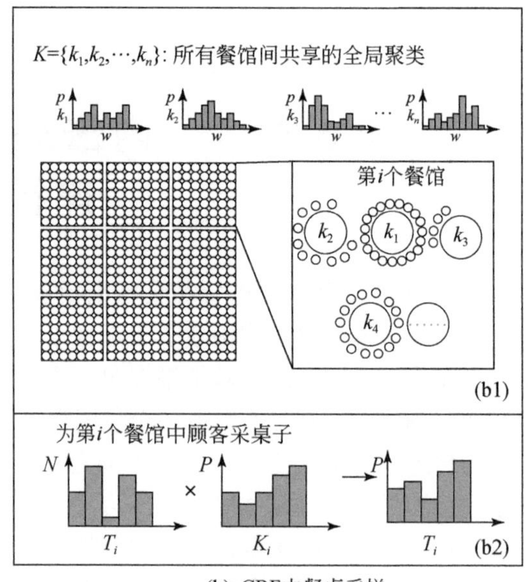

(b)gCRF中餐桌采样

图 6-1　gCRF 中的预处理及选餐桌过程示意

平面中内嵌分割体的空间连贯性。换言之，假设第 i 个子图像中超像素 m 与 n 与该子图像中第 t 个分割体所对应的全局聚类均满足一致性，那么即便超像素 m 与 n 并不相连，也有较大概率被分配相同分割体编号，即分割体 t，从而导致得到的分割体 t 不连贯抑或是出现欠分割现象。而分割体的不连贯和欠分割均会导致最终分类结果不佳。图 6-2（a1）和（a2）演示了 gCRF 所使用的第 j 个超像素对应的子图像划分方式以及其对分割体编号分配的影响。在图 6-2（a1）中，根据式（5-1），第 j 个超像素被分配到已存在的分割体的概率取决于其所属全局聚类的概率和分割体本身的大小。举例来说，超像素 j 与黄色分割体的相似度以及与蓝色分割体的相似度取决于与二者所对应全局聚类的相似度，这里的全局聚类均为 k_2，即超像素 j 对应两个分割体的似然相等；此外超像素 j 与分割体的相似程度还与相应分割体大小成正比，如图 6-2（a1）所示，蓝色分割体要大于黄色分割体。因此，超像素 j 在选餐桌阶段有较大可能性被分配蓝色分割体编号，导致最终得到的分割体不连贯，如图 6-2（a2）所示。

2）欠分割现象。gCRF 基于全局聚类得到分割体时一个常见的问题是欠分割，即一个分割体内部包含超过一种地物类别。具体来说，其原因在于全色图像虽然空间分辨率较高，但其光谱分辨率较低，使得其对光谱相近的地物区分能力有限，因此导致和图像地物类别相对应的全局聚类的不准确性，基于全局聚类所获取的分割体会出现一个分割体内包含多种地物的现象，即欠分割。此外，虽然大部分分割结果会同时存在过分割和欠分割现象，但二者在分类问题中的严重程度并不相同。对于过分割对象来说，具备相似统计特征的观测值在后续分类过程中仍可被分为同一地物类别标签，而欠分割现象在后续分类过程中无法被修正且会直接导致分类过程中的地物混淆现象，降低最终分类精度（Joshi et al., 2006）。因此，为分类服务的分割过程中欠分割是更为严重的问题，也是在 gCRF 中更需

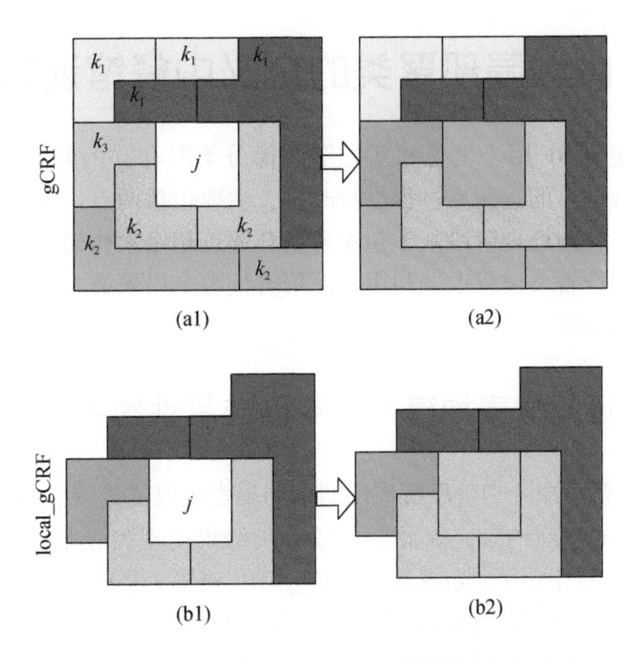

图 6-2　基于 gCRF 和 local_CRF 采样分割体标签的示意

粗线表示超像素边界，不同颜色表示不同分割体，每个分割体对应一个全局聚类标签，用 k_1、k_2、k_3 表示；（a1）gCRF 超像素 j 对应子图像示意；（a2）gCRF 为超像素 j 采样分割体；（b1）local_ gCRF 中超像素 j 对应子图像示意；（b2）local_ gCRF 中为超像素 j 采样分割体

要避免的问题。图 6-3 为 gCRF 得到的分割体存在不连贯以及欠分割现象的案例：图 6-3（a2）红色标注的分割体内包含超过一种地物类别，即欠分割，图 6-3（b2）红色标注的分割体则有欠分割及不连贯两个问题。

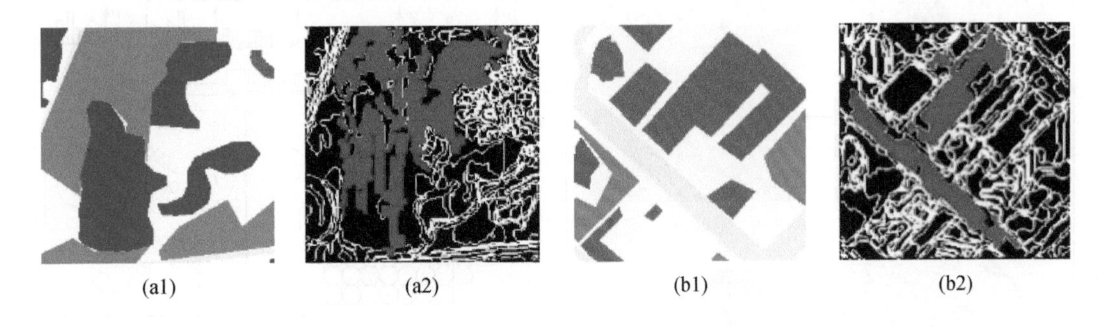

图 6-3　gCRF 分割中存在的问题

（a1）例 1：Ground Truth；（a2）例 1：分割体（白色线条表示分割体边界，红色区域为 gCRF 的一个欠分割的分割体）；（b1）例 2：Ground Truth；（b2）例 2：分割体（白色线条表示分割体边界，红色区域为 gCRF 的一个欠分割且不连贯的分割体）

6.2 内嵌局部聚类的广义中餐馆连锁模型

针对 6.1 节所述 gCRF 用于全色和多光谱图像分类时存在的两个问题，本节对 gCRF 基于全色图像获取分割体的选餐桌过程进行改进，主要包括两点：①为给所获取分割体内嵌空间连贯性约束，在预处理阶段基于超像素及其邻近超像素构建子图像；②基于全色图像获取分割体时，即选餐桌过程中，利用局部聚类代替全局聚类。为叙述简便性，称本章提出的方法为 local_gCRF。

6.2.1 基于邻近超像素构建内嵌空间连贯性约束的子图像

在 gCRF 中，选餐桌即分割阶段所采用的全局聚类可以描述特征空间中图像的聚集性，但是 gCRF 欠缺较强的空间约束，因此会导致分割结果出现欠分割以及不连贯的分割体。如图 6-4（a）所示，对于第 j 个超像素，local_gCRF 将第 j 个超像素对应的子图像限定为第 j 个超像素以及与其空间邻近的超像素所对应的图像区域，换言之，第 j 个子图像为第 j 个超像素以及与其共享部分边界的超像素对应的图像区域。具体而言，在预处理阶段，基于给定的全色图像的 L 个子图像，全色图像的观测值 X^P 被划分为 L 个重叠的子图像，即 $\{\boldsymbol{x}_1^P, \boldsymbol{x}_2^P, \cdots, \boldsymbol{x}_L^P\}$。其中，$\boldsymbol{x}_i^P$ 为第 i 个子图像，x_i 为第 i 个超像素，$N_i = \{x_{i1}, x_{i2}, \cdots, x_{iD}\}$ 表示与超像素 x_i 共享部分边界的邻近超像素集合。local_gCRF 的改进之一在于通过利用超像素的空间邻近信息构建子图像，在统计特征之外引入图像平面上的空间约束，既而使 local_gCRF 在分割过程中内嵌分割体连贯性约束。

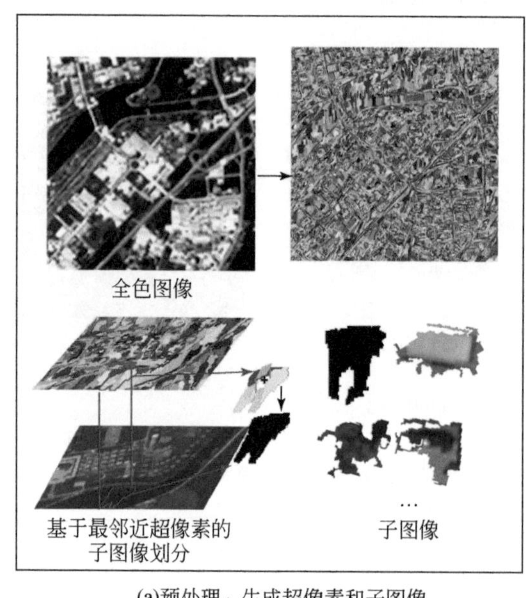

(a)预处理：生成超像素和子图像

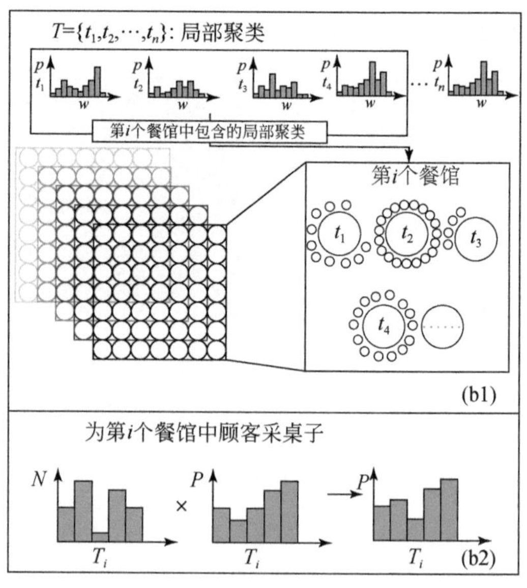

(b)local_gCRF餐桌采样

图 6-4 local_gCRF 中预处理及餐桌采样

6.2.2 基于局部聚类的选餐桌方法

gCRF选餐桌以获取全色图像分割体阶段，为第 i 个子图像中第 j 个超像素根据式（5-1）分配餐桌 t 的概率正比于两个组分的乘积，即（伪）计数及$f_{k_{it}^P}^P$（x_{ij}^P）。$f_{k_{it}^P}^P$（x_{ij}^P）表示全色图像第 i 个子图像第 j 个超像素所对应的观测产生于全局聚类的可能性，其中全局聚类对应“菜”，且从集合K^P中取值。换言之，若全色图像某个子图像中的两个超像素在特征空间中与同一个全局聚类表现出统计相似性，那么它们倾向于被分配相同的分割体标签。图像全局聚类的统计特征可用于描述整幅图像的聚集特性，但是由于全色图像较低的光谱分辨率，全局聚类有时难以描述观测值在特征空间中相近或是重合的局部结构之间的差别。

因此，local_gCRF在比较超像素聚集特性之时，摈弃采用gCRF基于由CRF拓展而来的聚类框架，而将每个子图像建模为一个狄利克雷过程混合模型（Dirichlet process mixture model，DPMM）。DPMM由中餐馆过程隐喻进行模型参数采样及后验推导，即每个白色超顾客进入一个餐馆并以一定概率选择某张餐桌就座，选择哪张餐桌的概率正比于该餐桌上已有的顾客个数。此外亦可根据正比于先验参数的概率选择一张新的餐桌。最终聚集而成的餐桌可以描述顾客的聚集特性。在利用DPMM进行高分辨率全色图像分割过程中，local_gCRF在比较超像素相似性时，并不像gCRF一样，将超像素的统计特性与在整幅图像中共享全局聚类相比较，而是比较超像素与局部聚类的统计相似性，若与局部聚类均不相似，则为该超像素分配一个新的局部聚类编号。局部聚类这里定义为具有空间约束的聚类，即对于某超像素而言，其备选聚类被限定在对应子图像空间范围内包含的聚类以及一个新的聚类。图6-4（b）展示了基于local_gCRF的餐桌选择过程。

具体而言，local_gCRF选餐桌过程如下：对于第 i 个超像素，它或是根据正比于聚类 t 的大小以及该超像素所聚类 t 的似然之乘积的概率被分配给聚类 t，即分割体 t 的标签，或是根据式（6-1）被分配一个新的聚类标签。注意 t 来自第 i 个子图像中的局部聚类集合，表示为T_i。如6.1节所述，local_gCRF第 i 个子图像由第 i 个超像素及其邻近像素构成，那么超像素 i 只能或是被分配给其邻近聚类标签，即有$T_i=T_{N_i}$，其中，T_{N_i}表示超像素 i 的所有邻近超像素的聚类标签集合，N_i表示超像素 i 的邻近超像素。此外，超像素 i 还有一定概率被分配给一个新的聚类标签。

$$p(t_i=t\mid T_{N_i})\propto\begin{cases}n_t^{\neg i}f_t^P(x_i^P) & t\leqslant T\\ \gamma_0 f_t^P(x_i^P) & t>T\end{cases} \tag{6-1}$$

式中，f_t^P（x_i^P）表示第 i 个超像素来自第 t 个局部聚类的似然；$n_t^{\neg i}$表示不考虑第 i 个超像素时第 t 个局部聚类的大小。图6-4（b1）和（b2）为local_gCRF中超像素 j 对应的子图像的划分方式及其对选餐桌过程影响的示例。local_gCRF的子图像划分方式以及基于局部聚类的选餐桌可很大程度上避免gCRF分割结果中所出现的空间不连贯和欠分割现象。

6.3 实验分析与讨论

6.3.1 实验设计

6.3.1.1 实验数据

本章实验数据采用第 5 章所使用的天绘一号卫星图像郊区及农村研究区、资源三号卫星城镇研究区三个场景的全色和多光谱图像，具体参数见第 5 章。

6.3.1.2 方法性能评估

本章对 local_gCRF 模型从定性和定量两方面进行评估，主要关注 local_gCRF 相对于 gCRF 所得到的分割和分类结果是否得以改进。具体而言，实验包括两方面：①比较 local_gCRF 和较之于 gCRF 基于全色图像选餐桌阶段所得到的分割结果；②比较 local_gCRF 与 gCRF 以及其他融合全色和多光谱图像的分类方法所得到的最终分类结果。如第 5 章所述，不论是目视检查还是定量评估，gCRF 基于全色和多光谱图像的分类结果要优于基于 *K*-means以及 CRF 的非监督分类方法的分类结果，与基于 SVM 的监督分类方法得到的结果相媲美或稍逊于后者。因此，比较分类结果时仅比较 local_gCRF、gCRF 以及基于 SVM 的融合全色和多光谱图像的分类方法，即 SVM_GS_PIX、SVM_MS_MV 以及 SVM_MS_SEG。其中，SVM_GS_PIX 为先锐化后分类的方法，它将全色和多光谱图像利用 GS 锐化后再利用 SVM 对锐化后图像进行分类；SVM_MS_MV 为先单像元分类后对象内组合分类的方法，它先利用 SVM 对多光谱图像进行分类，再利用多数投票准则确定，每个分割体的最终分类，即分割体内像元数最多的类别，以此引入全色图像的空间信息；SVM_MS_SEG 为先分割后分类的方法，它先基于全色图像获取的分割体，计算多光谱图像光谱向量均值作为其特征，再利用 SVM 进行分类。

（1）分割评价指标

分割精度评价指标采用四个基于像素精度及区域交集、并集（intersection union，IU）的评价指标（Joshi et al.，2006）。

像素准确率（pixel accuracy，PA）：

$$PA = \sum_i n_{ii} / \sum_i t_i \tag{6-2}$$

平均精度（mean accurac，MA）：

$$MA = (1/n_{cl}) \sum_i n_{ii} / t_i \tag{6-3}$$

平均交并集（MeanIU）：

$$MeanIU = (1/n_{cl}) \sum_i n_{ii} / (t_{i+} \sum_j n_{ji} - n_{ii}) \tag{6-4}$$

频率加权交并集（frequency weighted IU，fwIU）：

$$\text{fwIU} \ (\sum_k t_k)^{-1} \sum_i t_i n_{ii} / (t_{i+} \sum_j n_{ji} - n_{ii}) \tag{6-5}$$

式中，像素准确率 PA 用于计算正确分割的像素数目与图像像素总数量的比例，平均精度 MA 指各种类别对象的准确率的平均值，平均交并集和频率加权交并集用于衡量分割结果与真值的交并集比例。其中n_{cl}为影响中对象类别总数；t_i为属于类别 i 的像素数目；n_{ji}为实际类别为 i 预测类别为 j 的像素数目。此外，为衡量 local_gCRF 分割结果相对于 gCRF 而言欠分割现象是否减少，分割质量整体是否提高，还引入三个分割评价指标，即过分割指标 OS2、欠分割指标 US2 以及综合过分割及欠分割二者的综合分割评价指标 ED3。

$$\text{OS2} = \overline{\sum_i \sum_j \left(1 - \frac{\text{area}(r_i \cap s_j)}{\text{area}(r_i)}\right)} \quad s_j \in S \tag{6-6}$$

$$\text{US2} = \overline{\sum_i \sum_j \left(1 - \frac{\text{area}(r_i \cap s_j)}{\text{area}(s_j)}\right)} \quad s_j \in S \tag{6-7}$$

$$\text{ED3} = \sum_i \sum_j \sqrt{\frac{\left(1 - \frac{\text{area}(r_i \cap s_j)}{\text{area}(r_i)}\right)^2 + \left(1 - \frac{\text{area}(r_i \cap s_j)}{\text{area}(s_j)}\right)^2}{2}} \quad s_j \in S \tag{6-8}$$

式中，r_i为参考多边形 R 中的元素；s_j为对应的分割体。OS2 和 US2 较低分别表示图像过分割和欠分割质量较高，如当 OS2 或 US2 等于 0 时表示分割图像中不存在过分割或欠分割现象。ED3 为顾及过分割和欠分割的复合指标，较低的 ED3 表示该分割图在同时顾及欠分割和过分割误差时分割图的整体质量较好。

（2）分类评价指标

分类评价指标采用第 5 章所使用的四个指标，包括 Kappa 系数、总体熵以及两个基于类别的评价指标——用户精度及制图精度。

6.3.2 实验结果评价

6.3.2.1 分割结果评价

（1）定性比较

针对郊区、农村及城镇三个研究区 local_gCRF 和 gCRF 的分类结果及分割结果见表 6-1。

表 6-1 local_gCRF 及 gCRF 基于三个研究区的分割及分类结果

地区	Ground Truth	local_gCRF		gCRF	
		分类结果	分割结果	分类结果	分割结果
郊区					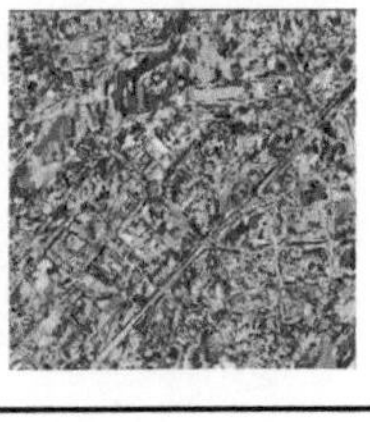

续表

地区	Ground Truth	local_gCRF		gCRF	
		分类结果	分割结果	分类结果	分割结果
农村					
城镇					

对于分类结果而言，local_gCRF 和 gCRF 均与 Ground Truth 具有较高的吻合程度。前者减少了分割阶段的分割体欠分割和不连贯现象，在对全色图像光谱相近的地物进行区分时相对于后者具有更强的区分能力。从郊区图像中挑选两个典型区域进行分析，如图 6-5（a）所示区域 A 及区域 B。其中，区域 A 主要包括在全色图像中光谱值相近的水体及植被，区域 B 主要包括建筑物和道路，二者同样在全色图像中具有相似的光谱值。两个区域中不同地物的灰度直方图如图 6-5（b）所示，可见全色图像中，水体和植被、建筑物和

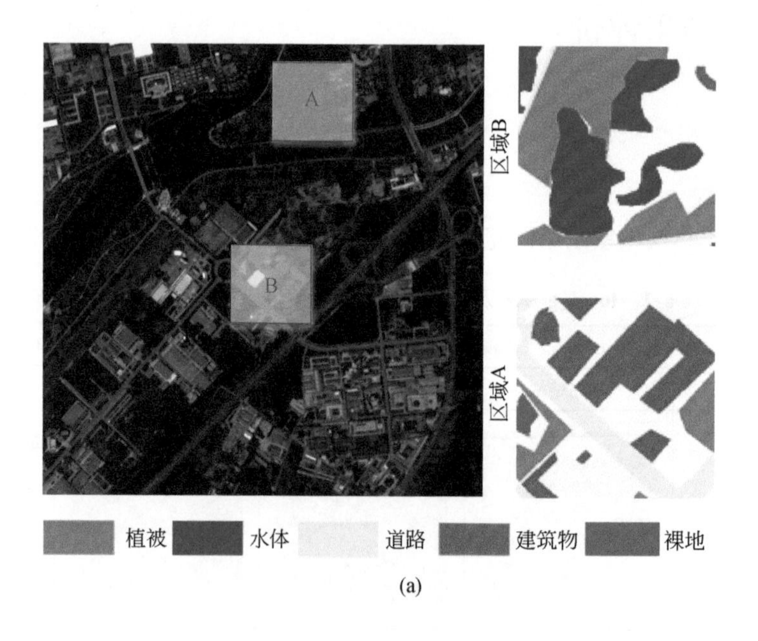

(a)

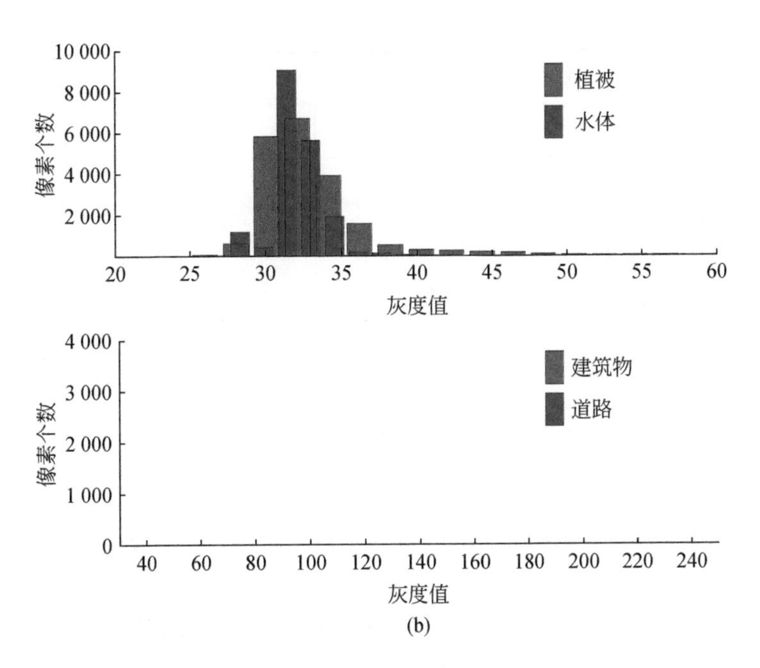

图 6-5　天绘一号图像两个水体、植被以及建筑物、道路区域的 Ground Truth 及类别灰度分布

道路具有接近的光谱分布，因此较难被区分。两个区域的分割及分类结果见表 6-2。以区域 A 为例，gCRF 得到的分割结果中分割体出现欠分割现象，误将水体和植被聚集为一个分割体，直接导致分类结果出现错误。而 local_gCRF 所得到的分割结果避免了欠分割现象，分割结果亦与地表参考更为接近。同样，对于区域 B，gCRF 所得到的分割体中，建筑物和道路被划分到一个欠分割且不连贯的分割体中，该误分导致的错误同样会导致分类结果出现问题。同 gCRF 相比，local_gCRF 所得到的分割及分类结果与地表参考更为接近。

表 6-2　gCRF 和 local_gCRF 分割及分类结果

模型	区域 A		区域 B	
	分割结果	分类结果	分类结果	分割结果
gCRF	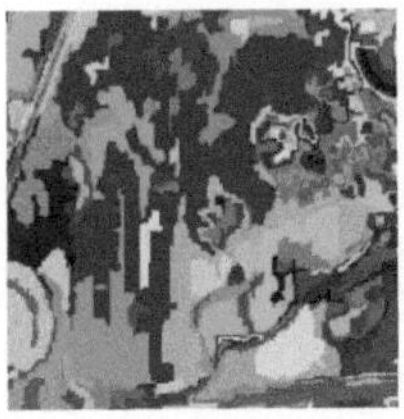	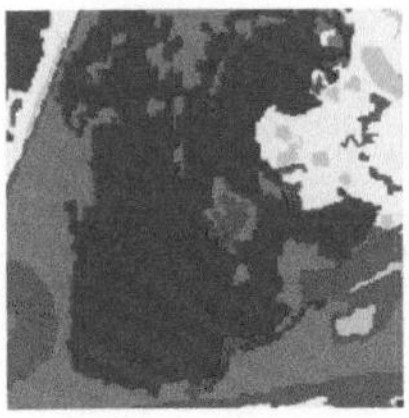	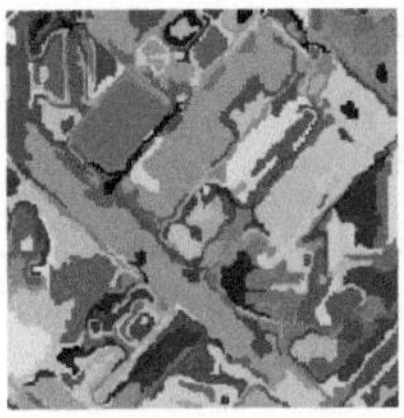	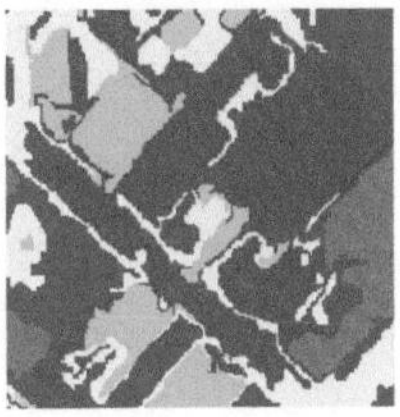

续表

模型	区域 A		区域 B	
	分割结果	分类结果	分类结果	分割结果
local_gCRF				

（2）定量评价

基于郊区、农村及城镇三个研究区 local_gCRF 和 gCRF 所获取的语义分割定量评价结果如图 6-6 ~ 图 6-8 所示。图 6-6 中，基于郊区研究区的实验表明，local_gCRF 所获取语义分割的四个评价指标 PA、MA、MeanIU 及 fwIU 均要高于 gCRF 所获取的语义分割结果，表明 local_gCRF 所获取的语义分割准确性要高于基于 gCRF 的结果。此外，如图 6-6（b）所示，基于过分割和欠分割的评价指标 OS2、US2 及 ED3 中，尽管 local_gCRF 所获取的语义分割的过分割评价指标 OS2 要略高于 gCRF 的结果，但其获取的语义分割的欠分割评价指标 US2 和基于过分割和欠分割的总体分割指标 ED3 均要低于 gCRF 的结果，这表明尽管 local_gCRF 获取的分割过分割现象较 gCRF 轻微加重，但是其欠分割现象得到较明显改善，此外分割的整体质量也得到改善。

同样，由图 6-7 和图 6-8 可知，基于农村及城镇的实验结果语义分割定量评价可得出类似的结论，即基于 PA、MA、MeanIU 及 fwIU 的定量评价表明，local_gCRF 的语义分割较 gCRF 精度更高，且基于 OS2、US2 及 ED3 的评价指标表明，local_gCRF 获取的分割体中欠分割现象得以改善，且整体分割质量提高。

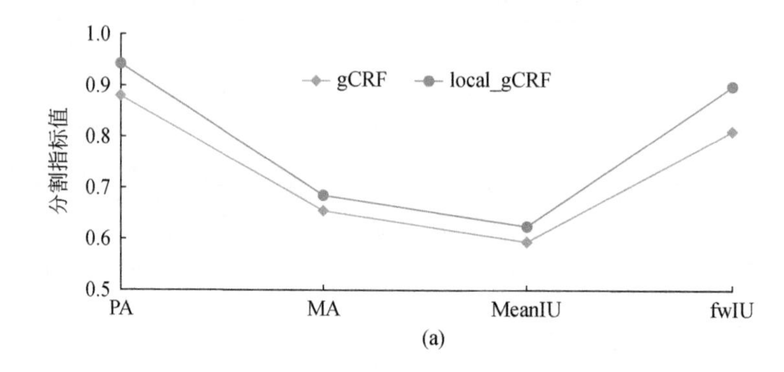

(a)

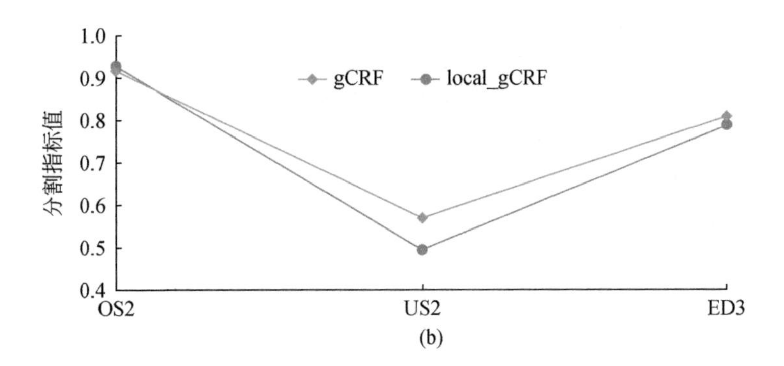

(b)

图 6-6　郊区天绘一号图像 gCRF 和 local_gCRF 语义分割定量评价

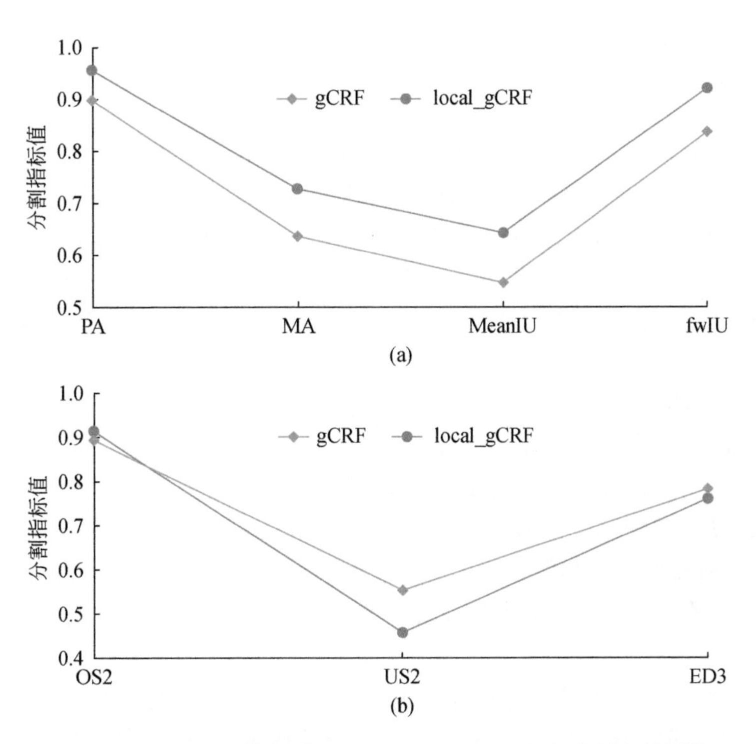

(b)

图 6-7　农村天绘一号图像 gCRF 和 local_gCRF 语义分割定量评价

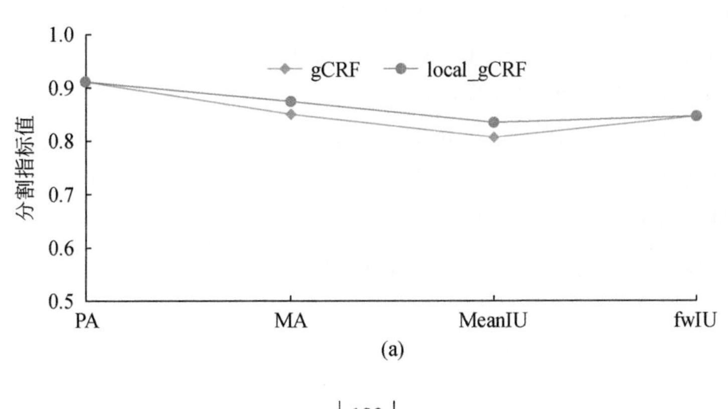

(a)

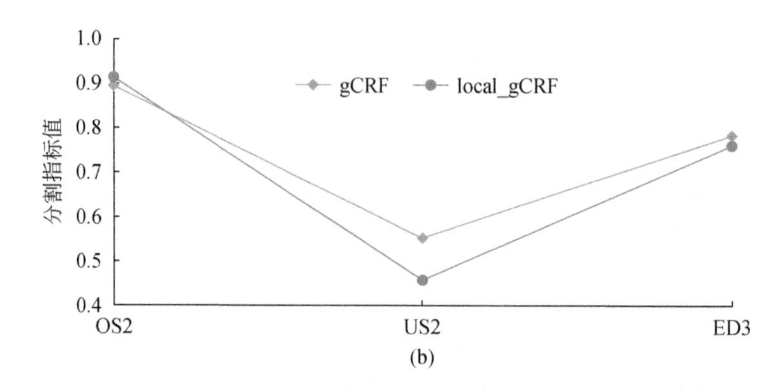

图 6-8 城镇资源三号图像 gCRF 和 local_gCRF 语义分割定量评价

6.3.2.2 分类结果评价

本节对 local_gCRF、gCRF 分类结果进行比较。此外，为了表明 local_gCRF 在与现有其他融合全色和多光谱图像分类方法比较时仍具有优越性，还定量比较了二者同第 5 章所使用的监督分类方法。第 5 章表明，基于三个研究区的 gCRF 分类结果要优于本章所使用的所有基于 *K*-means 的非监督分类方法，本节仅对比 local_gCRF、gCRF 及基于 SVM 的监督分类方法。其中，基于 SVM 的监督分类方法包含三种目前使用广泛的融合全色和多光谱图像分类的方法，即 SVM_GS_PIX、SVM_MS_MV 及 SVM_MS_SEG。其中，SVM_GS_PIX 为先锐化后分类的方法，即先对全色和多光谱图像基于 GS 进行锐化，并基于锐化后的图像使用 SVM 进行分类；SVM_MS_MV 为先分类后锐化的方法，即利用 SVM 对多光谱图像进行分类，并利用全色图像所获取的分割体，通过最大投票法为每个分割体确定其对应的地物类别，从而引入全色图像的空间信息；SVM_MS_SEG 为先分割后分类的方法，即先基于全色图像所获取的分割体提取多光谱图像的平均光谱向量作为分割体的特征，继而利用 SVM 进行分类。各类方法的参数设置与第 5 章郊区研究区的实验中参数设置相同。

(1) 郊区

基于郊区的实验的分类结果定量评价见表 6-3 和图 6-9。表 6-3 为基于郊区分类试验中，各个分类方法获取分类结果的 Kappa 系数及总体熵，其中，local_gCRF 分类结果的 Kappa 系数要高于 gCRF 和 SVM_MS_SEG 的分类结果，略低于其他两种基于 SVM 的监督分类方法；且 local_gCRF 分类结果的总体熵要低于 gCRF 和 SVM_MS_SEG 分类结果的总体熵，表明 local_gCRF 较 gCRF 和 SVM_MS_SEG 分类结果精度更高，略低于其他两种基于 SVM 的分类方法。在针对地物类别的精度评价中，如图 6-9 所示，郊区图像不同分类结果的用户精度和制图精度，local_gCRF 分类结果除道路以外的其他地物制图精度均要高于 gCRF，且除水体和道路外其他所有地物类别用户精度也要高于 gCRF，表明 local_gCRF 对大部分地物类别较 gCRF 而言具有更强的区分能力。此外，local_gCRF 同基于 SVM 的监督分类方法相比，其大部分地物区分能力要优于 SVM_MS_SEG，略差于其他基于 SVM 的监督分类方法。

表 6-3　郊区图像分类结果定量评价

指标	local_gCRF	gCRF	SVM_GS_PIX	SVM_MS_MV	SVM_MS_SEG
Kappa 系数	0.8105	0.7912	0.8199	0.8396	0.7217
总体熵	0.4853	0.5191	0.4696	0.4413	0.6832

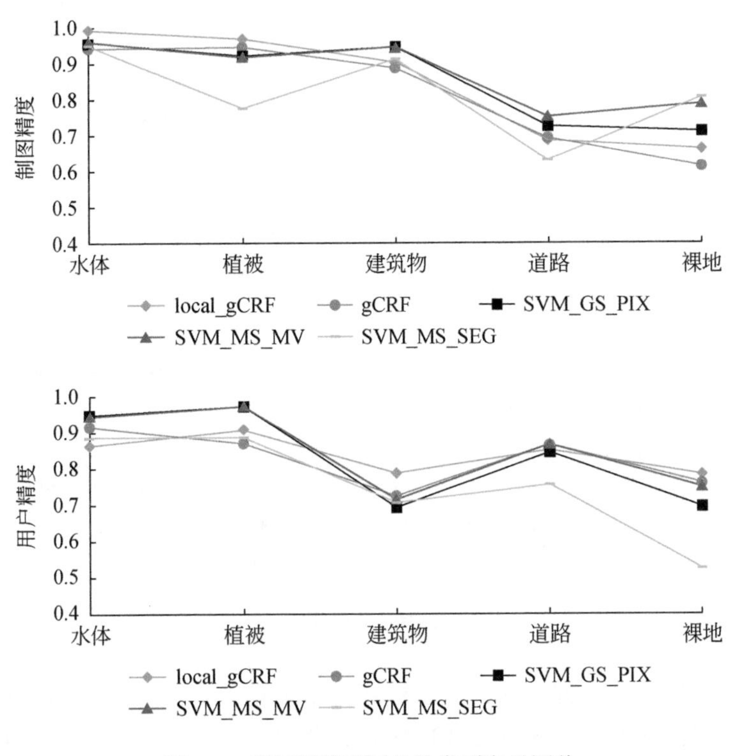

图 6-9　郊区图像不同地物类别定量评价

（2）农村及城镇

基于农村研究区的分类结果定量评价结果见表 6-4 和图 6-10。由表 6-4 可知，local_gCRF 农村图像分类结果的 Kappa 系数在所有分类方法中最大，且其总体熵要低于其他方法，表明 local_gCRF 在农村研究区的分类结果最优。此外，基于地物类别的定量评价中，local_gCRF 分类结果中水体、裸地、农田的制图精度要优于 gCRF 的结果，草地、建筑物及树木的用户精度高于 gCRF，表现出较强的地物区分能力。

表 6-4　农村图像分类结果定量评价

指标	local_gCRF	gCRF	SVM_GS_PIX	SVM_MS_MV	SVM_MS_SEG
Kappa 系数	0.7849	0.7754	0.7152	0.748	0.7365
总体熵	0.5200	0.5454	0.5799	0.5241	0.5896

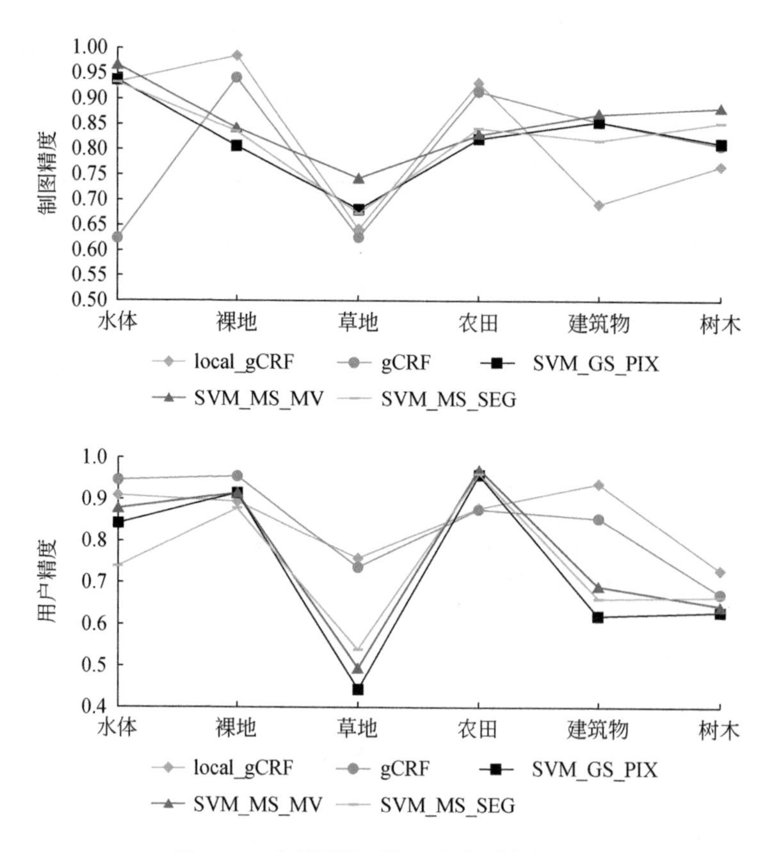

图 6-10　农村图像不同地物类别定量评价

基于城镇研究区，各个方法的分类定量评价结果见表 6-5 和图 6-11。由表 6-5 可知，对于城镇资源三号图像而言，local_gCRF 分类结果的 Kappa 系数要高于 gCRF、SVM_GS_PIX 和 SVM_MS_SEG 的分类结果，低于 SVM_MS_MV 的分类结果，证明除 SVM_MS_MV 外，local_gCRF 的分类结果与 Ground Truth 更为接近，此外，除 SVM_GS_PIX 外，local_gCRF 的分类结果总体熵最低，同样表明其相对于其他方法的优越性。对于制图精度而言，如图 6-11 所示，除水体外，其他地物类别 local_gCRF 分类精度高于 gCRF 分类精度；对于用户精度而言，local_gCRF 分类结果中水体和建筑物要明显高于 gCRF，意味着改进后模型分类性能较改进前变好；此外，与基于 SVM 的监督分类方法相比，水体、建筑物、道路三类的用户精度 local_gCRF 要高于 SVM_GS_PIX，除植被外其他所有类别 local_gCRF 制图精度要高于 SVM_GS_PIX，表明对于大部分类别而言，local_gCRF 要优于 SVM_GS_PIX。

表 6-5　城镇图像分类结果定量评价

指标	local_gCRF	gCRF	SVM_GS_PIX	SVM_MS_MV	SVM_MS_SEG
Kappa 系数	0. 7693	0. 7245	0. 6816	0. 8342	0. 7549
总体熵	0. 4803	0. 52	0. 372	0. 5271	0. 5189

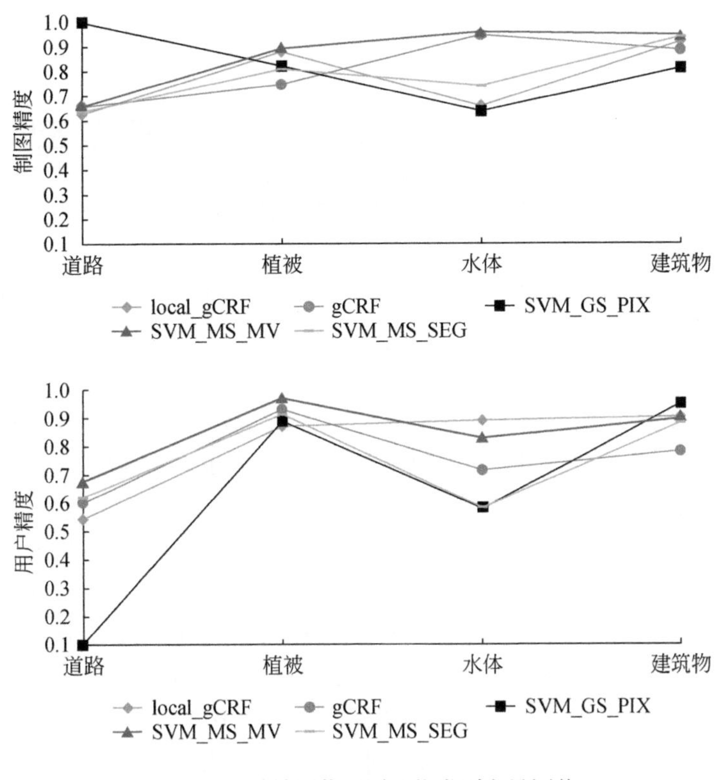

图 6-11　城镇图像不同地物类别定量评价

6.4　本章小结

gCRF 用于全色和多光谱图像分类时的语义分割体传递时存在欠分割及分割体不连贯的现象，这会导致后续基于多光谱图像的分类中出现错误，影响最终分类精度。本章对 gCRF 中存在的这一问题进行改进，主要包括两点：①通过基于超像素及邻近超像素构建子图像，引入图像空间中的空间连贯性约束；②刻画超像素统计特征相似性时，利用局部聚类代替全局聚类以得到更为准确的语义分割体。实验表明，通过上述两方面的改进，全色图像得到的语义分割体中欠分割和不连贯现象得到改善，并使得最终分类精度得以提高。

第7章 广义中餐馆连锁模型中过分割体的影响

gCRF基于超像素构建了多源遥感图像“超像素-结构-地物”的空间层次结构。其中，超像素指基于光谱、纹理等底层视觉特征，将图像分割成具有视觉意义的不规则的像素块，且图像的超像素集合能保持图像的总体特征。遥感图像具有覆盖范围广、包含像素个数多的特点，以超像素作为研究单元能够大大降低后续分割、分类等操作的计算量，因此被广泛使用。特别地，高空间分辨率遥感图像处理分析以少量超像素代替大量像素作为输入时，不仅大大降低计算量，且可大大降低遥感图像分割及分类中的“椒盐现象”。gCRF基于高空间分辨率图像获取的超像素构建底层视觉词，以引入图像中像元之间的空间关系，缓解传统概率主题模型应用于遥感图像分析时因忽略像元间空间关系而导致的问题。但是，不同超像素算法及不同超像素个数选择对gCRF最终分类结果影响较大。表7-1为以简单线性迭代聚类不同个数超像素为输入，针对郊区天绘一号卫星图像的广义中餐馆模型分类结果的局部示意，其中，超像素个数为0.5万、3万、6万。由表7-1可知，以超像素构建gCRF底层像素空间关系时，不同超像素对模型最终分类结果影响较大，超像素数目过少和过多均不利于gCRF的分类。因此，本章以多分辨率分割、简单线性迭代聚类及熵率超像素（entropy rate superpixel，ERS）分割三种算法为例，分析超像素对gCRF的影响，并探索超像素个数选择时的依据。

表7-1　不同线性迭代聚类超像素个数对广义中餐馆连锁模型的影响

超像素个数	0.5万	3万	6万
超像素（局部）			
分类结果（局部）			

7.1 不同超像素算法

“超像素”的概念由 Ren 和 Malik（2003）提出，指颜色或其他低层次特征相似的具有一定视觉意义的像块，他们认为超像素是比像素更为自然的基本单元，一方面相似的像素集合在视觉上具有相同特质，另一方面可以大大减少后续算法的输入量。超像素可以解决数字图像处理中的两个问题：①像素仅仅是图像离散化的表现形式，并非自然实体；②图像中的大量像素严重影响很多算法的计算效率。因此常采用超像素算法作为分割算法或分类算法的预处理步骤。

一般认为，超像素需要满足如下条件：①连续性。超像素为一系列连续的像素集合。②边界一致性。超像素可以表现图像的边界。③紧凑性和平滑性。超像素应该是紧凑的且可以提供平滑的边界。④高效性。超像素的产生应该是高效的。⑤超像素的个数可控性。

超像素算法在计算机视觉领域被广泛使用，如目标检测（Shu et al.，2013；Yan et al.，2015）、语义分割（Gould et al.，2008；Lerma and Kosecka，2014）、场景理解（Geiger and Wang，2015；Gupta et al.，2015）、数据集标注（Yamaguchi et al.，2012；Liu et al.，2015）等。特别地，超像素算法被广泛使用在遥感图像分类算法中（Zhang et al.，2012，2015；Cheng et al.，2015），如高空间分辨率遥感图像分类、高光谱图像制图（Fang et al.，2015a，2015b）、SAR 图像分类（Liu et al.，2013）等。与超像素算法紧密联系的是过分割算法，即过分割模式下的分割算法。Stutz 等（2018）认为超像素算法可以对产生的超像素个数进行控制，以此区分不可控制个数的过分割算法。但是在大多数情况下，研究者并不对超像素算法和过分割算法进行严格区分，认为二者是可比较且可交换的（Levinshtein et al.，2009；Neubert and Protzel，2012；Schick et al.，2013）。本书将超像素算法和过分割算法统称为超像素算法。

常用的超像素算法大致可以分为基于图论的超像素算法、基于梯度下降的超像素算法等（周莉莉和姜枫，2017）。其中，基于图论的超像素算法的主要思路是将图像看作有权的无向图，其中，图像中每个像素同无向图中的节点相对应，两个像素邻近时相应无向图中的两个节点存在边，边上的权重表征两个像素之间的相似程度，继而通过各种准则对图中节点进行划分（王春瑶等，2014），最终得到超像素分割结果。常见的基于图论的图像分割算法有基于 Ncut（normalized cut）的图像分割（Shi and Malik，2000）算法、基于熵率的分割算法（宋熙煜等，2015）等；基于梯度下降的超像素算法的本质为在给定初始聚类后，通过梯度下降的方式不断迭代更新聚类，使目标函数不断减小，模型收敛后则得到最终结果。该类方法包括简单线性迭代算法、分水岭方法（Vincent and Soille，1991）、均值偏移方法（Comaniciu and Meer，2002）、Turbopixels（Levinshtein et al.，2009）等。此外，eCognition 软件中的 MRS 算法在遥感图像分析中得到了广泛的应用，该方法的核心技术为分形网络进化算法，其实质上是一种自下而上迭代的区域合并算法（Blaschke，2010）。本章以 eCognition 中的 MRS 算法、基于梯度下降的超像素算法中的简单线性迭代聚类（SLIC）以及基于图论的超像素算法中的熵率超像素（ERS）分割算法为例，分析其对 gCRF 融合全色和多光谱图像分类时的影响。

7.1.1 多分辨率分割

eCognition 软件由德国 Definiens Imaging 公司开发（宋杨等，2012），是当前商业遥感分析软件中应用非常广泛且成熟的基于面向对象理论的智能化图像分析软件（刘珠妹等，2012；郭杜杜和逯国生，2017）。与大多传统商业遥感软件基于光谱信息进行遥感图像分析不同，它基于目标信息，采用决策专家系统支持的模糊分类算法（陈珺，2013），大幅度提高高分辨率遥感图像数据的自动识别精度。eCognition 软件可以提供多种分割模式，如棋盘分割、四叉树分割及 MRS 等。其中，MRS 是使用最为广泛的分割模式，它是一种启发式的优化过程，能够最小化图像对象的平均异质性。MRS 采用颜色、结构和形状准则的加权函数作为代价函数，采用自下而上的区域合并技术，最小对象包含一个像素，在后续阶段中，通过对小于尺度阈值的相邻像素或区域进行合并，将小的图像对象根据选择的尺度、颜色及形状参数，合并形成大的图像对象，获得特定尺度的分割结果。

eCognition 软件中基于 MRS 的分割涉及的主要参数有尺度参数（scale parameter）、同质性标准组分（composition of homogeneity criterion）。其中，尺度参数用来确定生成图像对象所允许的最大异质度，没有明确单位，需要通过经验进行设置；尺度参数越大时得到的分割体尺寸越大，易出现欠分割现象；尺度参数越小时得到的分割体尺寸越小（Laliberte et al.，2007）。尽管有类似 ESP（Drăguţ et al.，2010）等自动尺度参数选择工具，尺度参数选择大多还是基于经验。同质性标准组分包含形状和颜色参数，其中颜色和形状参数二者互补（颜色=1-形状）。颜色参数强调对象的光谱同质性，形状参数决定对象的纹理同质性，包括两个组分，即平滑度和紧致度，二者权重为 1。前者用来约束对方边界的平滑性，后者用来优化图像目标的紧凑程度。总而言之，MRS 分割时需要对三个参数进行设置，即尺度参数、形状参数及紧致度参数，这些参数中，尺度参数可以控制所得到的分割体的过分割/欠分割程度，因此最为重要。一般而言，因为小的分割对象在后续分析中可以被合并，而欠分割对象一方面会引入后续分析错误，另一方面过少的对象会导致数据过少而失去统计意义，面向对象分析方法中更倾向于过分割（Martha et al.，2010）。例如。Laliberte 等（2007）基于 MRS 获取的过分割体进行滑坡位置识别并取得较好实验结果。本章采用 eCognition 软件的 MRS 得到超像素，分析不同参数设置对 gCRF 影响并与其他超像素算法进行比较。

7.1.2 简单线性迭代聚类

SLIC 是 Achanta 等于 2010 年提出的一种超像素算法（Achanta et al.，2012a，2012b），其利用类似于 K-means 聚类的思路得到超像素。SLIC 算法中，图像中每个像素用一个五维向量来表示，即 $\{l, a, b, x, y\}$，其中，x、y 为像素的坐标；l、a、b 为 CIELAB 颜色空间中的分量，具体算法如下。

(1) 初始化聚类中心

对于 CIELAB 颜色空间中的彩色图像，在网格间隔为 S 的规整网格上初始化 k 个聚类中心$C_k=[l_k, a_k, b_k, x_k, y_k]$，其中$l_k$、$a_k$、$b_k$、$x_k$、$y_k$分别为第 k 个聚类中心的亮度、红色到绿色的范围（$a<0$ 指示绿色，$a>0$ 指示红色）、黄色到蓝色的范围（$b<0$ 指示蓝色，$b>0$ 指示黄色）、x 轴坐标及 y 轴坐标。为保证得到的超像素尺寸大致相近，网格间隔满足 $S=\sqrt{N/k}$，其中 N 为图像像素个数；此外，为了使聚类中心避开梯度较大的边界，将聚类中心移动到3×3 邻域中梯度最小的位置。

（2）分配聚类标签

给每个像素 i 分配一个覆盖其位置的搜索区域的最近的聚类中心。其中，像素 i 到聚类中心 k 的距离定义如下：

$$d_{\text{lab}}=\sqrt{(l_k-l_i)^2+(a_k-a_i)^2+(b_k-b_i)^2}$$

$$d_{xy}=\sqrt{(x_k-x_i)^2+(y_k-y_i)^2}$$

$$D_s=d_{\text{lab}}+\frac{m}{S}d_{xy} \tag{7-1}$$

式中，D_s为 lab 距离d_{lab}和利用网格间隔 S 归一化后的空间距离d_{xy}。m 为控制超像素紧凑程度的变量，m 越大对超像素空间紧致度要求越高，取值范围在 1～20，一般取 $m=10$ 可以较好地平衡颜色相似性和空间紧凑性，后续实验中 m 取默认值。

（3）搜索相似像素

若理想的超像素尺寸为 $S×S$，搜索窗口尺寸为 $2S×2S$，相似像素的搜索限制在超像素中心附近的 $2S×2S$ 区域内。传统的 K-means 聚类算法需要对所有聚类中心进行判断，而 SLIC 算法通过搜索窗口的限制大大减少计算量。

（4）更新聚类中心

当每个像素都分配一个最邻近的中心点后，通过所有像素的向量均值对中心进行更新。

（5）迭代优化

SLIC 算法所获取的超像素大小相近，使用简单、节约内存，计算速度快，物体轮廓保持良好，超像素形状紧凑且均衡，需要设置的参数少，默认情况下只需要设置超像素个数，因此具有较高的实用性。

7.1.3 熵率超像素分割算法

ERS 是 Liu 等于 2011 年提出的一种基于图论的思想来获取分割结果的算法。该方法首先将原始图像的每个像素点看作无向图的一个节点，利用两个节点的相似性作为节点之间的权重，然后优化一个顾及图像随机游动熵率和平衡项的目标函数，最终得到分割结果（王亚静等，2014）。具体而言，首先根据图像构建图 $G=(V, E)$，其中，V 为顶点集，对应图像中的像素；E 为边集，表示相邻像素的相似性。接着 ERS 通过选择边集的一系列子集 $A\subseteq E$，将图划分为 L 个子图像，每个子图像对应一个超像素。为了得到紧凑且均衡的超像素，在超像素分割的目标函数中引入一个图上随机游动熵率项 $H(\cdot)$ 和一个平衡项 $B(\cdot)$：

$$\max_{A}\{H(A)+\lambda B(\cdot)\}\ \text{subject to}\ A\subseteq E \tag{7-2}$$

式中，$\lambda\geqslant 0$ 为控制熵率项和平衡项贡献率的权重；熵率项和平衡项定义如下。

(1) 熵率项

图上游动熵率项用来控制获取的聚类的紧凑性和异质性。假设 $X=\{X_t \mid t\in T\}$ 为统计随机过程，$X=\{X_t \mid t\in T,\ X_t\in V\}$ 为一个在图 $G=(V,\ E)$ 上的随机游动，Liu 等（2013）将随机游动模型中的转移概率定义为

$$p_{i,j}\begin{cases} w_{i,j}/w_i & i\neq j\ \text{且}\ e_{i,j}\in A \\ 0 & i\neq j\ \text{且}\ e_{i,j}\notin A \\ 1-\dfrac{\sum\limits_{i:e_{i,j}\in A} w_{i,j}}{w_i} & i=j \end{cases} \tag{7-3}$$

式中，i 和 j 表示顶点；$e_{i,j}$ 表示连接二者的边，即假设一个粒子在图上做随机游动，若 $e_{i,j}\in A$，则粒子从 i 游动到 j 的转移概率为 $w_{i,j}/w_i$；若 $e_{i,j}\notin A$，粒子无法从 i 移动到 j。根据以上转移概率，定义图 $G=(V,\ E)$ 上随机游动的熵率为

$$H(A)=\sum_i \mu_i \sum_j p_{i,j}(A)\lg(p_{i,j}(A)) \tag{7-4}$$

式中，μ 为随机过程的平稳分布；只有向 A 中加入紧凑和均匀区域的边时，才能使熵率增加最快（王亚杰等，2014）。

(2) 平衡项

平衡项用来鼓励得到的聚类具有相似的尺寸。令 A 为选择的边集，N_A 为图像中边集个数，Z_A 为聚类组分的分布；若 A 的一个划分为 $S_A=\{S_1,\ \cdots,\ S_{N_A}\}$，$Z_A$ 的分布定义为

$$p_{Z_A}(i)=\frac{|S_i|}{|V|}\quad i=\{1,\cdots,N_A\} \tag{7-5}$$

平衡项定义为

$$B(A)=H(Z_A)-N_A=-\sum_I p_{z_A}(i)\lg(p_{z_A}(i))-N_A \tag{7-6}$$

式中，熵 $H(Z_A)$ 倾向于具有相似尺寸的聚类；N_A 倾向于形成更少数目的聚类。

Liu 等通过贪心算法（Nemhauser et al.，1978）解决上述优化问题（Fang et al.，2015a，2015b）。首先，初始化图中每个顶点为一个集群，并利用目标函数计算各条边 E 的函数值，若某条边 $e_{i,j}$ 的目标函数值最大，将其加入 A，并从 E 中减去 $e_{i,j}$，且将 i 和 j 合并为一个集群；重复该操作直到 E 为空，或是 $N_A=K$（K 为预先设定的超像素个数）。最终，迭代完成后，得到 K 个集群，每个集群为一个超像素。

熵率超像素分割算法中，熵率项有利用形成结构均匀且紧凑的集群，有助于所获得的超像素仅覆盖图像中单一的目标对象；平衡项则促使各个集群具有相似的尺寸，降低不平衡的超像素个数。

7.2 实验分析与讨论

7.2.1 实验设计

本章对 MRS、ERS、SLIC 得到的超像素进行评估并对基于 gCRF 最终分类结果进行评估。针对前文所采用的郊区天绘一号卫星图像以及城镇资源三号卫星图像，比较分析以下两方面内容：①对于每种超像素算法，分析其不同参数设置下超像素质量以及对 gCRF 分类的影响。②对于不同算法基于超像素评价指标以及基于 gCRF 的分类评价指标 Kappa 系数和总体熵，比较三个超像素算法的性能及对于 gCRF 模型的适用性。

超像素评价指标采用可达分割准确度（achievable segmentation accuracy，ASA）、边缘召回率（boundary recall，BR）及欠分割误差（under-segmentation error，UE）。

可达分割准确度：

$$\mathrm{ASA}(s)=\frac{\sum_{k}\max_{i}|s_{k}\cap g_{i}|}{\sum_{i}|g_{i}|} \tag{7-7}$$

边缘召回率：

$$\mathrm{BR}(s)=\frac{\sum_{p\in B(g)}I(\min_{q\in B(s)}\|p-q\|<\varepsilon)}{|B(g)|} \tag{7-8}$$

欠分割误差：

$$\mathrm{UE}(s)=\frac{\sum_{i}\sum_{k:s_k\cap g_i\neq 0}|s_{k}-g_{i}|}{\sum_{i}|g_{i}|} \tag{7-9}$$

式中，ASA 为算法上界性能的测量，其定义为超像素分割作为预处理时可以获得的最佳目标分割准确度，是一种以分割结果来评价超像素分割精度的指标，其中。BR 指落在至少一个真值边缘 ε 个像素点距离（通常令 $\varepsilon=2$）范围内的超像素边缘像素点数量与真值像素点总数的比值（杨艳和许道云，2018），$B(g)$ 和 $B(s)$ 分别表示真值边界和超像素边界，$I(\cdot)$ 用来检查最邻近的像素距离是否在 ε 个像素范围以内。UE 衡量了超像素区域“溢出”真值区域边界的比例，其中 s 表示算法得到的超像素，g 表示真值分割，$|\cdot|$表示超像素中包含的像素数目。超像素结果的评价指标中 ASA 和 BR 值越高，表示基于该超像素所能得到的最优分割上界越高，边缘吻合程度越好，超像素结果越佳；UE 值越低，表示其欠分割错误率越低，超像素分割结果越好。

基于 gCRF 模型的最终分类结果，对比评价不同超像素算法应用于 gCRF 模型的适用性，其中的评价指标为 Kappa 系数、总体熵。

7.2.2 不同超像素算法对广义中餐馆连锁模型的影响

7.2.2.1 MRS 不同参数对 gCRF 分类结果的影响

MRS 算法中主要参数为尺度参数、形状参数及紧致度参数。其中，尺度参数越大生成的对象尺寸越大，反之越小；形状参数越大，图像目标形状对分割结果影响越大，反之则颜色对分割结果影响越大；紧致度参数控制分割对象的紧密程度，它与控制分割对象边缘平滑程度的平滑度权重和为 1。地理对象的复杂性，自动获取最优参数仍然具有挑战性和不确定性，因此许多研究采用反复试验、目视解译的方法来确定最优参数（Cho et al., 2012；Malahlela et al., 2014）。最优参数设置没有固定标准，需要逐次实验。基于 MRS 所获取超像素的最主要问题在于其参数设置的复杂性，本节对 MRS 所涉及的三个参数（尺度参数、形状参数及紧致度参数）对分割结果的影响及其对广义中餐馆连锁模型的影响进行分析和讨论。

(1) 郊区

A. 尺度参数

由 7.1 节可知，不同尺度参数对所获取的超像素个数影响极大，随着尺度参数的增加，所获取的超像素平均尺寸增加，超像素个数减小，尺度参数为 3、5、7、9 时的 MRS 超像素如图 7-1 所示。

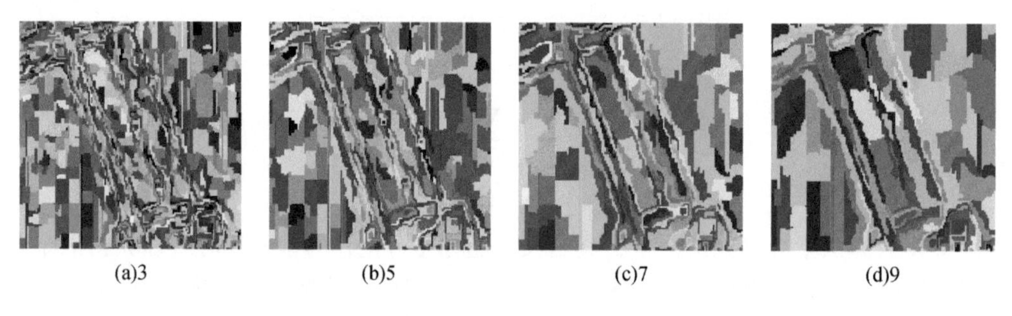

图 7-1 不同 MRS 尺度参数下的超像素（局部）

基于不同尺度参数的超像素定量评价如图 7-2（a）~（c）所示。观察可知，ASA、BR 及 UE 随尺度增加分别减小、减小、增大，表明随着尺度参数的增大，超像素的最大可达分割准确度减小、边缘召回率变低且过分割错误率增大。基于不同尺度的 gCRF 分类结果定量评价如图 7-3 所示。观察可知，当尺度参数较小和较大时，分类结果 Kappa 系数较低、总体熵较高，说明在尺度参数较小和较大时，基于 gCRF 的分类结果较差，其原因在于当尺度参数较小时，超像素所包含的像素个数较少，难以为后续全色图像分割及多光谱图像聚类提供有效的像素之间空间信息；当尺度参数较大时，超像素尺寸较大，超像素算法本身会引入误差，如边缘吻合程度变差、引入欠分割错误等，且这些误差在后续分割及分类过程中难以被修正。因此对 gCRF 而言，超像素的尺寸对其影响较大，即 MRS 超像素分割中，尺度参数的选择对 gCRF 而言较为重要。由图 7-3 可知，尺度参数为 8 时，基于

gCRF 的分类结果 Kappa 系数最高，总体熵最低，分类结果最好。

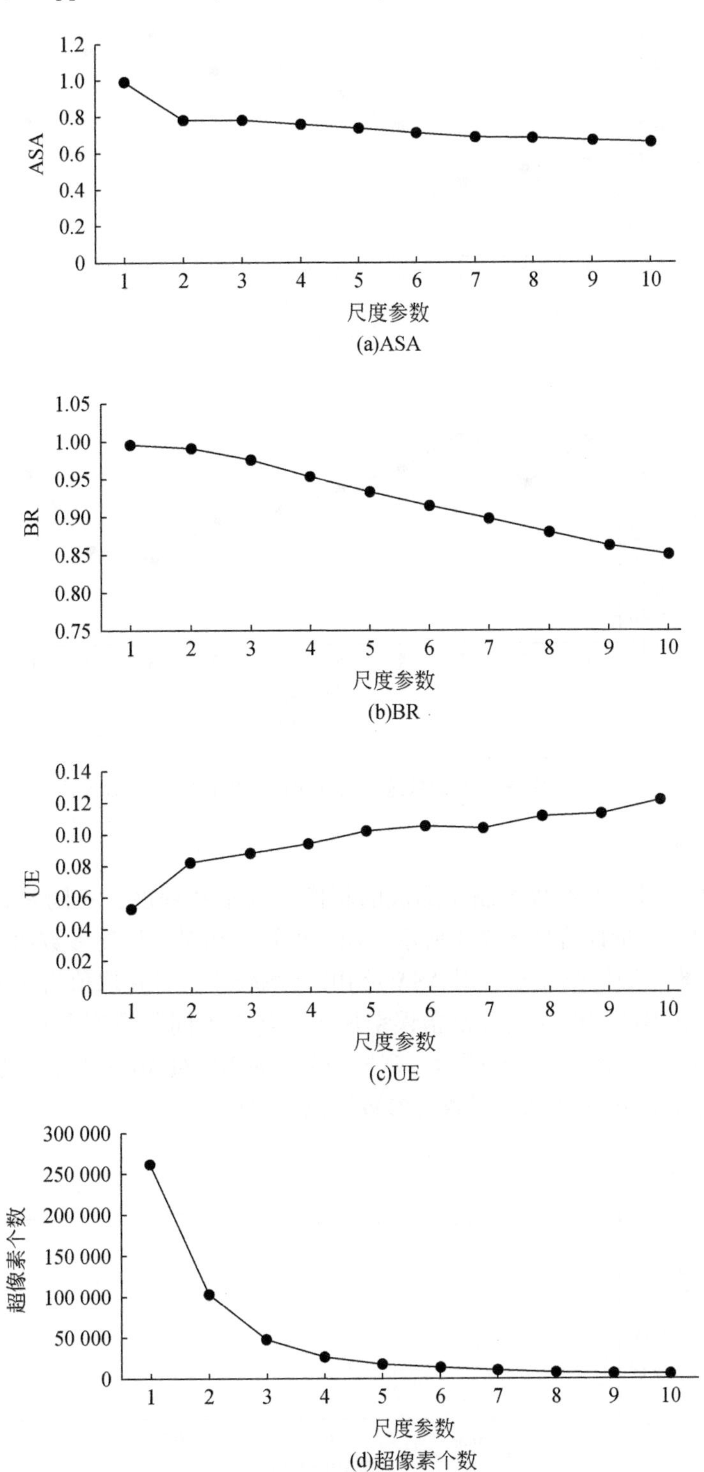

图 7-2 MRS 尺度参数对超像素的影响（郊区）

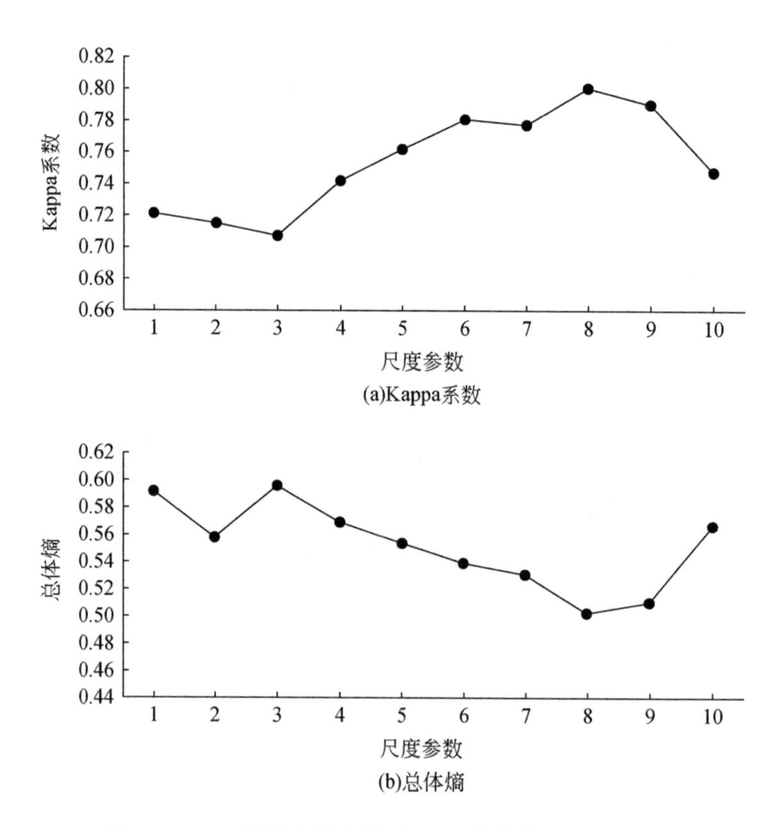

图 7-3 MRS 尺度参数选择对 gCRF 分类的影响（郊区）

B. 紧致度参数

MRS 分割中，紧致度参数控制所形成的超像素的紧密程度，不同紧致度参数设置下 MRS 获得的超像素定量评价如图 7-4 所示。观察可知，相对于尺度参数而言，紧密度参数对所形成的超像素个数影响较小，对 ASA 及 BR 影响较小，且在取值为 0. 5 时 UE 值最小，表示该设置下所获得的超像素欠分割错误率最小。基于不同紧致度参数的 MRS 超像素的 gCRF 分类结果定量评价如图 7-5 所示。观察可知，gCRF 对 MRS 中不同紧致度参数不敏感，因此之后实验中 MRS 超像素紧致度参数均设置为 0. 5。

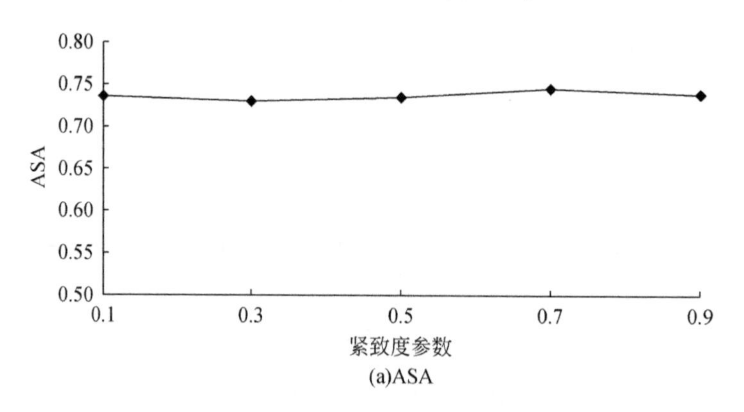

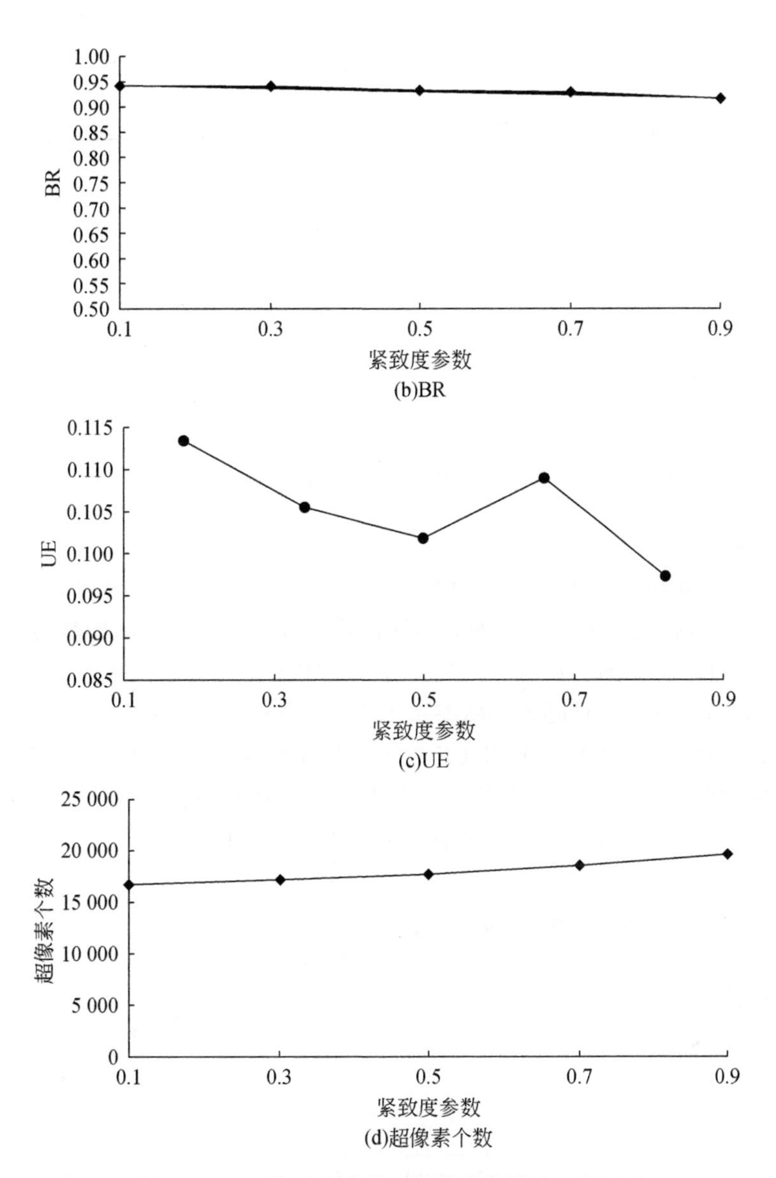

(b)BR

(c)UE

(d)超像素个数

图 7-4　MRS 紧致度参数对超像素的影响（郊区）

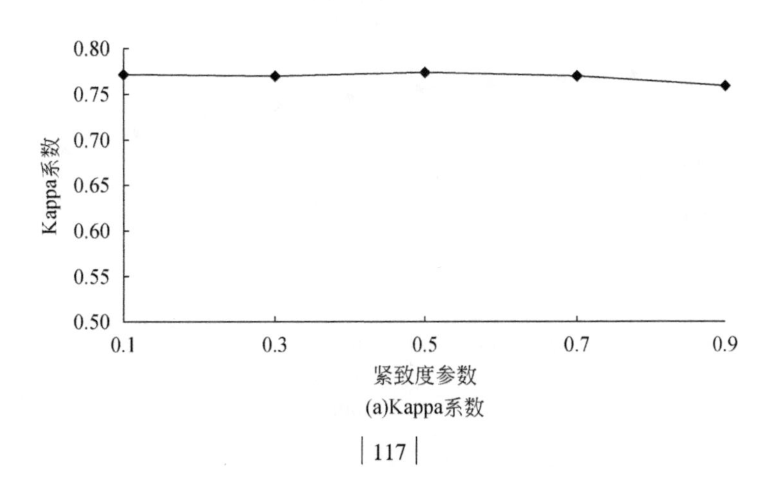

(a)Kappa系数

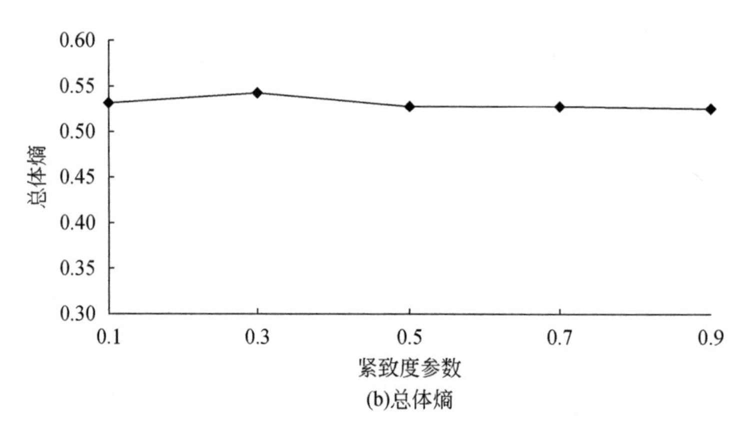

(b)总体熵

图 7-5　MRS 紧致度参数选择对 gCRF 分类的影响（郊区）

C. 形状参数

形状参数控制 MRS 分割时目标形状特征及颜色特征对分割影响的重要程度（颜色＝1－形状），形状参数越大，分割时图像光谱所占重要程度越低。形状参数对 MRS 所获取的超像素影响的定量评价如图 7-6 所示。观察可知，MRS 得到的超像素个数受形状参数影响相对于尺度参数而言较小，且随着形状参数的增大，ASA 和 BR 指数总体而言呈现下降趋势，且形状参数较小时，ASA、BR 及 UE 三个指数随其变化不明显。如图 7-7 所示，基于 gCRF 分类实验评价表明，当形状参数较小时 Kappa 系数和总体熵随其变化较小，且结果较形状参数较大时更佳，因此后续实验中形状参数设为 0.1。

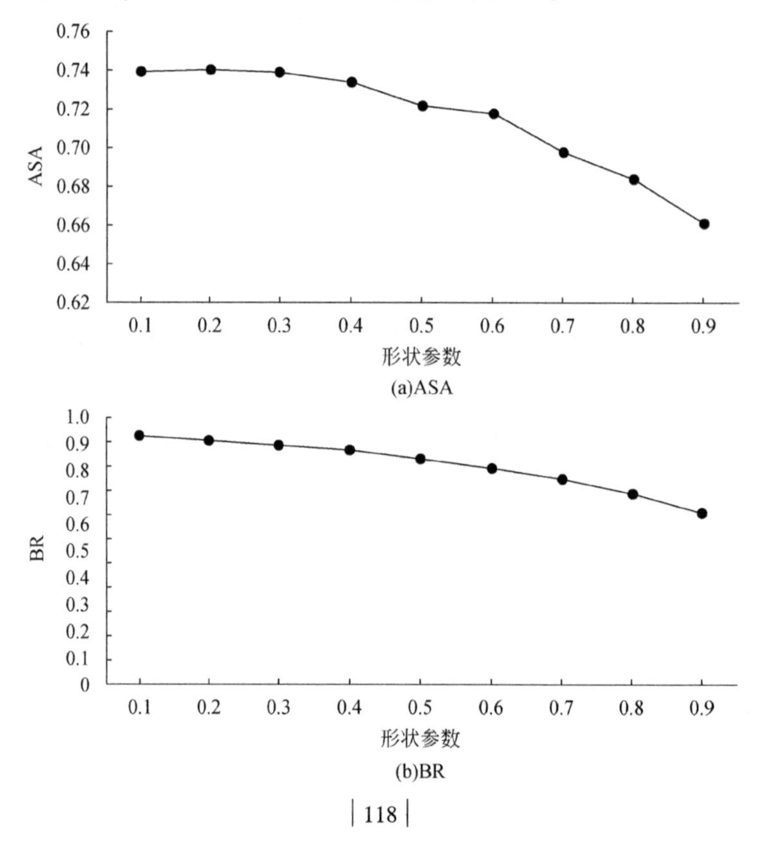

(b)BR

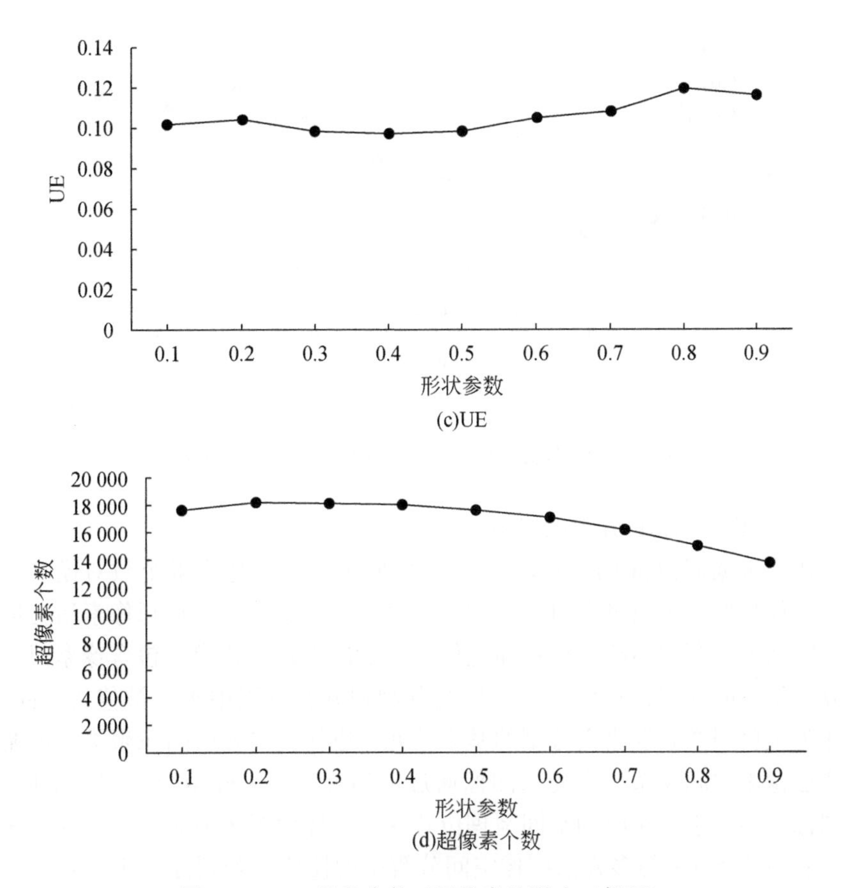

(c)UE

(d)超像素个数

图 7-6 MRS 形状参数对超像素的影响（郊区）

郊区图像的实验表明，基于 MRS 获取的超像素利用 gCRF 分类时，其分类结果受超像素尺度参数影响较大，紧致度参数对 gCRF 分类结果影响较小，对于形状参数而言，gCRF 分类精度在超像素形状参数较小时变化不大，且分类效果较好。

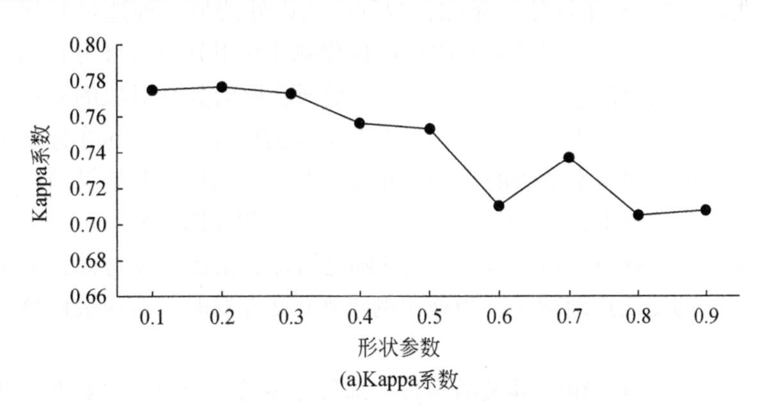

(a)Kappa系数

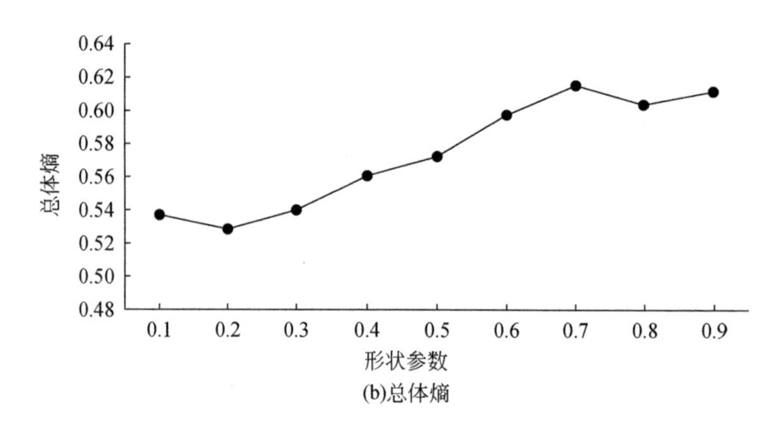

图 7-7 MRS 形状参数选择对 gCRF 分类的影响（郊区）

D. 超像素个数对 gCRF 分类的影响

超像素作为视觉词为 gCRF 引入像素之间空间关系时，超像素个数对模型最终分类结果影响较大，如超像素个数过多时，超像素包含像素过少，会导致超像素所对应的视觉词对像素之间空间关系利用不够充分；而超像素个数过少时，超像素包含像素过多，则会引入超像素算法带来的误差，且该误差在后续分割和分类过程中难以被修正。gCRF 中，超像素不仅作为全色图像获取语义分割的基本单元，也作为多光谱图像聚类时的基本单元为后者提供底层像素空间关系。多光谱图像通过最邻近法上采样至全色图像空间分辨率时，原多光谱图像一个像素所对应的空间地理位置在上采样后图像中对应着 $n×n$ 个像素，其中 n 为全色图像空间分辨率与多光谱图像空间分辨率的比值。若超像素中所包含的像素个数少于 $n×n$，则一个超像素对应的上采样后的多光谱图像的像素有可能对应于原多光谱图像一个像元内部一部分，这会导致两个问题：①超像素像素个数太少时，超像素个数过多，会导致计算量增加；②超像素包含像素个数少于 $n×n$ 时，超像素对应的多光谱图像易包含于原多光谱图像单个像元内，无法有效利用多光谱图像的空间信息。面向对象多空间分辨率图像融合分类时，“面积统计法”是除目视判读法以外的另一种选择分割尺度参数的辅助手段，具体而言，基于高空间分辨率图像进行分割并利用分割结果为其他用于分类的低空间分辨率图像引入空间信息时，理想的尺度参数所获取的分割对象的面积应绝大多数大于后者一个像素所对应的面积。因此，实验中以 $n×n$ 为标准，统计包含像素个数小于该标准的超像素个数所占总超像素个数的比例，并分析其对 gCRF 分类结果的影响。郊区图像中超像素包含像素个数少于 $n×n$ 的比例随尺度参数的变化如图 7-8 所示，随着尺度参数的增加，超像素个数随之减小，超像素平均尺寸随之增加，由图 7-8 可知，满足超像素包含像素个数少于 $n×n$ 的比例逐渐减小，当该比例降到 0.2 左右时，对应最优分类尺度 8。

（2）城镇

基于郊区的实验表明，MRS 涉及的参数，即尺度参数、紧致度参数及形状参数中，尺度参数对 gCRF 分类影响最大，因此本节基于城镇资源三号卫星图像分析尺度参数对 MRS 获取的超像素及不同尺度参数设置对 gCRF 分类结果的影响，并观察超像素包含像素个数少于 $n×n$ 的比例随尺度参数的变化。

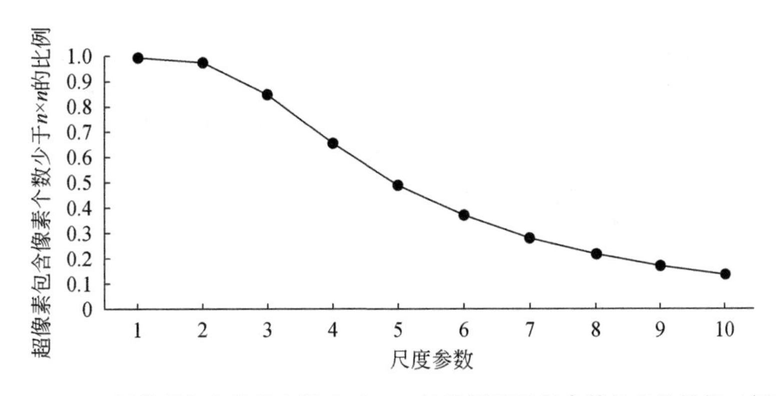

图 7-8　MRS 超像素包含像素个数少于 $n\times n$ 的比例随尺度参数的变化趋势（郊区）

图 7-9 为城镇图像关于 MRS 不同尺度参数对超像素的影响的定量评价结果。观察可知，城镇影像可得与郊区图像相同的结论，即随尺度参数的增加，超像素个数减小，意味着超像素平均尺寸增大，ASA、BR 逐渐减小，UE 逐渐增加，表明随超像素所包含的像素个数增加，可达最优分割精度和边缘吻合程度降低，引入的欠分割错误率增加。不同尺度参数设置对 gCRF 分类结果的影响如图 7-10 所示，对于农村图像而言，尺度参数为 10 时，Kappa 系数最大，总体熵最小，分类精度最高；对于城镇图像而言，分类结果最优时的尺度参数也为 10。同样，观察超像素包含像素个数少于 $n\times n$ 的比例，其中 n 为全色图像空间分辨率与多光谱图像空间分辨率的比值。对于城镇资源三号图像而言，全色分辨率为 2.8m，多光谱分辨率为 5.8m，$n\approx2$。超像素包含像素个数少于 $n\times n$ 的比例随尺度参数变化趋势如图 7-11所示，可观察到，超像素对于分类而言最优的尺度参数和该比例与郊区图像中所观察到的结论一致，即对于城镇而言，当最优分类尺度为 10 时，该比例降到 20%左右及以下。

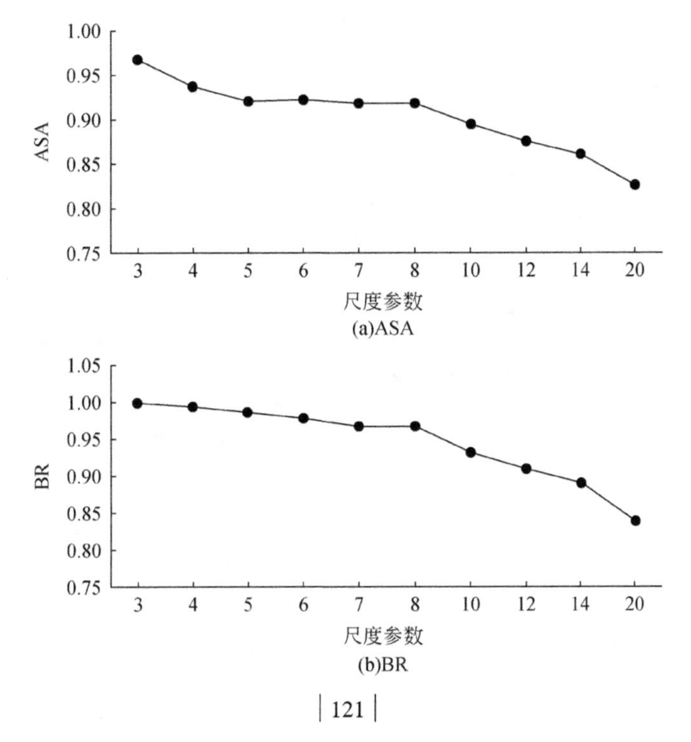

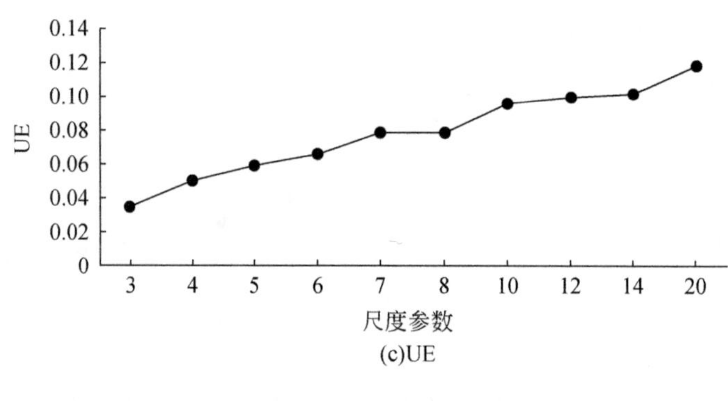

(c)UE

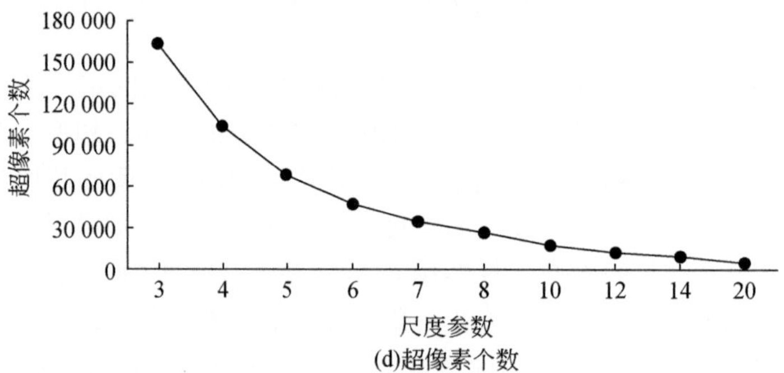

(d)超像素个数

图 7-9　MRS 尺度参数对超像素的影响（城镇）

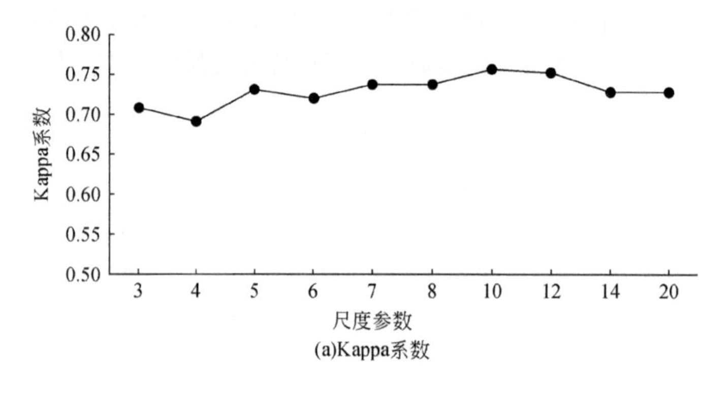

(a)Kappa系数

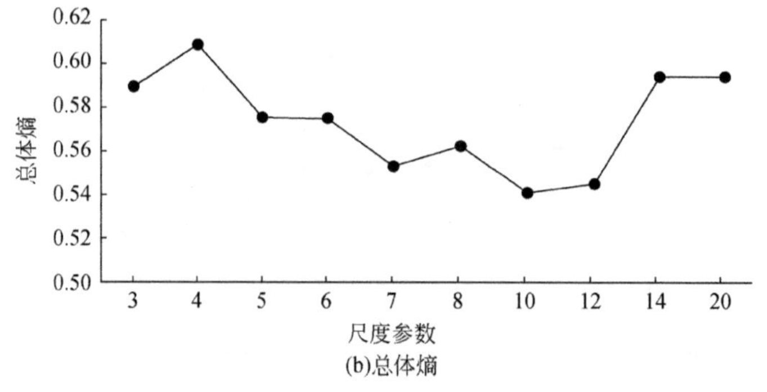

(b)总体熵

图 7-10　MRS 尺度参数对 gCRF 分类的影响（城镇）

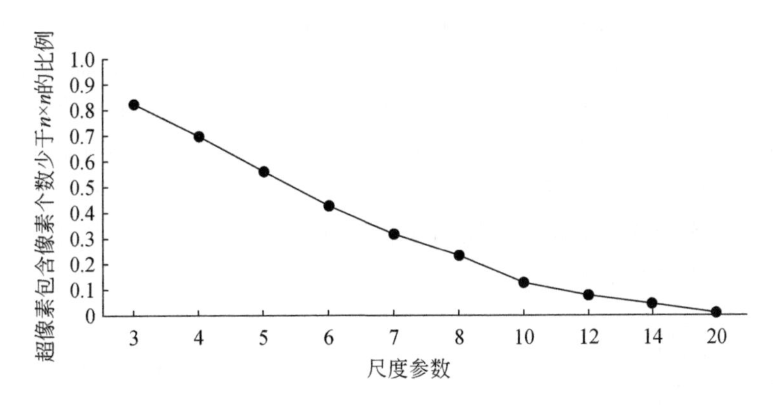

图 7-11　MRS 超像素包含像素个数少于 $n \times n$ 的比例随尺度参数的变化趋势（城镇）

基于郊区实验分析表明，基于 MRS 所获取的超像素中，尺度参数是影响 gCRF 分类结果的关键因素，随着尺度参数的增加，超像素个数减少，超像素尺寸增大；尺度参数过小时，超像素难以为 gCRF 的分类提供有效的像素空间关系，尺度参数过大则会引入超像素层的误差；对于郊区和城镇，当超像素包含像素个数少于 $n \times n$ 的比例接近或不超过 20% 时，基于 gCRF 的分类结果最优，因此认为满足该条件的超像素能够为 gCRF 提供最有效的像素空间关系。

7.2.2.2　不同 SLIC 参数对 gCRF 的影响

SLIC 超像素算法中需要提前设置的参数为紧凑度变量及超像素个数，紧凑度变量 m 取值范围为 0 ~ 20，一般认为其取值为 10 时能够较好地平衡颜色相似性及空间紧凑性，因此实验中设置 $m = 10$。同样，针对郊区及城镇两个研究区对 SLIC 不同参数设置下超像素以及其对 gCRF 分类影响进行评价。

(1) 郊区

不同 SLIC 超像素个数下超像素（局部）如图 7-12 所示，观察可知，SLIC 获取的超像素形状较为紧凑及规则。

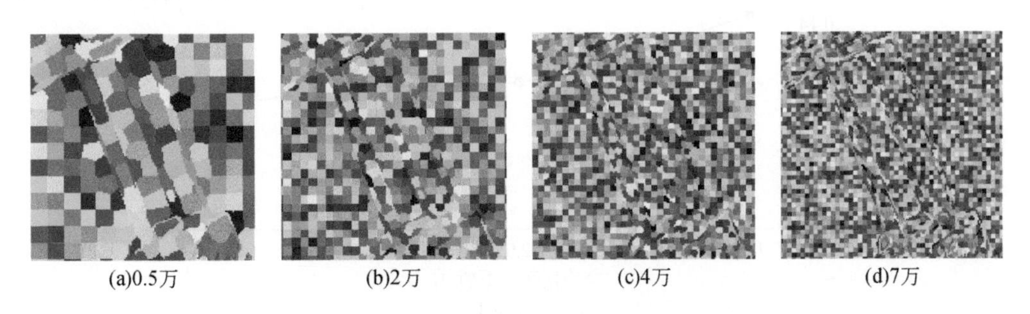

图 7-12　不同 SLIC 超像素个数下超像素（局部）

基于不同 SLIC 超像素定量评价如图 7-13 所示，观察可知，数量越多，ASA 和 BR 越高，UE 越低，即基于超像素的最大可达分割准确率越高，边缘贴合度越好，分割错误越少；反之，超像素数量越少，边缘贴合度越差，分割错误越多。基于不同 SLIC 超像素的

gCRF 分类定量评价如图 7-14 所示，随着超像素个数增多，超像素个数在 2 万时 Kappa 系数最高，总体熵最低，随后 Kappa 系数和总体熵随着超像素个数增多而分别增大、减小，表明在该超像素个数下，SLIC 所获取的超像素更适宜用于基于 gCRF 的全色和多光谱遥感图像分类。观察超像素包含像素个数少于 $n \times n$ 的比例随尺度参数的变化趋势图（图 7-15）发现，基于 SLIC 郊区实验中可观察到与 7.2.2.1 节一致的结论，即随着超像素个数的增加，超像素包含像素个数少于 $n \times n$ 的比例逐渐增加，对于郊区而言，该比例在超像素个数为 2 万左右时增加到 20%，此时对应着最优的分类结果。

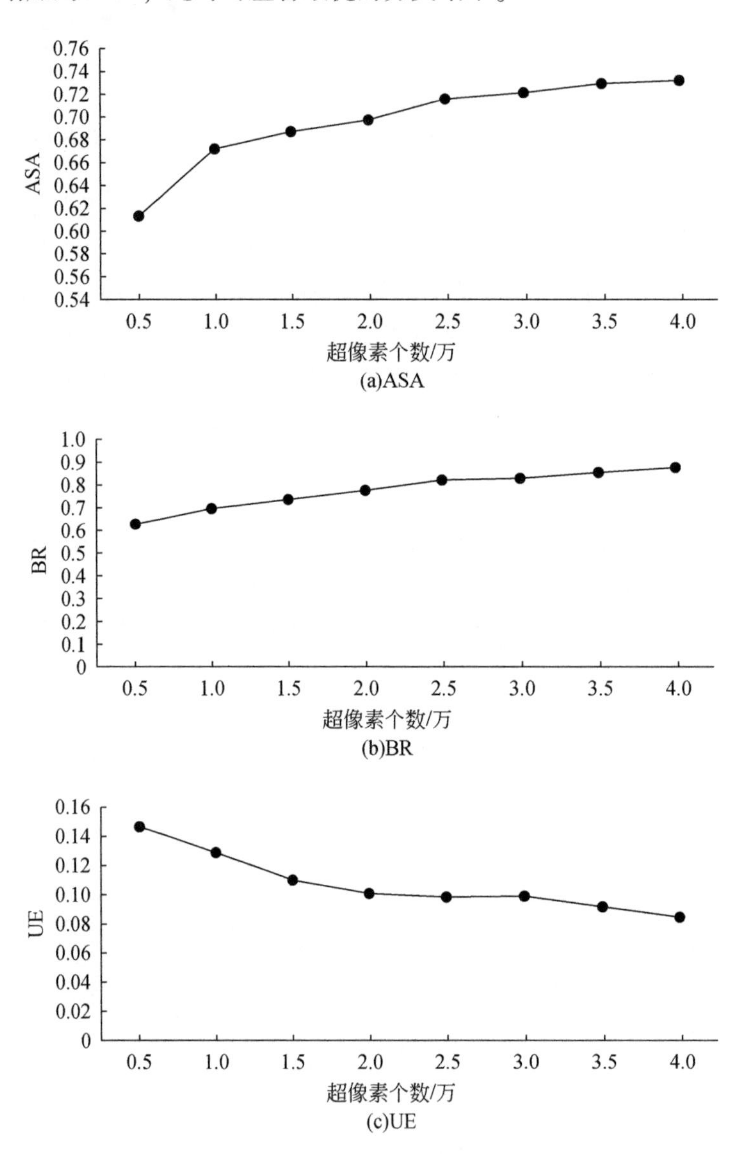

图 7-13　SLIC 超像素定量评价（郊区）

（2）城镇

对于城镇研究区，SLIC 超像素定量评价如图 7-16 所示，基于 gCRF 分类结果的 Kappa

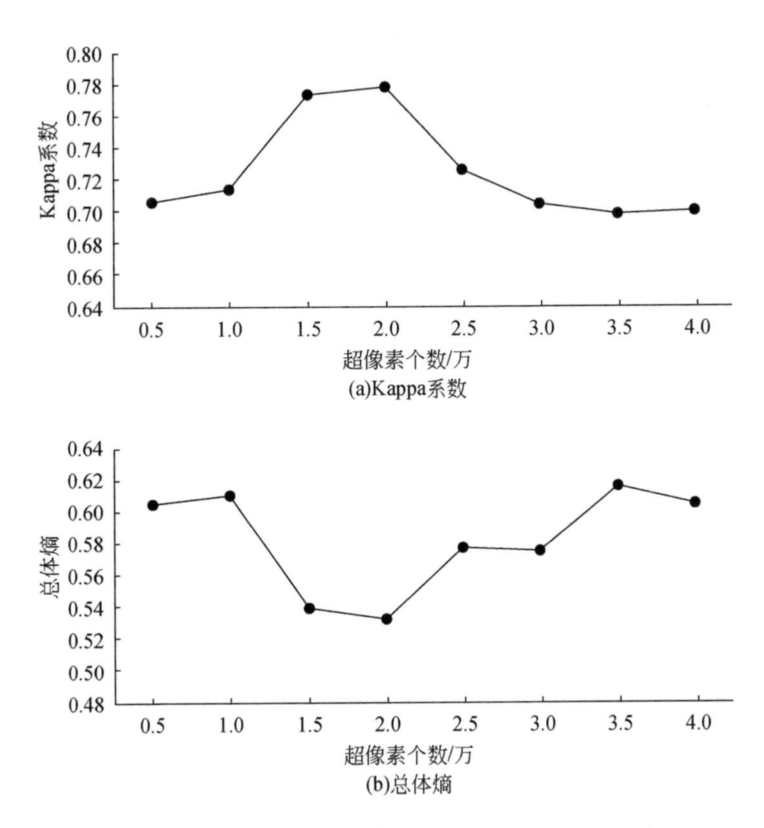

图 7-14　基于不同 SLIC 超像素的 gCRF 分类定量评价（郊区）

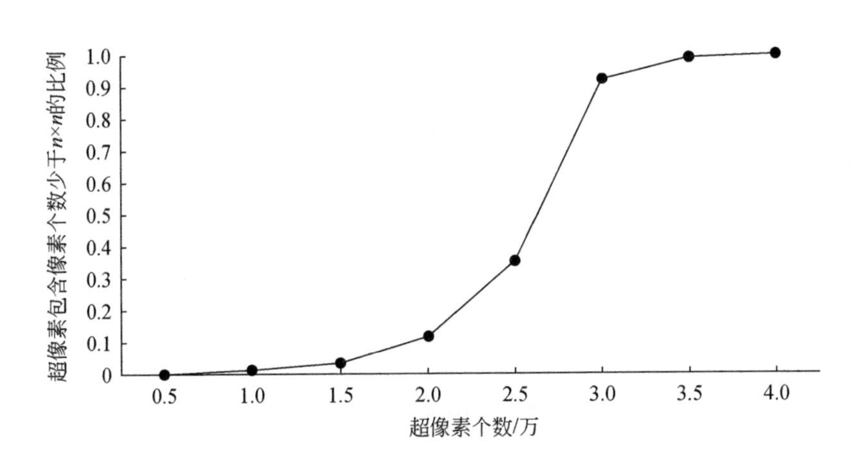

图 7-15　SLIC 超像素包含像素个数少于 $n\times n$ 的比例随尺度参数的变化趋势（郊区）

系数和总体熵趋势图表明（图 7-17），该区域基于 SLIC 的超像素个数在 8 万左右时所获取的分类结果较好。观察不同参数设计下超像素包含像素个数少于 $n\times n$（$n\approx2$）的比例，同样，随着超像素个数增多，超像素包含像素个数少于 $n\times n$ 的比例逐渐增加，对于城镇研究区而言，该比例在超像素个数为 2 万左右时增加到 20%，如图 7-18 所示。该超像素个数下 gCRF 分类结果 Kappa 系数最高，总体熵最低，表明满足该规律的超像素个数设置下所获取的 gCRF 分类结果最优。该规律与之前规律相同。

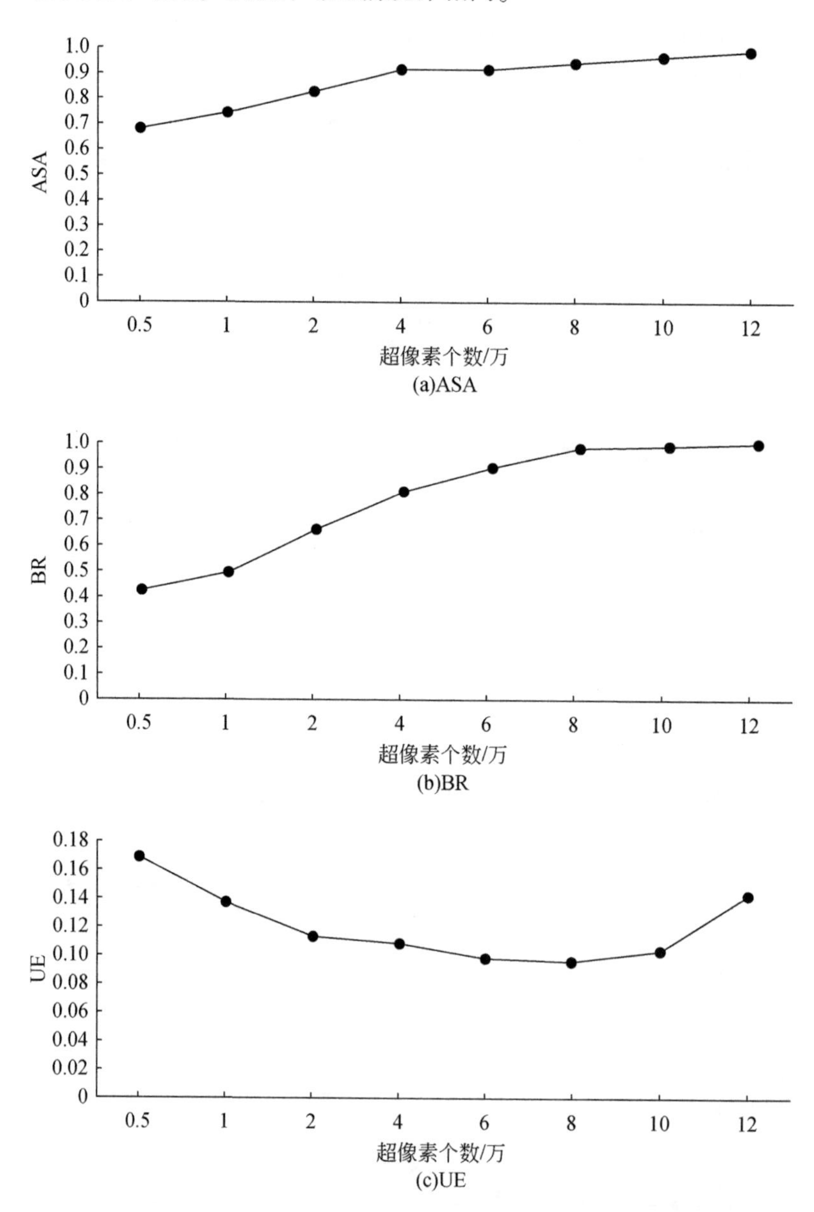

图 7-16　SLIC 超像素定量评价（城镇）

7.2.2.3　不同 ERS 参数对 gCRF 的影响

ERS 超像素算法中设计的参数有平衡项权重 λ，$\lambda=\beta K\lambda'$，其中 β 为数据依赖项，K 为超像素个数，λ'为用户给定的值，λ'取不同值时，超像素结果的不同评价指标表现并不一致。研究结果表明，$\lambda'=0.5$ 时各项指标综合表现最优，且超像素算法对参数 σ 不敏感，σ 取值范围较大时获取的超像素结果相当（Liu et al.，2011），因此本节实验设置 $\lambda'=0.5$，

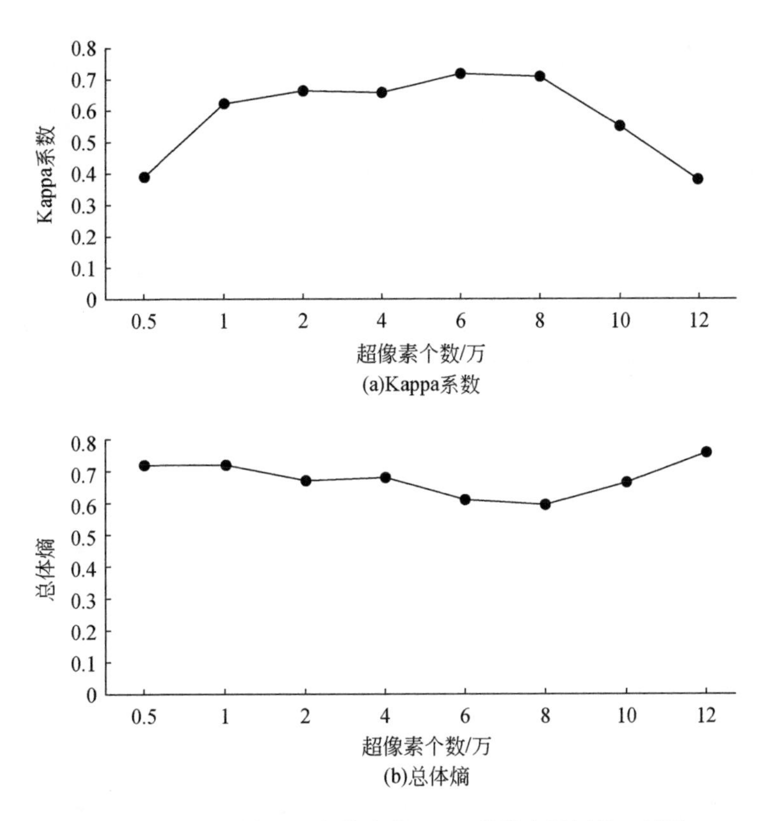

图 7-17　基于不同 SLIC 超像素的 gCRF 分类定量评价（城镇）

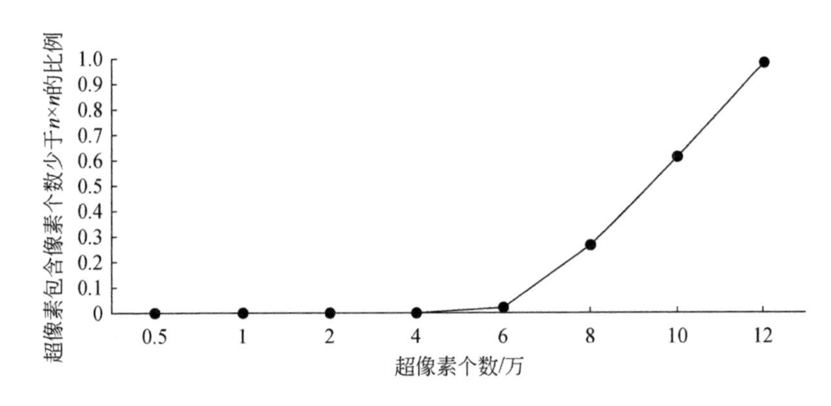

图 7-18　SLIC 超像素包含像素个数少于 $n\times n$（$n\approx2$）的比例随尺度参数的变化趋势（城镇）

$\sigma=1$，重点分析超像素个数不同时，图像超像素结果的不同及其对 gCRF 最终分类结果的影响。以郊区为例，不同 ERS 超像素个数下超像素（局部）如图 7-19 所示，可见较 SLIC 而言，ERS 所获取的超像素形状较不规则。

基于不同超像素个数的 ERS 超像素定量评价如图 7-20 所示，同样可知，对于郊区及城镇两个研究区而言，随着超像素数量增多，ASA 和 BR 越高，UE 越低，即基于超像素的最大可达分割准确率越高，边缘贴合度越好，分割错误越少；反之，超像素数量越少，

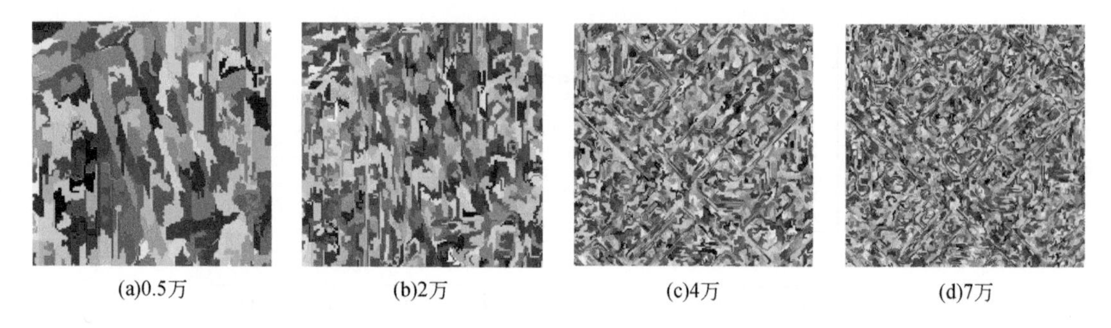

图 7-19　不同 ERS 超像素个数下超像素（局部）

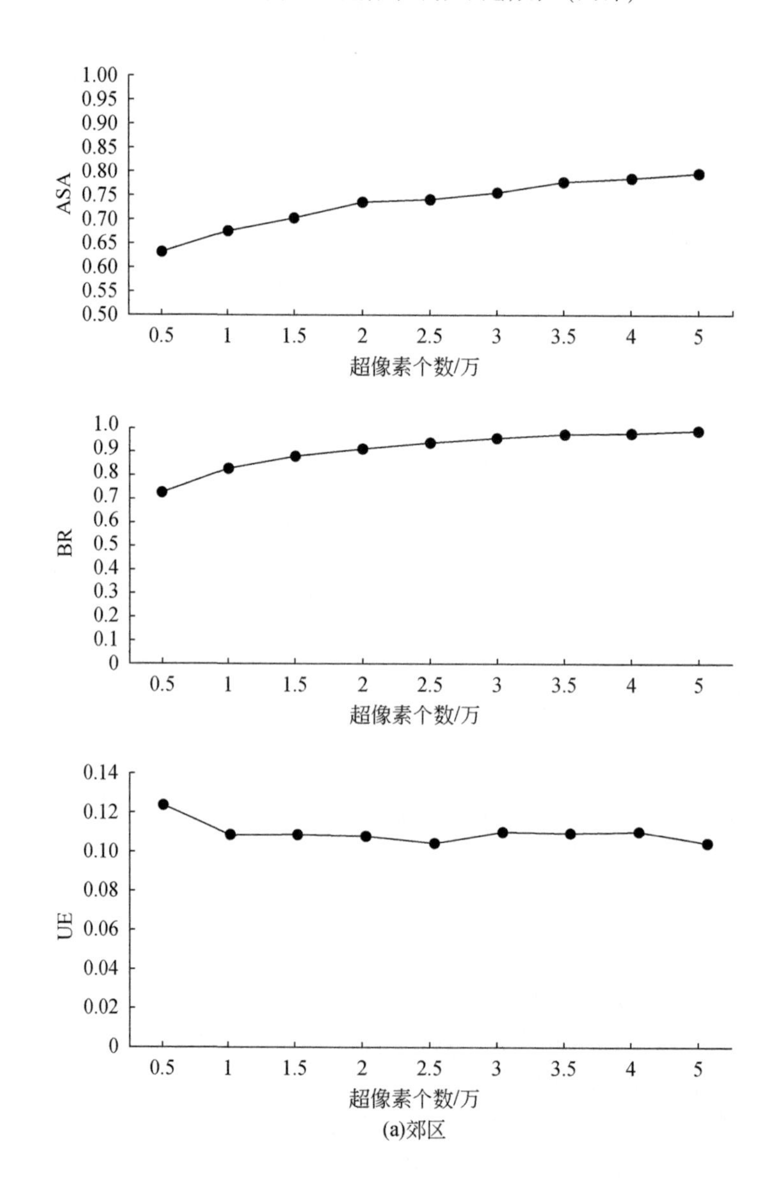

(a)郊区

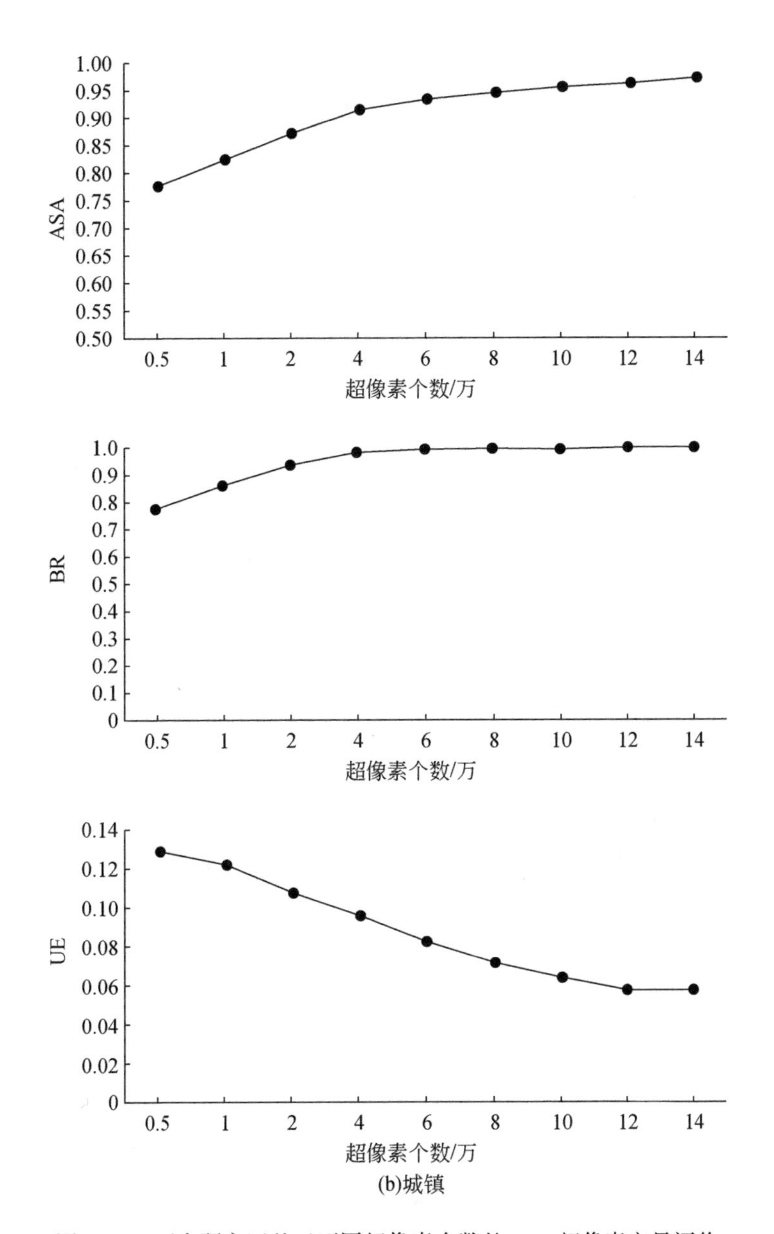

图 7-20　两个研究区基于不同超像素个数的 ERS 超像素定量评价

边缘贴合度越差，分割错误越多。

基于不同 ERS 超像素的 gCRF 分类定量评价如图 7-21 所示，对于郊区研究区［图 7-21（a）］而言，ERS 超像素个数为 1. 5 万 ~ 2. 5 万时 Kappa 系数较高，超像素个数为 1. 5 万时 Kappa 系数最高，总体熵最低，此时 gCRF 所获取的分类结果最优。

对于城镇研究区［图 7-21（b）］而言，ERS 超像素个数为 6 万时 Kappa 系数最高且总体熵最低，意味着此时分类结果最为准确。ERS 超像素包含像素个数少于 $n \times n$ 的比例如图 7-22 所示，观察可知，其与基于 MRS 和 SLIC 的实验具有相似的规律，即超像素包含像素个数少于 $n \times n$ 的比例在接近 20% 时，即 1. 5 万（郊区）及 6 万（城镇）时，对应图 7-21

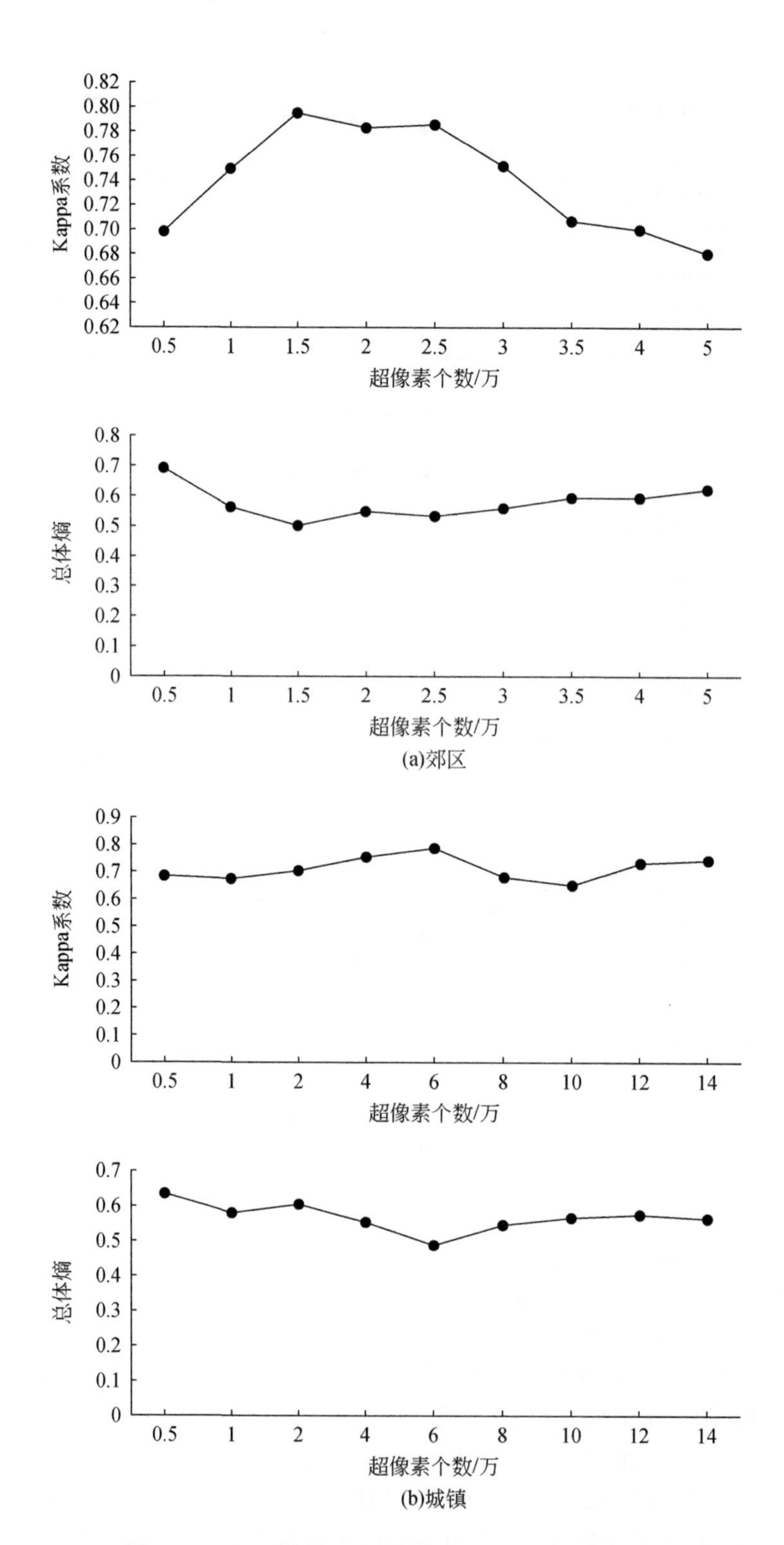

图 7-21　基于不同 ERS 超像素的 gCRF 分类定量评价

中基于 gCRF 所获取的两个研究区的 Kappa 系数和总体熵达到最优。

本节针对不同超像素算法，分析其对 gCRF 的影响，可得到如下结论：随着超像素个数的增多，不同算法所获取的超像素最大可达分割精度增加、边缘吻合程度变好，欠分割误差降低；但并非超像素个数越多基于 gCRF 的分类结果越好，超像素个数过多时，即超像素尺寸过小时，会导致超像素对像素空间关系利用不足，因此如何进行超像素个数选择是 gCRF 中一个值得注意的问题。在基于全色和多光谱图像的 gCRF 分类模型的郊区和城镇研究区实验分析中，发现这样一条经验性的规律，即超像素包含像素个数少于 $n\times n$（n 为全色图像空间分辨率与多光谱图像空间分辨率的比值，对于天绘一号郊区研究区而言，$n=5$，对于资源三号城镇研究区而言，$n\approx 2$）的比例不超过 20% 时，gCRF 所能获得的分类精度最高，该规律一定程度上可作为超像素个数选择的经验性知识。

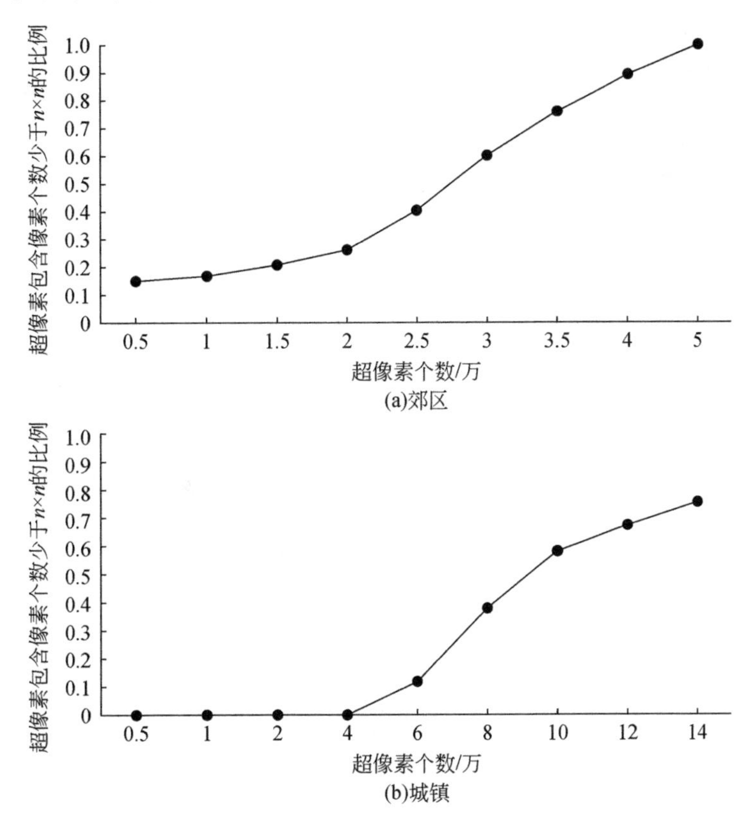

图 7-22　ERS 超像素包含像素个数少于 $n\times n$ 的比例随尺度参数的变化趋势

7.2.3　不同超像素算法比较

本节对不同超像素方法进行定量比较，评价指标采用 ASA、BR 及 UE。三种定量评价指标受超像素个数影响较大，在 MRS、SLIC 和 ERS 三种超像素算法中，SLIC 和 ERS 可以控制所生成的超像素个数，MRS 不能直接控制生成的超像素个数，为了便于比较，设置五组不同超像素个数下的三个超像素算法比较实验，控制 SLIC 和 ERS 所得到的超像素个数与 MRS 所得到的超像素个数相同。郊区研究区中，MRS 五组实验尺度参数分别为7.5、6、5、4、3；城镇研究区中，MRS 五组实验尺度参数分别为 20、14、8、7、6；实验中 SLIC 的紧致度参数设置为 10，ERS 算法中参数 $\lambda'=0.5$，$\sigma=1$。

基于郊区图像的不同超像素算法定量比较如图 7-23 所示，由图 7-23 可知，郊区图像中，除超像素个数为 4.3 万时 UE 值略高于 SLIC 在该参数设置下的 UE 值外，MRS 所获取的超像素在不同超像素个数设置下具有最高的 ASA、BR 及最低的 UE 值，证明 MRS 所获取的超像素质量最佳；SLIC 所获取的超像素在不同超像素个数设置下 ASA 及 BR 均最低，表明该研究区中以 SLIC 获取的超像素边缘吻合程度最差，可以获得的最优分割上界最低；ERS 所获取的超像素除超像素个数为 0.8 万外，其他所有设置下 UE 均最低，表明 ERS 所获取的超像素在三种算法中欠分割错误率较高。综合而言，基于郊区图像的超像素分割中，MRS 表现最优，SLIC 表现最差。

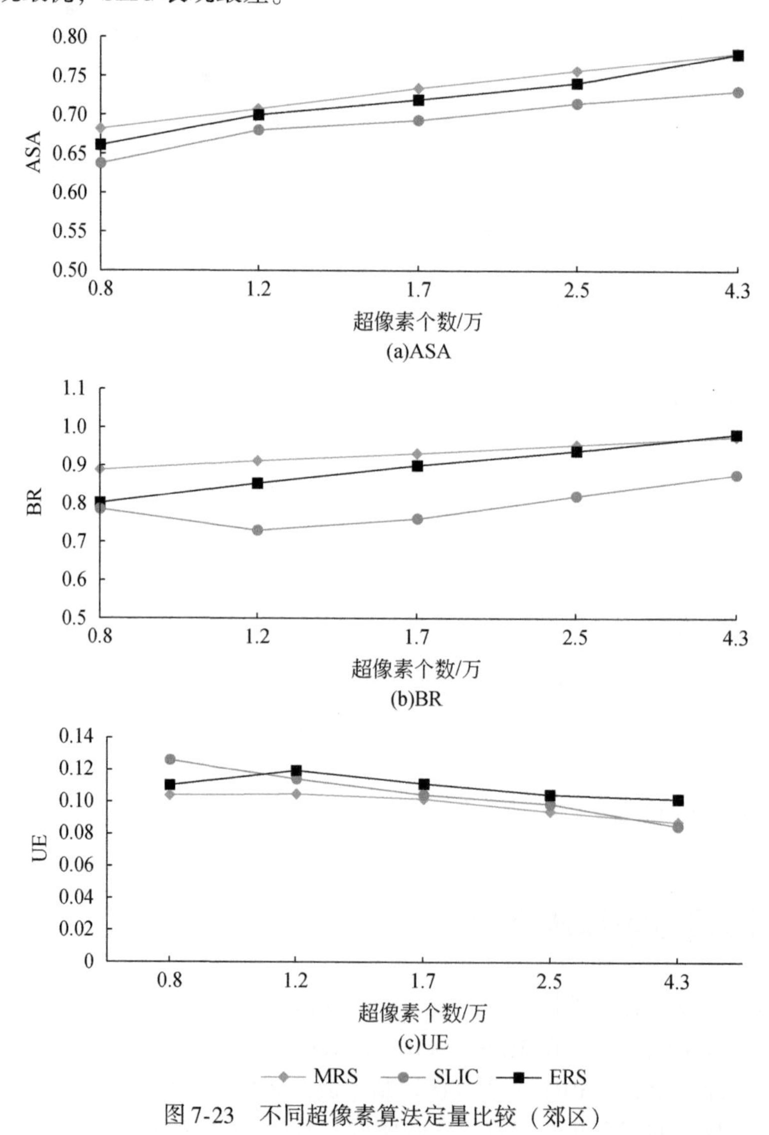

图 7-23　不同超像素算法定量比较（郊区）

基于不同超像素算法的 gCRF 分类定量评价如图 7-24 所示，由图 7-24 可知，MRS 超像素在超像素个数较少时所对应的 gCRF 分类结果 Kappa 系数较其他两种超像素算法最高，此时总体熵最低，表示该条件下基于 MRS 超像素的 gCRF 分类结果最优；ERS 超像素在超像素个数较大时对应的 gCRF 分类结果 Kappa 系数较其他两种超像素算法最高，此时总体熵最低，表示该条件下基于 ERS 超像素的 gCRF 分类结果最优。此外，在超像素个数不同的实验中，MRS 在超像素个数为 0. 8 万时取得最佳的分类结果，即 Kappa 系数最大且总体熵最低，该结果表明将 MRS 应用于 gCRF 可取得更优的像素空间关系建模效果。

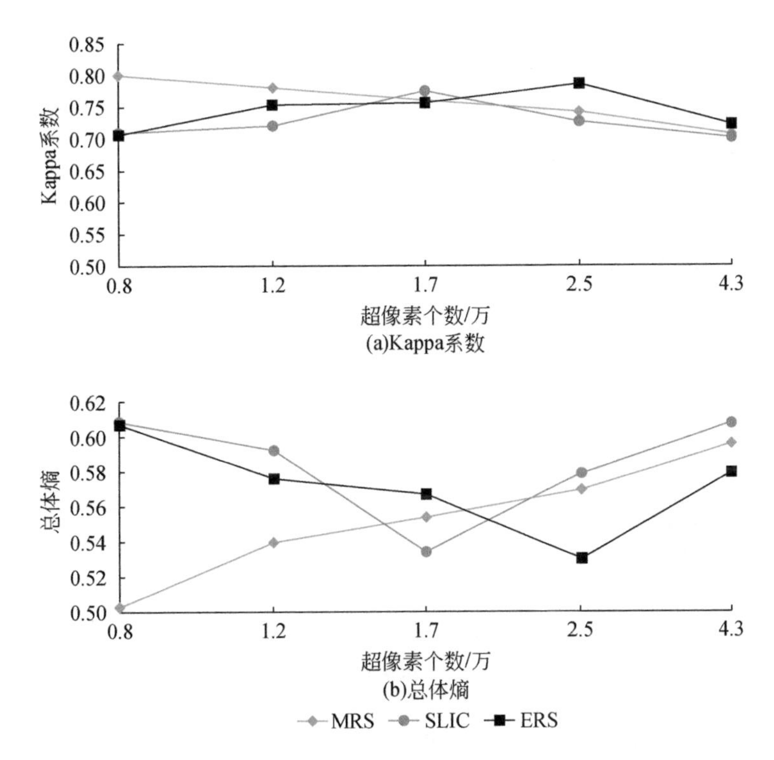

图 7-24　基于不同超像素算法的 gCRF 分类定量评价（郊区）

基于城镇图像的不同超像素算法定量比较如图 7-25 所示，在所有超像素个数设置下，MRS 超像素均具有最高的 ASA 及最低的 UE，且大部分情况下其 BR 值最高，表明 MRS 获取的超像素算法性能较其他两种超像素算法的优越性；基于不同超像素算法的 gCRF 分类定量评价如图 7-26 所示，观察可得，SLIC 在大部分参数设置下相对于其他两种 Kappa 系数较低，总体熵较高，意味着基于 SLIC 的 gCRF 分类结果较差；基于 MRS 的分类实验在绝大部分超像素个数设置下均具有最高的 Kappa 系数及总体熵，说明 MRS 所获取的超像素相对于 SLIC 和 ERS 而言更适合为 gCRF 提供底层像素空间信息。

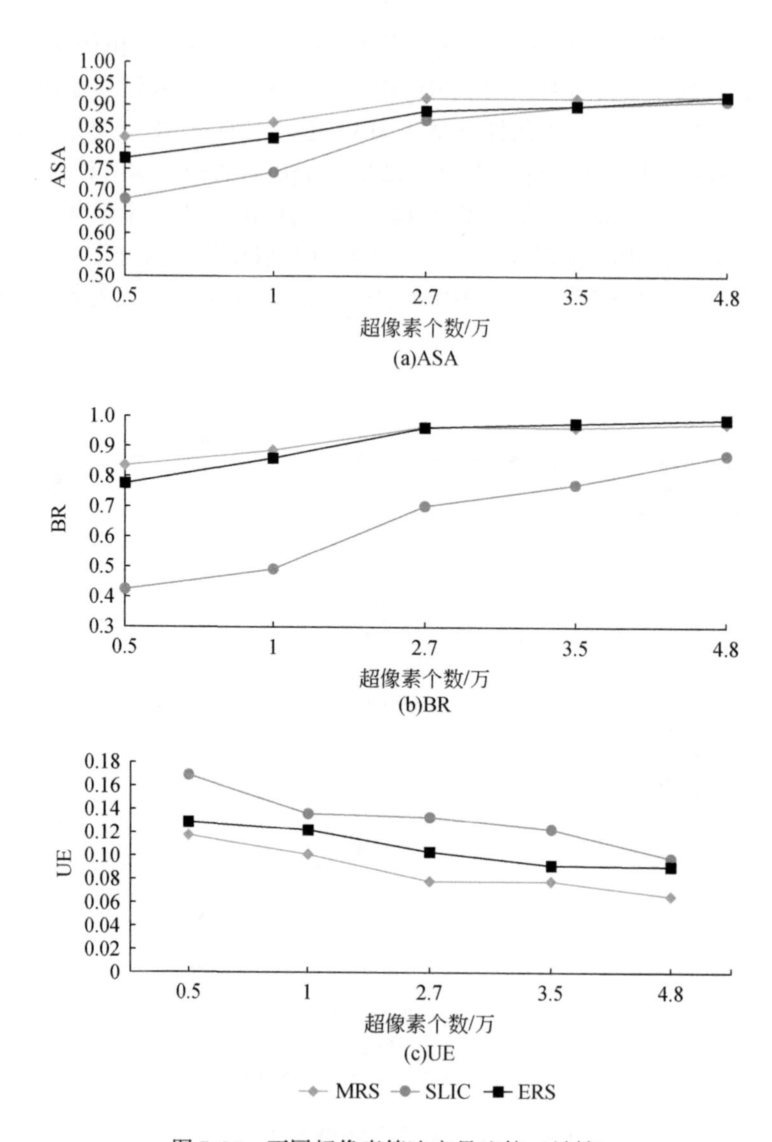

图 7-25　不同超像素算法定量比较（城镇）

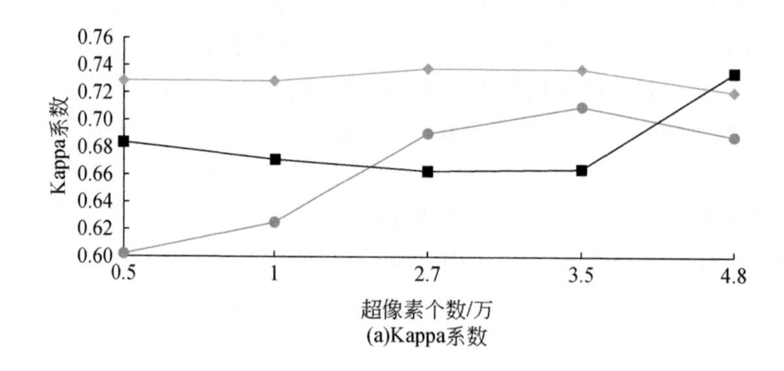

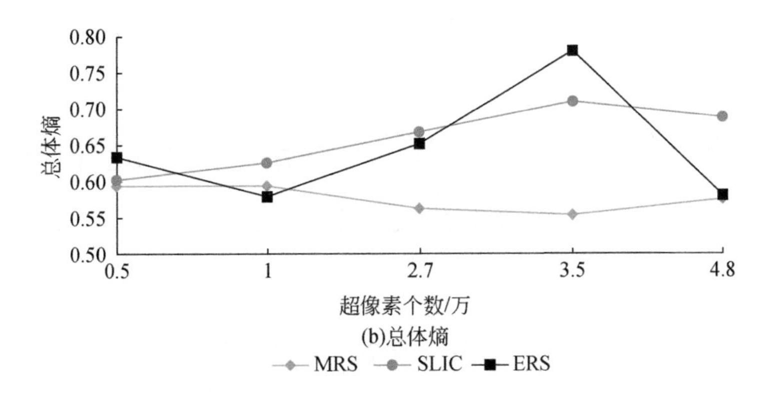

图 7-26　基于不同超像素算法的 gCRF 分类定量评价（城镇）

7.3　本章小结

gCRF 模型基于不同空间分辨率多源遥感图像构建了“超像素-结构-地物”的空间层次结构，其中以超像素为最小单元代替像素，以减缓高空间分辨率遥感图像分析中常见的“椒盐现象”。不同超像素算法引入像素空间关系时对 gCRF 模型分类影响不同：超像素选择合适时会提高模型最终分类精度，而超像素引入误差较多时会导致分类结果变差，因此如何确定超像素算法及个数是 gCRF 模型中一个值得注意的问题。本章选择三种典型超像素算法，即多分辨率分割、简单线性迭代聚类及熵率超像素分割，分析其对 gCRF 融合全色和多光谱图像分类时的影响。实验表明，多分辨率分割算法较简单线性迭代聚类和熵率超像素分割算法不论是在超像素本身性能评价还是对基于其融合全色和多光谱图像的模型分类结果评价中均表现更佳。此外，实验比较中发现，不同超像素算法及算法所获取的超像素个数对模型有一定影响，一般而言，超像素尺寸足够小时，不同算法所获取的超像素均能保持较高的超像素分割精度，然而，超像素包含像素个数过多时，会导致其对像素层的空间信息利用不够充分，尤其在基于不同空间分辨率的全色和多光谱图像分类过程中，无法为后续多光谱图像分类提供像素之间有效的空间信息，此外，超像素个数过多时会导致模型计算效率变低；因此在设置超像素个数时一是需要考虑其个数足够多以保证不同超像素算法所获取的超像素本身精度，避免引入超像素带来的误差；二是需要考虑计算效率和如何利用像素层之间的空间关系。本章通过基于天绘一号卫星郊区图像及资源三号卫星城镇图像的实验比较发现，不同算法中随着超像素个数的增加，超像素包含像素个数少于 $n\times n$ 的比例增加，这一比例不超过或接近 20% 时，基于全色和多光谱图像的 gCRF 能得到较好的分类结果，该规律可为 gCRF 融合多源遥感数据分类进行超像素选择时提供参考依据。

第 8 章　融合光谱与形态特征的灾前建筑物自动识别

在地震灾害的实际场景中，一个地区一旦发生地震，受灾区在短时间内过境的卫星存在多种，这些卫星图像通常是多源的，或是不同的传感器类型，或是不同的分辨率，抑或是不同的拍摄时间。因此，针对多源卫星图像建筑物识别的研究是具有现实意义和应用价值的。然而，目前基于遥感图像建筑物识别的模型和方法通常仅适用于一幅图像（乔程等，2008；郭怡帆等，2014），针对不同传感器的图像，模型的参数则需要重新学习，即在一个传感器的图像中学习到的参数并不能很好地适用于另一个传感器的图像。因此，本章提出了一种面向多源高分卫星图像的震前建筑物非监督识别方法，即 gCRF_MBI 模型。

本章首先介绍 gCRF_MBI 模型，包括其三个组成部分及模型的整体框架。然后详细描述该模型的算法。最后阐述模型中各个组分之间的相互关系，并通过多组实验从定性和定量的角度评估该方法的性能，包括与非监督的 *K*-means 方法和监督的 SVM 方法的对比分析。

8.1　gCRF_MBI 模型

形态学建筑物指数（morphological building index，MBI）以数学形态学为基础，用形态学算子来描述高分遥感图像中建筑物的结构特征（Huang and Zhang，2011）。gCRF 模型提供了一个非监督的融合框架，通过融合全色图像的空间信息和多光谱图像的光谱特征实现了遥感图像的非监督分类，具有融合两种不同图像特征的潜力（Mao et al.，2016）。因此，本章在 gCRF 模型的基础上，引入 MBI，提出了一种面向多源高分卫星图像的建筑物非监督识别方法，即 gCRF_MBI 模型。在该模型中，建筑物的形态学特征代替了多光谱图像的光谱特征，与全色图像的空间信息相融合来提取建筑物。与图像中建筑物的光谱特征相比，建筑物的形态学特征并不会随着图像的不同而发生明显的变化，即建筑物的形态学特征在不同传感器的图像之间均能很好地表征建筑物，因此，我们提出的 gCRF_MBI 模型具有同时处理多源高分卫星图像的能力。

8.1.1　gCRF_MBI 模型的组成

如图 8-1 所示，gCRF_MBI 模型由三个密不可分的部分组成，即残余谱（spectral residuals，SR）模型（Hou and Zhang，2007）、MBI 模型和 gCRF 模型。

SR 模型是视觉注意模型的一种，最初用于自然图像检测显著性区域。在所提出的

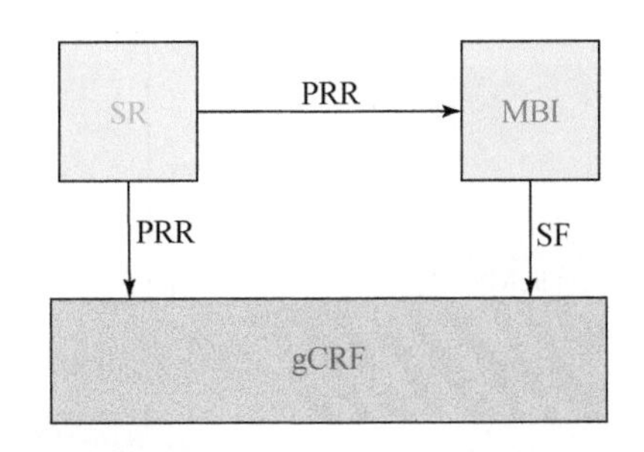

图 8-1　gCRF_MBI 模型的组成

gCRF_MBI 模型中，SR 模型用来检测遥感图像中的潜在居民地（potential residential regions，PRR），为后续建筑物形态学特征的提取和 gCRF 模型中图像的聚类提供基本的处理单元，即在潜在居民地范围内进行建筑物的形态学特征提取和建筑物聚类，而并非在整个图像中。SR 模型的作用是剔除图像中其他地物的影响，如植被、农田等。

MBI 模型是以数学形态学为基础，用顶帽变换（top-hat，TH）、粒度、重构等形态学算子来描述遥感图像中建筑物的亮度、对比度、尺寸、方向等特征，在形态学算子的属性与建筑物的图像特征之间建立关系。在 gCRF_MBI 模型中，MBI 模型用来提取潜在居民地范围内的建筑物结构特征（structure feature，SF）。

gCRF 模型是一个融合框架，通过融合全色和多光谱图像用于图像的非监督分类。在 gCRF_MBI 模型中，gCRF 模型用于融合图像的空间信息和建筑物的结构特征来提取潜在居民地范围内所包含的建筑物。

8.1.2　gCRF_MBI 模型的框架

基于 gCRF_MBI 模型的建筑物识别，主要包括四个步骤：①基于 SR 模型的潜在居民地提取；②基于 MBI 模型的建筑物结构特征提取；③基于 gCRF 模型的图像非监督聚类；④建筑物提取，如图 8-2 所示。

由于模型的需要，对多光谱图像进行上采样处理，将其空间分辨率上采样到与全色图像一致。经过上采样的多光谱图像作为 SR 模型的输入进行潜在居民地的提取。在 SR 模型中，通过分析输入图像的 lg 谱得到该图像在频率域中的残余谱，并在空间域中重建出相关的显著图，针对该显著图，设置合适的阈值提取出潜在居民地，如图 8-2（a）所示。

作为 MBI 模型的输入，首先对上采样的多光谱图像和全色图像进行波段叠加得到一个叠加后的图像；然后对该叠加的图像进行潜在居民地的掩膜操作，即可获得掩膜后的叠加图像，该掩膜后的叠加图像即是 MBI 模型的输入。在 MBI 模型中，通过一系列的形态学算子，如开运算、顶帽变换和重构等操作，得到潜在居民地范围内的建筑物结构特征，即掩膜后的 MBI 图像，如图 8-2（b）所示。

在 gCRF 模型中，首先对全色图像进行过分割处理，得到一个过分割的图像。如图8-2（c1）和图 8-2（c2）所示，每个潜在居民地被描述为一个餐厅，每个餐厅内包含有多个相邻的过分割体。其中，第 i 个餐厅已用红色虚线在图中标记。在 gCRF 模型中，每个过

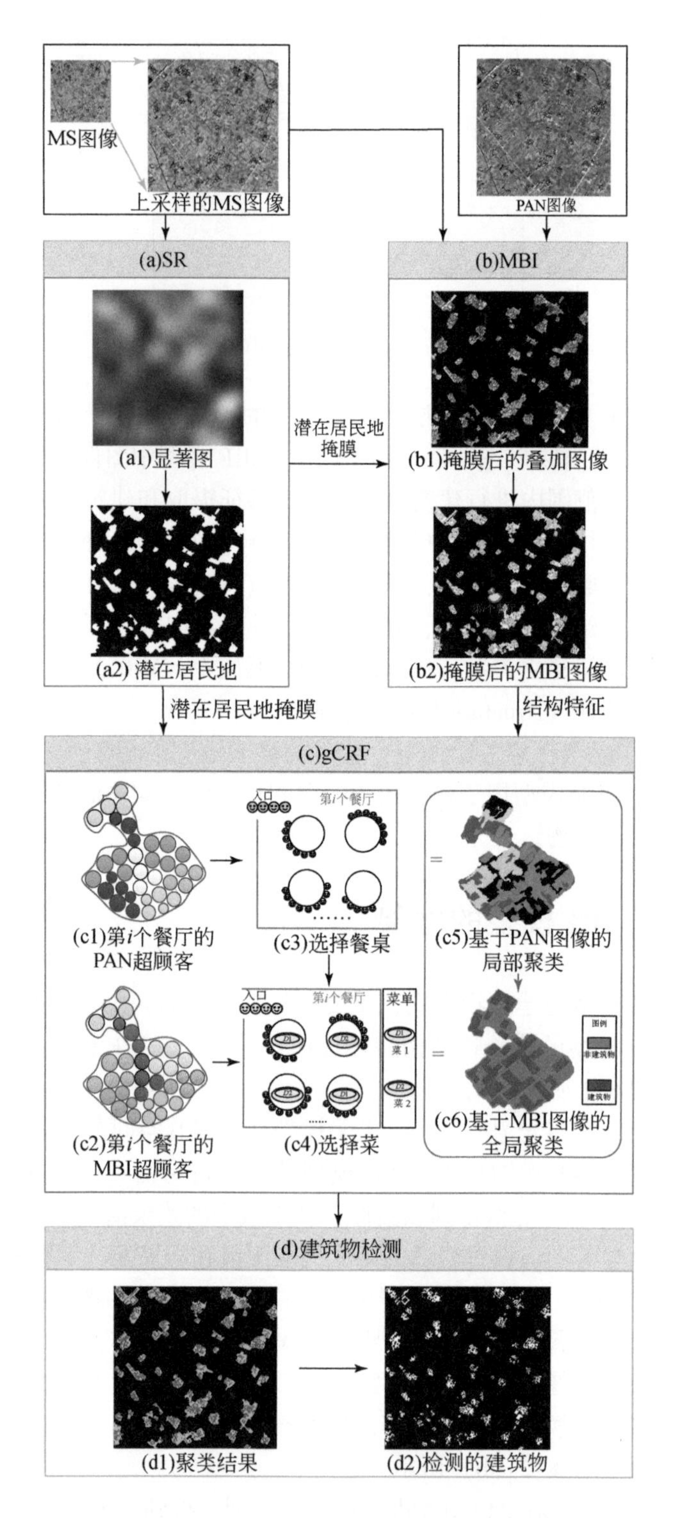

图 8-2　基于 gCRF_MBI 模型的建筑物提取框架

分割体被描述为一个顾客。gCRF 模型中有两个图像作为输入，即全色图像和 MBI 特征图像，因此一个过分割体对应着两组像素，即全色图像的一组像素和 MBI 图像的一组像素。为便于理解，将全色图像中的过分割体称为“PAN 超顾客”，MBI 图像中的过分割体称为“MBI 超顾客”。在 gCRF 模型中，当一个顾客进入一家中餐厅就餐时，首先“PAN 超顾客”随机地选择一张餐桌就座；然后“MBI 超顾客”选择与“PAN 超顾客”相同的餐桌就座，根据 MBI 图像随机地为该餐桌选择一道菜。从图像理解的角度，gCRF 模型中顾客选择餐桌和为餐桌分配菜的过程分别对应于图像的局部聚类和全局聚类。

在 gCRF 模型中，假设在潜在居民地范围内只有两类标签，即建筑物和非建筑物。经过 gCRF 模型的聚类后，得到该区域内的两类聚类结果。MBI 值表征了建筑物的结构特征，因此根据较大的 MBI 值可以自动地从聚类结果中提取出建筑物。

本章提出的 gCRF_MBI 模型中，建筑物的形态学特征代替了多光谱图像中的光谱特征，与全色图像的空间信息相融合用于建筑物的提取。与图像中建筑物的光谱特征相比，建筑物的形态学特征在不同传感器图像之间均能很好地表征建筑物，因此 gCRF_MBI 模型具有同时处理多源高分卫星图像的能力。

8.2 建筑物提取算法

在了解 gCRF_MBI 模型的各个组分及模型的框架后，本节对模型各个组分的算法进行详细的描述，主要包括 SR 模型、MBI 模型和 gCRF 模型。

8.2.1 SR 模型的算法

根据信息论的知识，图像的信息可分为

$$H_{\mathrm{Image}}=H_{\mathrm{B}}+H_{\mathrm{S}} \tag{8-1}$$

式中，H_{Image}表示图像信息；H_{B}表示冗余的背景信息；H_{S}表示显著的目标信息。

SR 模型就是基于该理论基础提出的一种检测自然图像中显著目标的视觉注意模型。Hou 和 Zhang（2007）揭示了人类视觉系统与 lg 谱之间的关系，通过分析大量自然图像的 lg 谱，发现它们的趋势是一致的。因此假设 lg 谱的平均趋势是图像的背景信息，而跳出平均趋势的“尖锐”部分正是图像的显著信息。SR 模型通过分析图像的 lg 谱来提取图像在频率域中的残余谱，然后在空间域中重建出相应的显著图，对其选择一个合适的阈值即可检测到显著目标的轮廓信息。基于 SR 模型检测显著性目标的框架如图 8-3 所示。

给定一张输入图像，其具体的算法如下。

1）将给定的图像 $I(x)$ 转换为灰度图像 $G(x)$，对该灰度图像进行傅里叶变换，从空间域转换到频率域。在频率域中，傅里叶频谱可以由幅度谱 $A(f)$ 和相位谱 $P(f)$ 的积表示，取 lg 对数将二者之积分解为二者之和以便于信息分离。

$$f=F(G(x)) \tag{8-2}$$

式中，F 是傅里叶变换。

2）图像的残余谱 $R(f)$ 由式（8-3）定义：

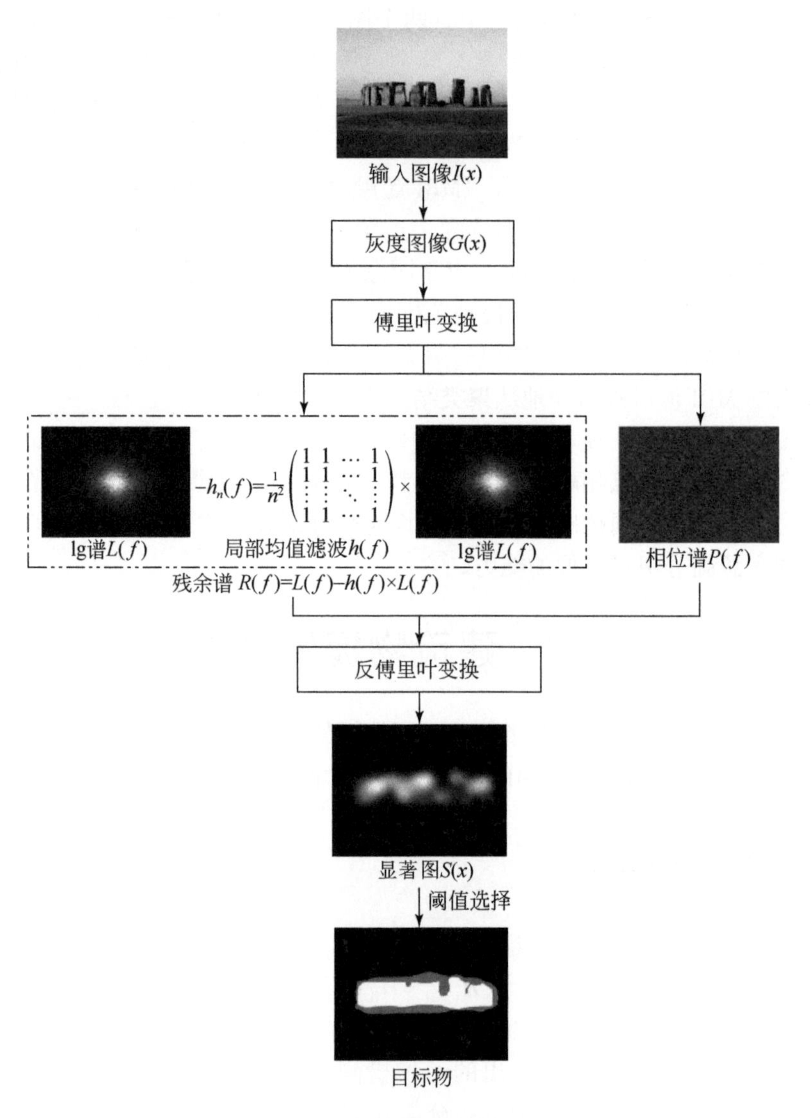

图 8-3　基于 SR 模型检测显著性目标的框架

$$R(f)=L(f)-h_n(f)\times L(f) \tag{8-3}$$

式中，图像的 lg 谱 $L(f)$ 由幅度谱 $A(f)$ 取对数所得，即 $L(f)=\lg(A(f))$。$h_n(f)$ 定义为局部均值滤波，因此，$h_n(f)\times L(f)$ 为图像 lg 谱的平均谱，描述的是 lg 谱的平均趋势。相应地，图像中的显著性目标即包含在残余谱 $R(f)$ 中。

3）将频率域中的残余谱通过反傅里叶变换在空间域中重建，空间域中对应的显著图 $S(x)$ 由式（8-4）得出：

$$S(x)=F^{-1}[\exp(R(f)+P(f))]^2 \tag{8-4}$$

式中，F^{-1}是反傅里叶变换。

4）针对显著图 $S(x)$ 设置一个合适的阈值即可检测出图像中的显著性目标。

8.2.2 MBI 模型的算法

MBI 模型是以数学形态学为基础，将遥感图像中建筑物的亮度、对比度、尺寸、方向等特征用顶帽变换、粒度、重构等形态学算子来描述。给定 MBI 模型的输入图像时，其具体的算法如下。

(1) 计算亮度图

取输入图像每个像素在不同波段上的最大值作为亮度值，得到亮度图 b（x）。

$$b(x)=\max_{1\leqslant k\leqslant K}(\text{band}_k(x)) \tag{8-5}$$

式中，band_k为第 k 个波段像素 x 的灰度值；K 为图像的总波段数量。

(2) 重构顶帽变换

用结构元素 s 对亮度图 b 进行先腐蚀后膨胀，即对亮度图 b 进行开运算：

$$\gamma^s(b)=\delta^s(\varepsilon^s(b)) \tag{8-6}$$

式中，ε 为腐蚀；δ 为膨胀；s 为结构元素的尺寸，即结构元素内所包含的像素个数。

顶帽变换定义为亮度图像减去其开运算的结果，由式（8-7）表示：

$$\text{TH}^s(b)=b-\gamma^s(b) \tag{8-7}$$

为了能够更好地保持对象的形状特征，我们计算重构的顶帽变换：

$$\text{THR}^s(b)=b-\gamma_R^s(b) \tag{8-8}$$

式中，THR 和γ_R^s（b）分别代表重构的顶帽变换和重构的开运算。

THR 反映了结构元素内的对象与其周围亮度的差异，因此，对象和其邻域的对比度在 THR 特征中得到了考虑。

(3) THR 的方向性

一般情况下，结构元素具有一定的形状，如圆形、正方形、菱形等。由于建筑物具有各向同性的特点，而道路是各向异性的，并且线性的结构元素具有检测各向异性的特点。为了能够更好地提取建筑物，我们选择使用线性的结构元素。使用平均值来表示 THR 的方向性：

$$\overline{\text{THR}^s}(b)=\underset{\text{dir}}{\text{mean}}(\text{THR}^{s,\text{dir}}(b)) \tag{8-9}$$

式中，dir 为线性结构元素的各个方向。建筑物各向是同性的，并且在所有的方向中均有较大的顶帽值，因此建筑物的$\overline{\text{THR}^s}$特征值比其他地物都大。

(4) 多尺度的顶帽变换

在遥感图像中，建筑物往往呈现不同的尺度、形状和面积等，所以考虑加入多尺度分析。在此方法中，多尺度的顶帽变换是基于差分形态学属性（differential morphological profiles，DMP），其定义为

$$\text{THR}_{\text{DMP}}=\{\text{THR}_{\text{DMP}}^{S\min},\cdots,\text{THR}_{\text{DMP}}^{S},\cdots,\text{THR}_{\text{DMP}}^{S\max}\} \tag{8-10}$$

式中，$\text{THR}_{\text{DMP}}^S=|\overline{\text{THR}}^{S+\Delta S}(b)-\overline{\text{THR}}^S(b)|$，$\Delta S$ 为尺度的间隔，其取值取决于图像的空间分辨率和建筑物的大小。

（5）建筑物形态学指数

经过上述步骤，我们计算了建筑物的亮度、对比度、方向和尺寸等特征，MBI 的定义则是建立在上述建筑物特征上的。对每个尺度的 THR_{DMP} 取平均值即可得到 MBI 值：

$$MBI = \underset{S}{\text{mean}}(THR_{DMP}) \tag{8-11}$$

经上述描述可知，MBI 值越大，其为建筑物的概率就越大。

8.2.3 gCRF 模型的算法

gCRF 模型通过融合图像中的空间信息和建筑物的结构特征来进行图像的非监督分类。如 8.2.2 节中所描述，gCRF 模型可以隐喻为顾客选择餐桌和为餐桌分配菜这两个过程。为描述方便，引入如下变量：T 是“PAN 超顾客”所选择的餐桌。DP 是“PAN 超顾客”所选择的菜，且 DM 是“MBI 超顾客”所选择的菜。给定模型的输入图像时，即全色图像和 MBI 图像，其具体的算法如下。

（1）基于全色图像选择餐桌

假设除了“PAN 超顾客”θ_j所有的顾客已经选择了餐桌$T_{\neg j}$及相应的菜$D^P_{\neg j}$，则“PAN 超顾客”θ_j选择餐桌 t 的概率为

$$p(t_j = t \mid T_{\neg j}, D^P_{\neg j}) \propto \begin{cases} f^P_{d^P_j}(x^P_j) & \text{如果 } t \text{ 已经存在} \\ \gamma_0 f^P_{d^P_j}(x^P_j) & \text{如果 } t \text{ 是新餐桌} \end{cases} \tag{8-12}$$

式中，$f^P_{d^P_j}$为全色图像的观测量x^P_j的似然，且x^P_j由多项式分布建模；γ_0为先验参数。

如果 t 是新餐桌，则为其选择新菜$d_{j\text{new}}$的概率为

$$p(d_{j\text{new}} = d \mid T_{\neg j}, D^P_{\neg j}) \propto \gamma_0 f^P_{d^P_j}(x^P_j) \tag{8-13}$$

（2）基于 MBI 图像选择菜

“MBI 超顾客”选择与“PAN 超顾客”相同的位置就座后，每张餐桌上的菜则需要由“MBI 超顾客”根据 MBI 图像选择。假设除了餐桌 t 所有的餐桌已经选择了相应的菜$D^M_{\neg j}$，则餐桌 t 选择菜 d_j的概率为

$$p(d_j = d \mid T_{\neg j}, D^M_{\neg j}) \propto \begin{cases} f^M_{d^M_j}(x^M_j) & \text{如果 } d \text{ 已经存在} \\ \gamma_0 f^M_{d^M_j}(x^M_j) & \text{如果 } d \text{ 是新菜} \end{cases} \tag{8-14}$$

与餐桌的选择类似，餐桌上菜的选择是 MBI 图像的观测量x^M_j的似然，且x^M_j也是由多项式分布建模的。

8.3 多源卫星图像的建筑物提取算法

在 gCRF_MBI 模型中，建筑物的 MBI 结构特征代替了多光谱图像的光谱特征，通过与全色图像的空间信息相融合以提取建筑物。与图像中建筑物的光谱特征相比，建筑物的形态学特征并不会随着图像的不同而发生明显的变化，因此，gCRF_MBI 模型具有同时处理多源高分卫星图像的能力，即针对不同的卫星图像，模型无须重新学习其参数，在一幅图像中学习到的参数可以直接应用到另一幅图像中。

在地震的紧急救援阶段，震前的多个卫星图像通常是逐步分发，并非所有的数据同时分发。我们所提出的方法可以有效地应对该情况，即先从一个图像中学习建筑物和非建筑物的统计模型，将其学习参数直接用于另一幅图像。为了便于说明，假设有两个图像来自两个不同的传感器，如 QuickBird 和 Pléiades。对于两个图像同时分发的情况，图 8-4（a）给出了两个图像同时进行建筑物检测的过程。两个图像中的局部聚类阶段是独立的，即两个图像基于各自的全色图像进行局部聚类，分别学习一组局部聚类的统计模型。在全局聚类阶段，两个图像基于 MBI 图像共同学习一组相同的全局聚类的统计模型。同时，根据式（8-14）为每个局部聚类随机分配一个全局聚类的标签。针对两个图像逐步分发的情况（先 QuickBird 后 Pléiades），如图 8-4（b）所示，可以先从第一个图像（即 QuickBird 图像）中学习全局聚类的统计模型。然后对于新的图像（如 Pléiades 图像），其聚类过程包括：①使用 Pléiades 的全色图像进行局部聚类；②使用第一个图像学习到的全局聚类统计模型为 Pléiades 的局部聚类分配全局聚类的标签。

8.4 实验分析与讨论

本章使用的两个实验数据分别是汉旺镇和雅安玉溪村的震前高分卫星图像，通过分析两个研究区的实验数据对 gCRF_MBI 模型提取建筑物的性能进行评估。具体地，首先介绍两个实验区的卫星图像，并给出模型评价的定量指标；然后分析 gCRF_MBI 模型中三个组分各自在模型中的作用及相互影响；最后从光谱特征和 MBI 形态特征两个角度出发，将 gCRF_MBI 模型的建筑物提取结果与 *K*-means 非监督方法和 SVM 监督方法进行对比分析。

8.4.1 实验设置

（1）实验数据

本章实验使用的高分卫星图像分别为汉旺镇的 QuickBird 图像和雅安玉溪村的 Pléiades 图像。两幅图像的具体信息如下：

1）汉旺镇震前 QuickBird 图像。该图像的获取时间是 2008 年 2 月 29 日，其全色波段空间分辨率为 0.6m，多光谱波段的空间分辨率为 2.4m。实验选取的图像大小为 4000 像素×4000 像素，如图 8-5（a）所示。

2）雅安玉溪村震前 Pléiades 图像。Pléiades 卫星所搭载的传感器可获得 0.5m 空间分辨率的全色波段图像和 2.0m 空间分辨率的多光谱波段图像。该图像拍摄于 2014 年 7 月 23 日，实验选取的图像大小为 1600 像素×1600 像素，如图 8-4（b）所示。

通过目视解译，给出了两个实验图像所对应的地表真实值，如图 8-5（c）和（d）所示。这两个实验区均位于我国西南地区，具有我国西南地区典型的农村景观，即建筑物区域多为零散地分布，无明显的聚集性，且与大量的农田、植被交错分布。

（2）精度评价方法

在本章实验中，使用召回率（Recall）、准确率（Precision）和 *F* 值（*F*-value）3 个定量指标（Ali Ozgun，2013）来评估模型的性能，其计算公式如下：

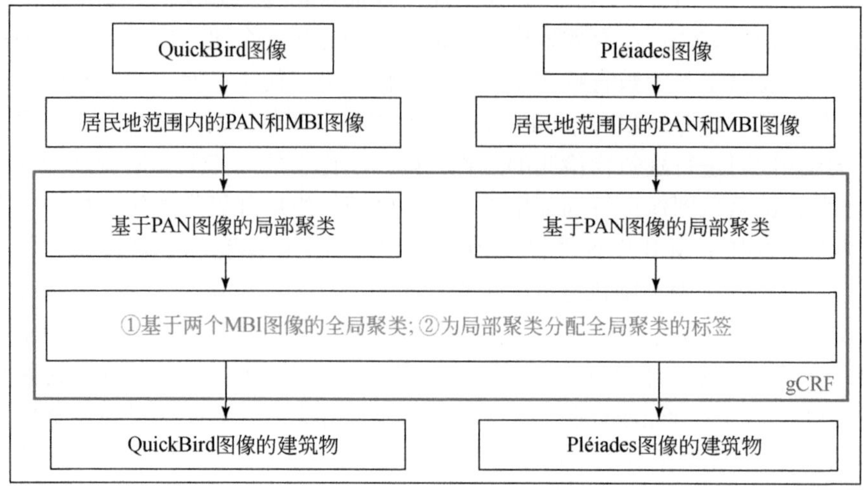

(a)两个图像同时分发的情况

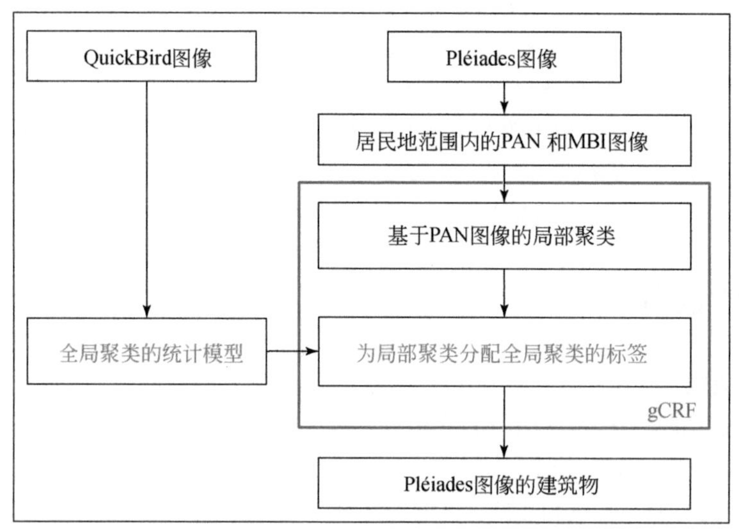

(b) 两个图像逐步分发的情况(先QuickBird 后Pléiades)

图 8-4　多源卫星图像建筑物提取算法

$$\text{Recall}=\frac{\text{TP}}{\text{TP+FN}}$$

$$\text{Precision}=\frac{\text{TP}}{\text{TP+FP}}$$

$$F=\frac{2\times\text{Recall}\times\text{Precision}}{\text{Recall+Precision}} \tag{8-15}$$

式中，TP 为被模型检测到的建筑物同时在地表真实图中标记的建筑物；FN 为在地表真实图中标记的建筑物但是未被模型检测到的建筑物；FP 为被模型检测到的建筑物但是在地表真实图中为非建筑物。F 值是召回率和准确率的调和平均值，用于权衡召回率和准确率。

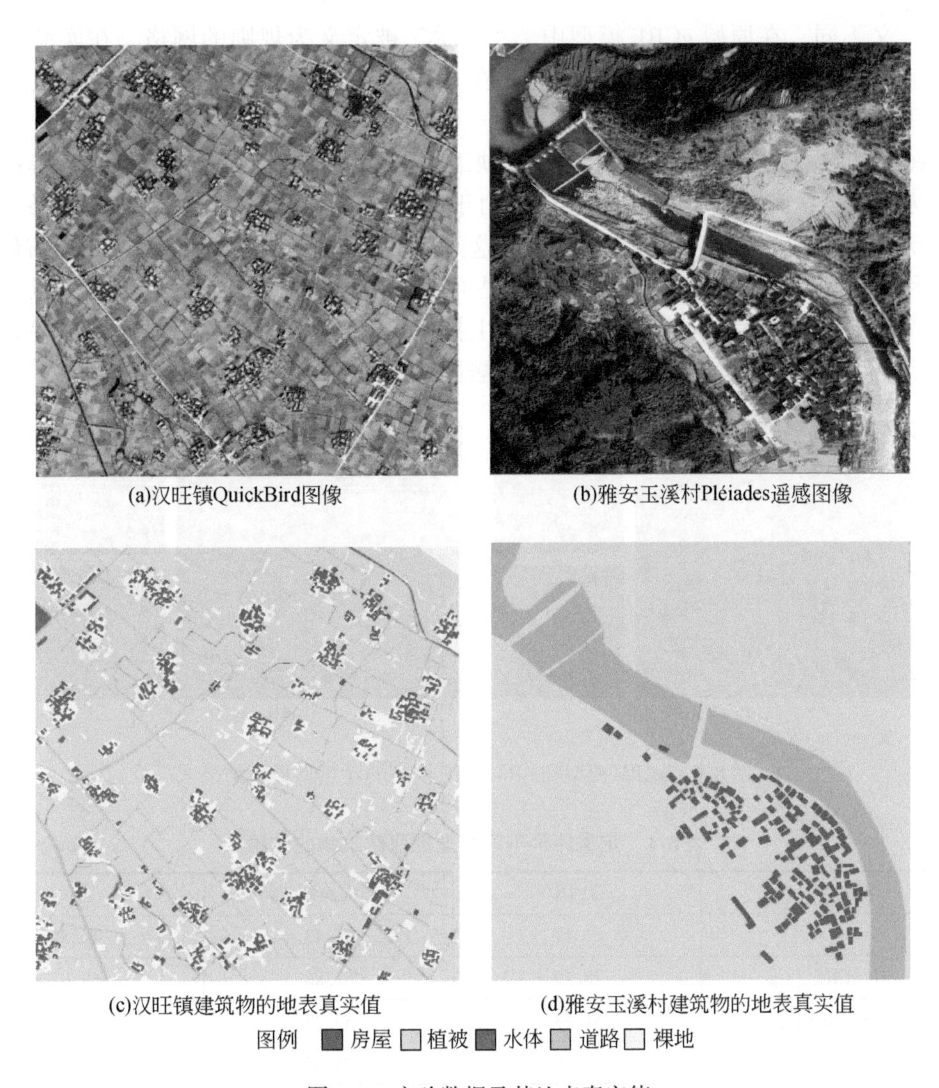

(a)汉旺镇QuickBird图像
(b)雅安玉溪村Pléiades遥感图像
(c)汉旺镇建筑物的地表真实值
(d)雅安玉溪村建筑物的地表真实值

图 8-5 实验数据及其地表真实值

8.4.2 gCRF_MBI 模型组分之间的关系

本章提出的 gCRF_MBI 模型由 SR 模型、MBI 模型和 gCRF 模型三个部分组成，并且这三个组分直接影响建筑物提取的结果。因此，我们分析这三个组分各自在模型中的作用及相互影响。

（1）SR 模型和 gCRF 模型

在 gCRF_MBI 模型中，首先利用 SR 模型提取图像中的潜在居民地。SR 模型为后续的建筑物形态学特征提取和 gCRF 模型中图像聚类提供了基本的处理单元。

为评估 SR 模型如何影响最终的建筑物提取结果，对比 gCRF 模型和 SR+gCRF 模型。为便于比较，两个模型的输入都是全色和多光谱图像，唯一的区别是模型中“餐厅”的定义不同。在原始 gCRF 模型中，“餐厅”被定义为规则的网格，在实验中，定义网格的大小为 20 像素×20 像素；然而，在 SR+gCRF 模型中，“餐厅”被定义为一个潜在居民地。

如图 8-6 所示，在 gCRF 模型中，由于缺乏居民地的约束，大量道路、农田等被错误地标记为建筑物。而在 SR+gCRF 模型中，由于居民地的限制，建筑物提取的结果在很大程度上得到了改善。同时，表 8-1 给出了对这两个模型的定量分析，gCRF 模型的召回率、准确率和 F 值均低于 SR+gCRF 模型，特别是准确率和 F 值。该对比实验表明，以居民地作为餐厅的定义是有效的，可以在很大程度上提升建筑物提取的精度。此外，居民地具有一定的语义信息，从理论的角度分析，使用居民地定义餐厅是合适的。

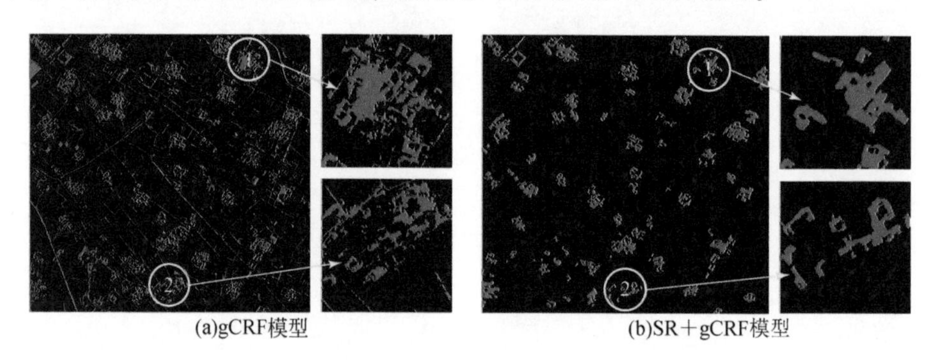

图 8-6　gCRF 模型和 SR+gCRF 模型的建筑物提取结果

表 8-1　定量评价不同模型提取建筑物的结果　　（单位:%）

模型	召回率	准确率	F 值
gCRF	61.17	35.43	44.88
SR+gCRF	78.19	61.86	69.07
MBI+SR+gCRF	51.53	39.78	44.90
gCRF_MBI	88.39	75.62	81.51

（2）MBI 模型和 gCRF 模型

MBI 模型用于提取建筑物的结构特征是至关重要的。通过比较 SR+gCRF 模型和 gCRF_MBI 模型来分析 MBI 模型对建筑物提取结果的影响。这两个模型的不同之处在于：SR+gCRF 模型的输入是全色和多光谱图像，而 gCRF_MBI 模型的输入是全色图像和 MBI 特征图像，MBI 特征图像代替了 SR+gCRF 模型中的多光谱图像。同时为便于比较，这两个模型中餐厅的定义均是潜在居民地。

图 8-7 给出了这两个模型的建筑物提取结果，从整体效果来看，两者较为相似，但是放大细节后，在 SR+gCRF 模型中建筑物错检和漏检的情况较为严重。同样地，我们对这两个模型进行了定量的分析，见表 8-1，从召回率、准确率和 F 值的角度来看，gCRF_MBI 模型的精度均提高了约 10 个百分点。该对比实验揭示图像中建筑物的形态学特征比光谱特征对提取建筑物更为有效。

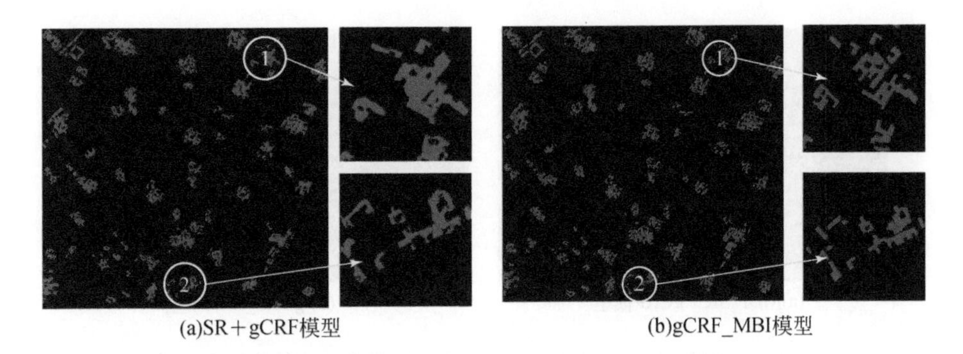

(a)SR＋gCRF模型　　(b)gCRF_MBI模型

图 8-7　SR+gCRF 模型和 gCRF_MBI 模型的建筑物提取结果

（3）MBI 模型和 SR 模型

我们通过对比 MBI+SR+gCRF 模型和 gCRF_MBI 模型来进一步分析 MBI 模型和 SR 模型的关系及影响。这两个模型的输入都是全色图像和 MBI 特征图像，不同的是 MBI 特征图像获取的先后顺序，或者说是 SR 模型使用的先后顺序。在 gCRF_MBI 模型中，首先利用 SR 模型得到图像中的潜在居民地，然后对经过潜在居民地掩膜操作的图像进行建筑物 MBI 特征的提取，最后再进行 gCRF 模型的聚类。作为比较，在 MBI+SR+gCRF 模型，首先对图像进行建筑物 MBI 特征提取，然后对 MBI 图像进行潜在居民地掩膜处理，最后进行 gCRF 模型聚类。

图 8-8 和图 8-9 分别给出了这两个模型的 MBI 特征图像和建筑物提取结果。无论从整体还是细节来看，MBI+SR+gCRF 模型的效果都比较差，在两个模型的定量分析中也得到了进一步验证。在 MBI+SR+gCRF 模型中，对整个图像直接进行建筑物 MBI 特征的提取，由于图像中大量的农田和交错的道路的干扰，其效果很差。但是，在 gCRF_MBI 模型中，由于 SR 模型的约束，建筑物提取的结果在很大程度上得到了改善。对比实验表明，在该研究区内对整个图像直接提取建筑物 MBI 特征效果是不佳的，特别是农村地区，对其进行一定的预处理，如居民地的掩膜处理，消除其他地物的影响，其效果是显著提高的。

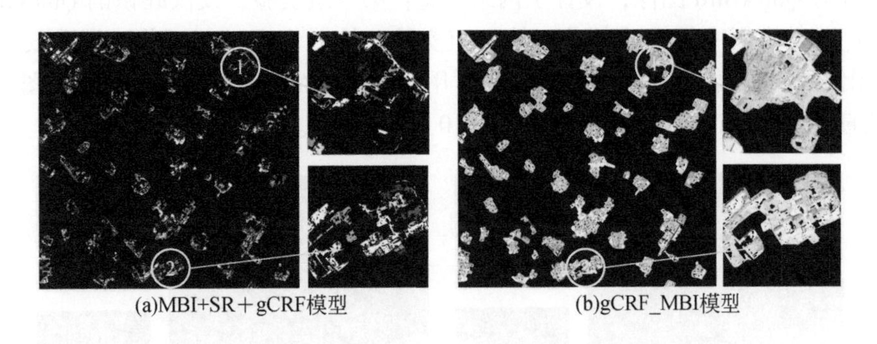

(a)MBI+SR＋gCRF模型　　(b)gCRF_MBI模型

图 8-8　MBI+SR+gCRF 模型和 gCRF_MBI 模型的 MBI 结果

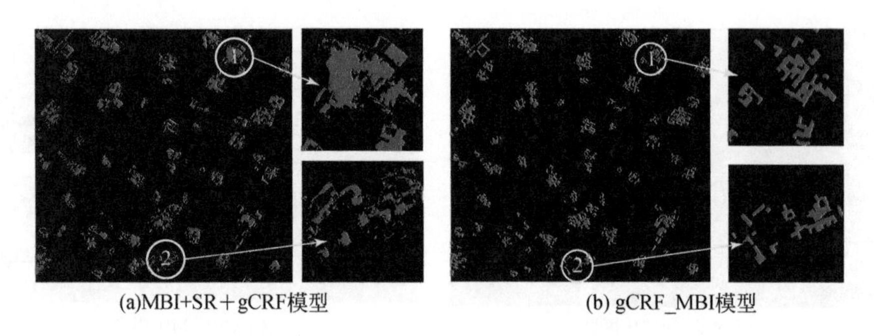
(a)MBI+SR＋gCRF模型　(b) gCRF_MBI模型

图 8-9　MBI+SR+gCRF 模型和 gCRF_MBI 模型的建筑物提取结果

8.4.3　对比实验与分析

本节我们分析和评价 gCRF_MBI 模型用于建筑物提取的性能。采用上述介绍的两个高分卫星图像作为数据源，将 gCRF_MBI 模型建筑物提取的结果与基于光谱特征的方法和基于 MBI 特征的方法的建筑物提取结果进行比较与分析。为便于比较，除 gCRF_MBI 模型之外，其他所有的对比方法均采用 CLASSIFICATION_IMAGE_TYPE 的格式命名，CLASSIFICATION 指分类器的名称，在本节中是 *K*-means 和 SVM；IMAGE 指分类器的输入图像，如 SPE 指多光谱图像，MBI 指 MBI 特征图像；TYPE 指图像的分析单元，如 PIX 以像素作为分析单元，SEG 以分割体作为分析单元，MV 以分割体作为分析单元，且每个分割体的特征值由分割体内的每个像素的特征值多数投票产生。此外，实验中使用的分割体由 eCognition 产生。在基于 SVM 的监督方法中，建筑物和非建筑物的训练样本量均为所有像素的 10%。

（1）多源卫星图像的对比实验

为评估 gCRF_MBI 的性能，我们将多源卫星图像提取的建筑物与单独一幅图像提取的建筑物进行对比分析，此处中的“多源卫星图像”指的是该模型针对两幅图像进行建筑物的提取。针对 QuickBird 图像，设计了两组实验：第一组实验，仅汉旺镇的 QuickBird 图像用于 gCRF_MBI 模型中提取建筑物；第二组实验，针对多源卫星图像，即雅安玉溪村的 Pléiades 图像和汉旺镇的 QuickBird 图像同时用于 gCRF_MBI 模型中，Pléiades 图像训练的模型参数直接用于 QuickBird 图像，如图 8-10（b）所示。

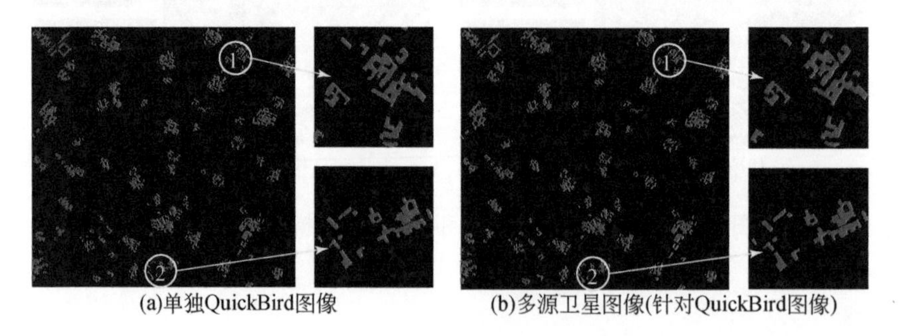
(a)单独QuickBird图像　(b)多源卫星图像(针对QuickBird图像)

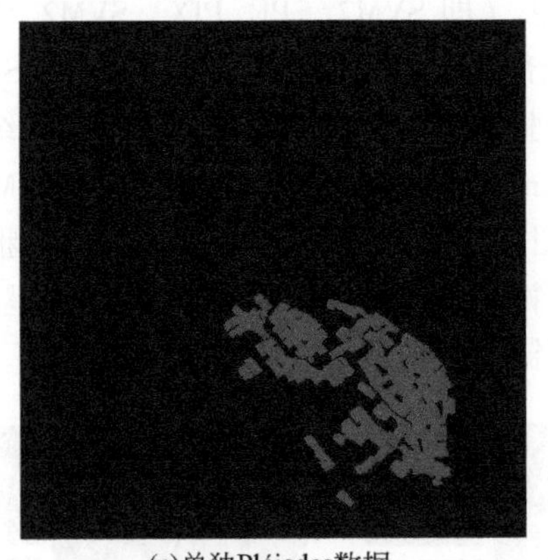

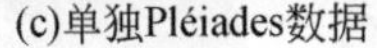

(c)单独Pléiades数据

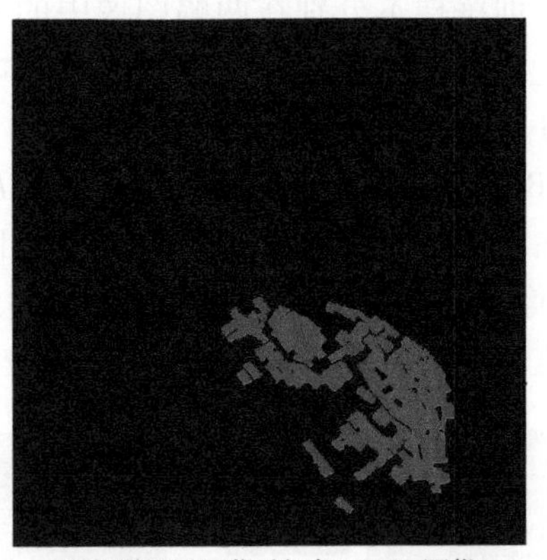

(d)多源卫星图像(针对Pléiades图像)

图 8-10　多源卫星图像对比方法建筑物提取结果

同样地，对于 Pléiades 图像，也进行了两组对比实验：第一组，仅雅安玉溪村的 Pléiades 图像用于模型中提取建筑物；第二组，针对多源卫星图像，QuickBird 图像训练模型的参数，Pléiades 图像直接使用其参数提取建筑物。从目视解译的角度看，两幅图像所对应的两组实验的结果几乎没有太大差别，进一步对其结果进行定量评价，见表 8-2。定量评价的结果表明，无论是从召回率还是准确率的角度看，两幅图像所对应的两组实验结果的精度非常接近，相差不足 0.5 个百分点。因此，我们得出结论 gCRF_MBI 模型可以对多源卫星图像提取建筑物，具有同时处理多源高分卫星图像的能力。

表 8-2　定量评价多源卫星图像对比方法提取建筑物的结果　　(单位:%)

图像	召回率	准确率	F 值
单独 QuickBird 图像	88. 39	75. 62	81. 51
多源卫星图像（针对 QuickBird 图像）	88. 19	75. 36	81. 27
单独 Pléiades 图像	80. 73	74. 73	77. 61
多源卫星图像（针对 Pléiades 图像）	80. 49	74. 42	77. 34

(2) 基于光谱特征的方法的对比实验

本节中，我们直接使用图像的光谱特征，将 gCRF_MBI 模型与非监督方法和监督方法进行对比实验，并评估其性能。其中，非监督方法是基于 *K*-means 算法，分为 *K*-means_SPE_PIX、*K*-means_SPE_MV 和 *K*-means_SPE_SEG。监督方法是基于 SVM 方法，按照选取训练样本的方式不同又分为两大类，为方便区分，将选取的训练样本全部集中在一幅图像中的命名为 SVM1_SPE_PIX、SVM1_SPE_MV 和 SVM1_SPE_SEG，选取的训练样本分别在两幅图像中的命名为 SVM2_SPE_PIX、SVM2_SPE_MV 和 SVM2_SPE_SEG。

图 8-11 和图 8-12 分别给出了两个研究区图像各个方法建筑物提取的结果。从整体上看，基于 SVM 监督方法的提取结果优于 *K*-means 非监督方法的提取结果，而在基于 SVM

的方法中，训练样本分别在两幅图像中的方法（即 SVM2_SPE_PIX、SVM2_SPE_MV 和 SVM2_SPE_SEG）提取的结果优于训练样本全部集中在一幅图像的方法（即 SVM1_SPE_PIX、SVM1_SPE_MV 和 SVM1_SPE_SEG）。实验中，基于 SVM1 的方法中的训练样本全部选自 QuickBird 图像。本节中，无论是基于 *K*-means 的非监督方法还是基于 SVM 的监督方法，均是在多光谱图像的基础上，直接利用图像的光谱特征提取建筑物。在雅安玉溪村 Pléiades 图像的实验中，由于部分河水与建筑物屋顶在光谱上较为相似，均呈现暗黑色，无论是非监督方法还是监督方法，均存在较多错检的现象。

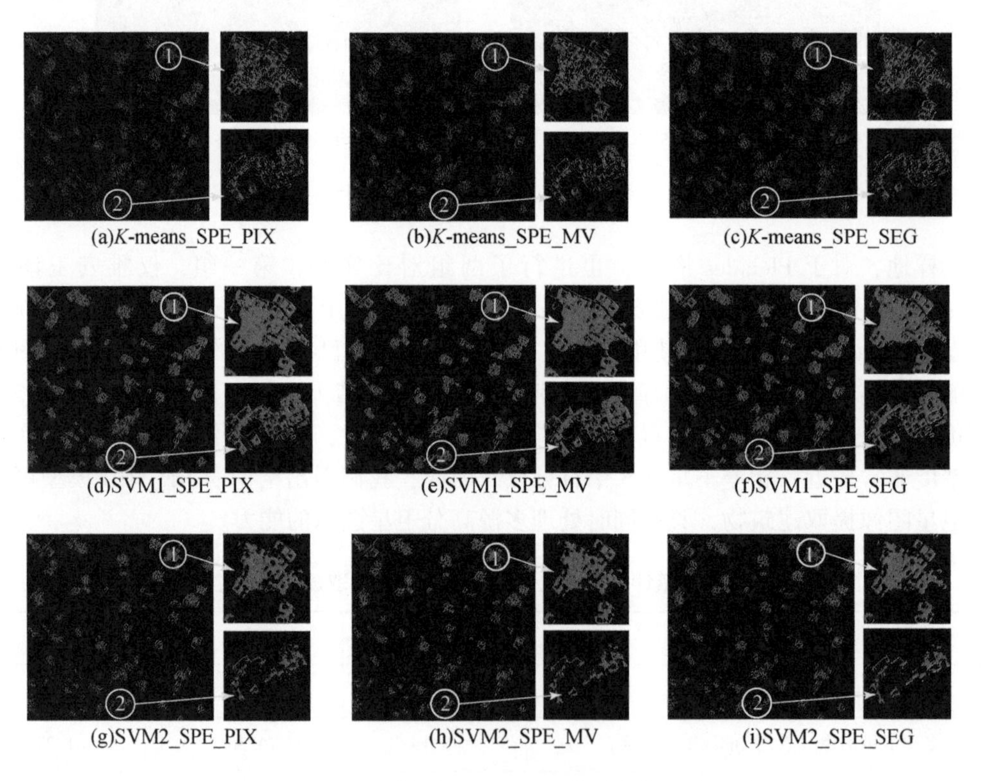

(a)*K*-means_SPE_PIX (b)*K*-means_SPE_MV (c)*K*-means_SPE_SEG

(d)SVM1_SPE_PIX (e)SVM1_SPE_MV (f)SVM1_SPE_SEG

(g)SVM2_SPE_PIX (h)SVM2_SPE_MV (i)SVM2_SPE_SEG

图 8-11 基于光谱特征的方法汉旺镇建筑物提取结果

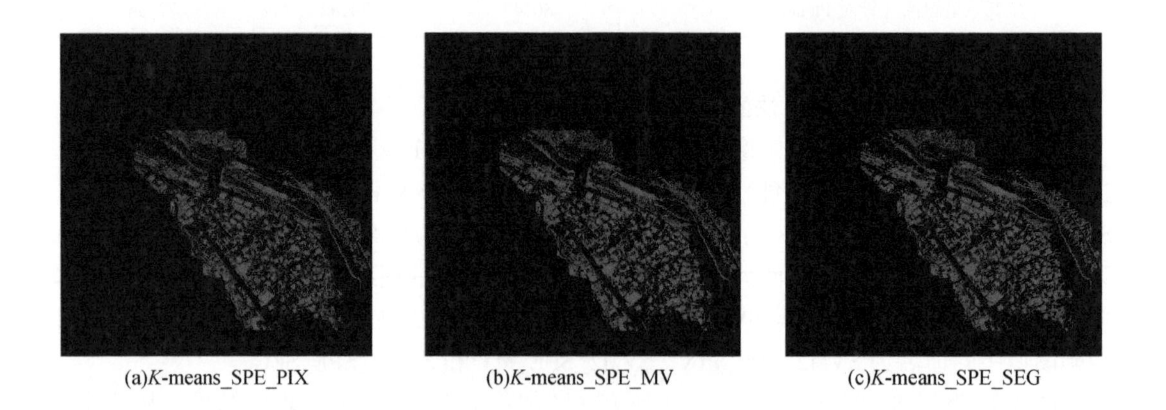

(a)*K*-means_SPE_PIX (b)*K*-means_SPE_MV (c)*K*-means_SPE_SEG

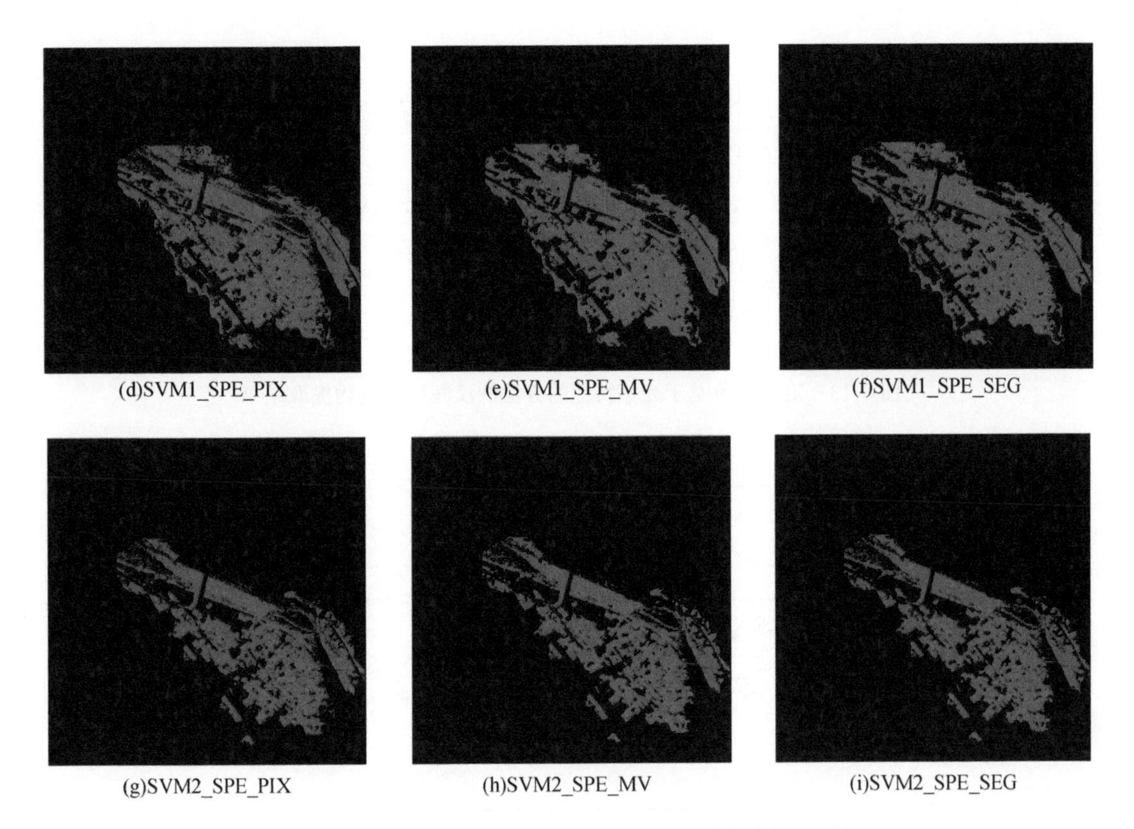

图 8-12 基于光谱特征的方法雅安玉溪村建筑物提取结果

同时，我们也对这些方法进行了定量评价，如图 8-13 和图 8-14 所示，定量评价的结果也验证了上述分析。在汉旺镇 QuickBird 图像的实验中，基于 *K*-means 的三个方法的 *F* 值均在 50% 左右，基于 SVM1 的三个方法的 *F* 值均在 65% 左右，而基于 SVM2 的 *F* 值最高，在 70% 左右。由于两幅图像的传感器不同，其光谱分辨率、波长范围及中心波长都不同，这导致基于光谱特征的两幅图像进行 *K*-means 和 SVM 分类时，结果的精度均不高，提取建筑物的效果均不能令人满意，甚至是远远低于 gCRF_MBI 模型。

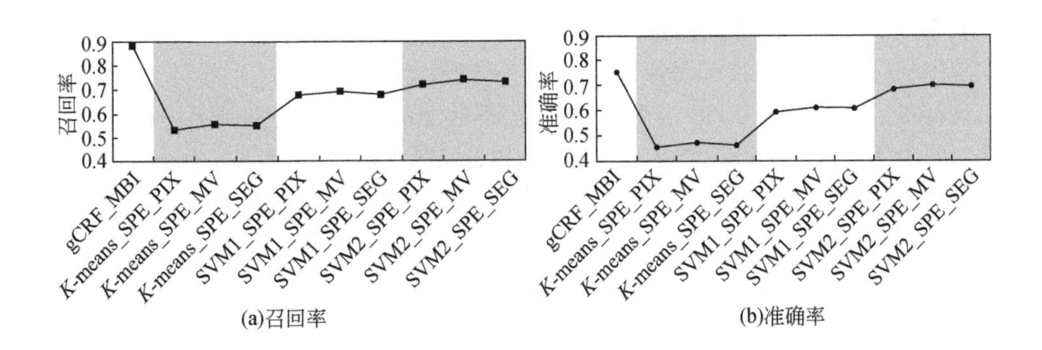

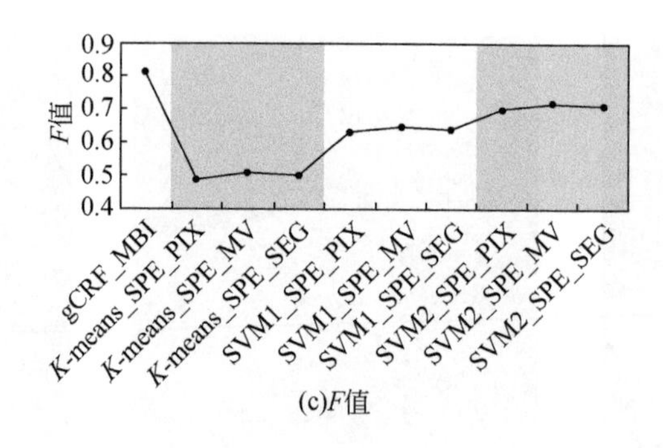

(c)*F*值

图 8-13　定量评价基于光谱特征的方法的汉旺镇建筑物提取结果

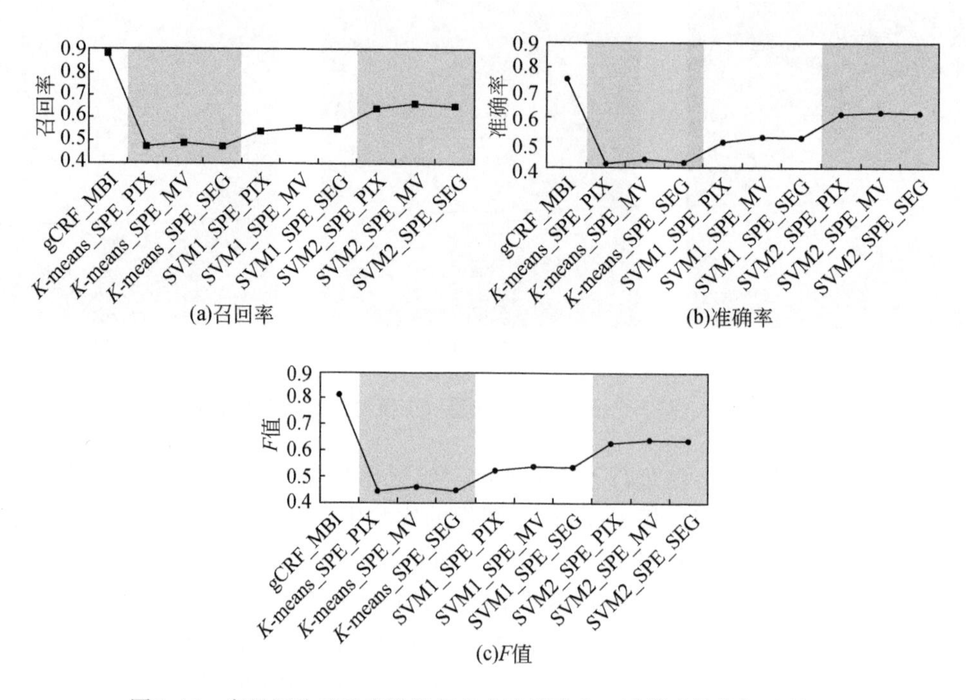

(a)召回率　(b)准确率

(c)*F*值

图 8-14　定量评价基于光谱特征的方法的雅安玉溪村建筑物提取结果

（3）基于 MBI 特征的方法的对比实验

本节中我们使用 MBI 特征图像，将 gCRF_MBI 模型与 *K*-means 非监督方法和 SVM 监督方法进行对比实验，即 *K*-means 和 SVM 方法都在 MBI 特征图的基础上进行分类并提取建筑物。两个研究区对应的各个方法的建筑物提取结果如图 8-15 和图 8-16 所示。本节中，SVM 方法中的训练样本分别选自两幅图像。从目视的角度看，无论从整体还是细节上，基于 MBI 特征的 *K*-means 和 SVM 方法提取的结果均优于本节中基于光谱特征的 *K*-means 和 SVM 方法提取的结果，且 gCRF_MBI 模型提取的建筑物与 SVM 监督方法提取的结果非常相近。这是由于当基于 MBI 特征针对多源图像进行 *K*-means 和 SVM 方法分类时，建筑物的 MBI 结构特征不会随着图像的不同而发生变化，换句话说，建筑物的形态学特征在不同传感器的图像之间均能很好地表征建筑物，因此，基于 MBI 特征针对多源图像分类时提取的建筑物效果更好。

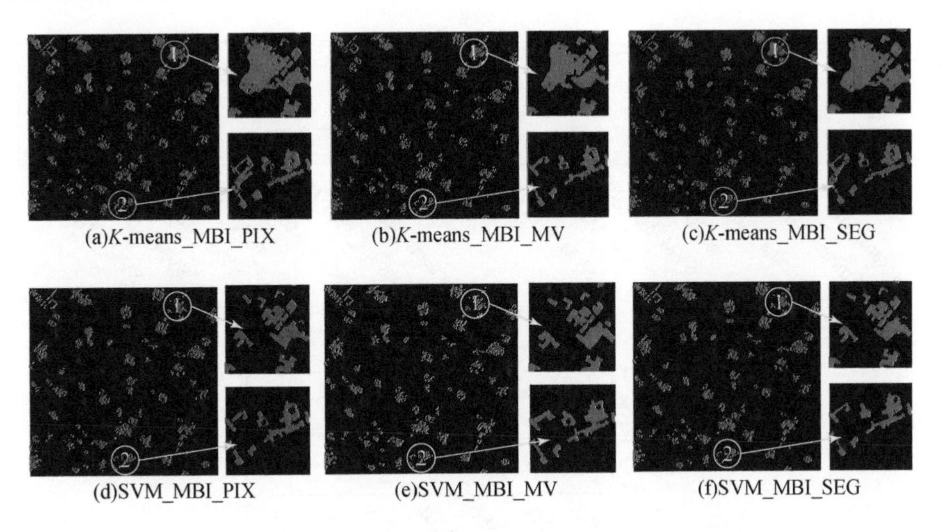

图 8-15　基于 MBI 特征的方法汉旺镇建筑物提取结果

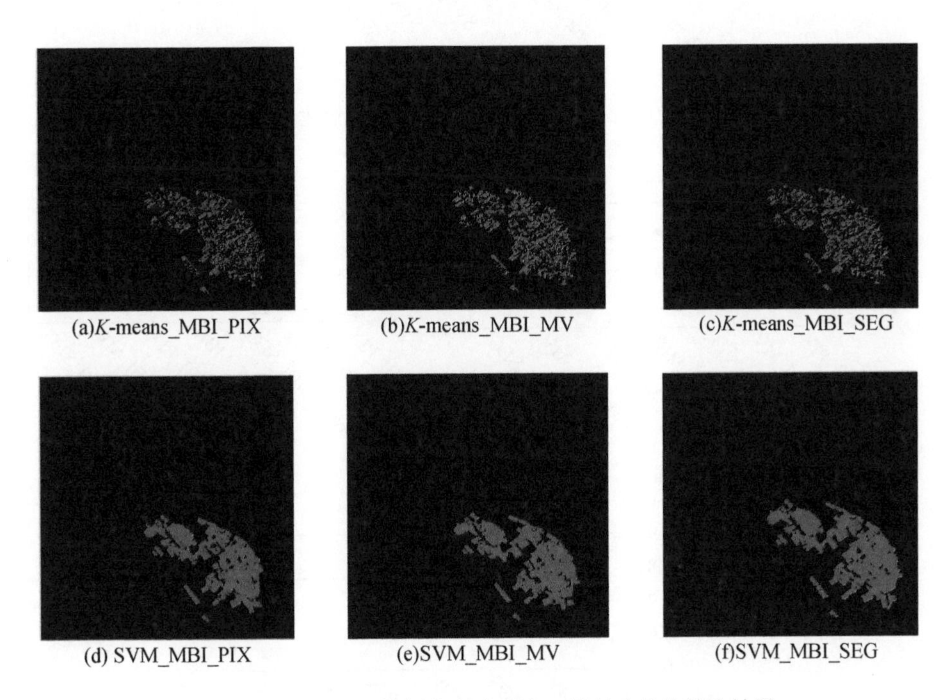

图 8-16　基于 MBI 特征的方法雅安玉溪村建筑物提取结果

同时，图 8-17 和图 8-18 分别给出了各个方法提取结果的定量评价，我们发现，在汉旺镇的 QuickBird 图像中，就召回率而言，gCRF_MBI 模型均高于 SVM 监督方法。就准确率而言，gCRF_MBI 模型低于 SVM_MBI_MV 和 SVM_MBI_SEG，但略高于 SVM_MBI_PIX。在雅安玉溪村 Pléiade 图像中，无论从召回率还是准确率的角度看，gCRF_MBI 模型略高于 SVM_MBI_SEG 和 SVM_MBI_PIX，与 SVM_MBI_MV 相当。因此，我们可以得出 gCRF_MBI

模型能够达到与 SVM 监督方法相同的效果。

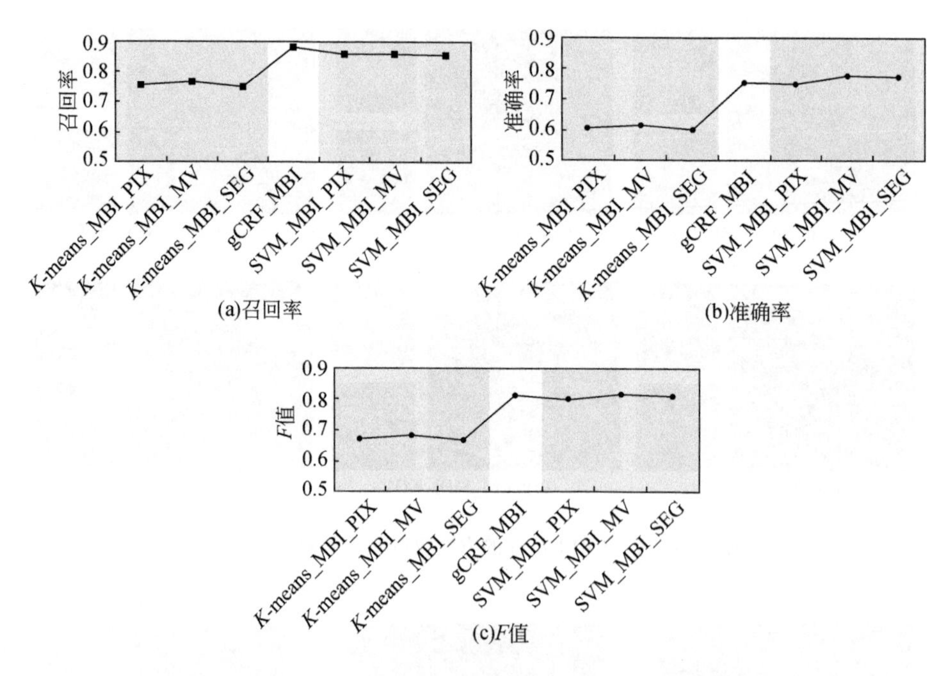

图 8-17　定量评价基于 MBI 特征的方法汉旺镇建筑物提取结果

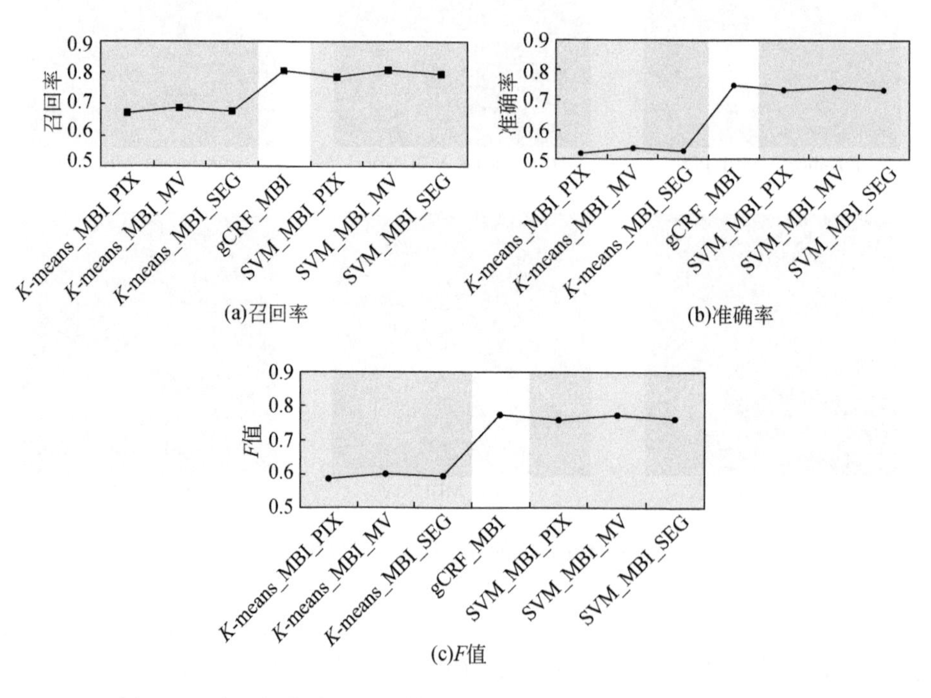

图 8-18　定量评价基于 MBI 特征的方法雅安玉溪村建筑物提取结果

此外，雅安玉溪村建筑物之间紧紧相邻，几乎没有间隙，导致提取结果中各个建筑物之间难以区分，因此，无论从召回率、准确率还是是 F 值的角度分析，Pléiade 图像中提取结果的精度均低于 QuickBird 图像。

8.5 本章小结

本章在 gCRF 模型的基础上，引入建筑物的形态学特征，提出了一种面向多源高分卫星图像的建筑物非监督识别方法，即 gCRF_MBI 模型。在 gCRF_MBI 模型中，通过融合全色图像的空间信息和建筑物的形态学结构特征来提取建筑物目标，具体地，实现了全色图像的局部聚类（即为顾客选择餐桌）和 MBI 特征图的全局聚类（即为餐桌分配菜）两层聚类过程。

在 gCRF_MBI 模型中，建筑物的形态学结构特征代替了多光谱图像中建筑物的光谱特征，与全色图像的空间信息相融合以提取建筑物。与图像中建筑物的光谱特征相比，建筑物的形态学特征并不会随着图像的不同而发生明显的变化，即建筑物的形态学特征在不同传感器卫星图像之间均能很好地表征建筑物，因此，我们提出的 gCRF_MBI 模型具有同时处理多源高分卫星图像的能力。

此外，在提取建筑物时，我们使用了残余谱方法检测图像中潜在居民地，残余谱方法的作用是剔除图像中其他地物的影响，如植被、裸地等。有关残余谱方法提取潜在居民地的研究工作将于第 9 章进行详细的描述。

在实验中，我们分析了 gCRF_MBI 模型中三个组分（即 SR 模型、MBI 模型和 gCRF 模型）在模型中的各自作用及其影响，实验结果表明，模型中的三个组分在模型中发挥着各自应尽的作用，是密切相关不可分割的。通过对实际高分卫星图像的实验分析，结果表明，gCRF_MBI 模型具有同时处理多源高分卫星图像的能力，且比非监督 K-means 方法的效果好，能够产生与监督的 SVM 方法相当的精度。

第 9 章 融合图像与点云数据的灾后建筑物震害提取

目前，基于卫星图像的建筑物震害信息提取的研究很多，但是卫星图像自身的成像特点，导致利用卫星图像提取建筑物震害信息时，只能定性地判别建筑物是否倒塌，无法系统详细地判定建筑物的损毁程度。无人机图像能够在一定程度上弥补卫星图像的不足，通过无人机图像之间较高的重叠度构建灾区建筑物的三维点云数据，为建筑物震害信息的提取提供高度信息。因此，本章将利用震后高分辨率的无人机图像及三维点云数据，给出基于决策树的建筑物震害信息提取方法，特别地，提出了一种建筑物屋顶漏空的检测方法，以识别轻微破坏的建筑物类型。

具体地，本章首先介绍建筑物震害的无人机图像特征，包括图像的光谱特征及三维点云数据的形态特征，并在此基础上提出基于决策树的建筑物震害信息提取方法。特别地，我们提出一种基于中餐馆连锁模型的建筑物屋顶漏空检测方法，进而识别出轻微破坏的建筑物类型。最后针对雅安地震和汶川地震，分析两次地震的受灾区震后无人机图像，并基于决策树的建筑物震害信息提取方法判别建筑物的损毁程度，将其分为基本完好、轻微破坏、部分倒塌和完全倒塌 4 个震害类型。

9.1 建筑物震害特征与识别

欧洲 98 版本地震烈度表（EMS-98）对不同类型建筑物的破坏等级（Grunthal，1998）给出了明确的指标，见表 9-1，将建筑物破坏等级划分为 5 级标准：基本完好、轻微破坏、中等破坏、严重破坏和毁坏等。

表 9-1 钢混建筑、砖石建筑的破坏等级

钢混建筑	砖石建筑	破坏等级
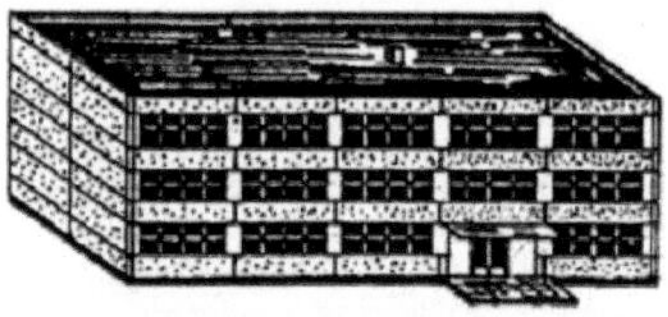		1 级：基本完好（无结构性破坏，轻微非结构破坏）
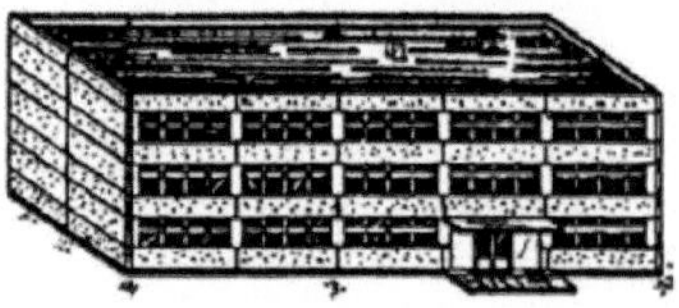		2 级：轻微破坏（轻微结构性破坏，中等非结构破坏）

续表

钢混建筑	砖石建筑	破坏等级
		3级：中等破坏（中等结构性破坏，严重非结构性破坏）
		4级：严重破坏（严重结构性破坏，极严重非结构性破坏）
		5级：毁坏（极严重结构性破坏）

2009年，中国地震局也提出了相应的标准——《建（构）筑物地震破坏等级划分》（GB/T 24335—2009），同样地，将建筑物的破坏等级分为上述5个基本标准，并对不同的建筑物类型相对应的不同等级进行了宏观的描述。以砌体建筑物（或砖石建筑物）为例，对5个等级的描述如下。

1）基本完好。主要承重墙体基本完好，屋盖和楼盖完好；个别非承重构件轻微破坏，如个别门窗口有细微裂缝等；结构使用功能正常，不加修理可继续使用。

2）轻微破坏。承重墙无破坏或个别有轻微裂缝，屋盖和楼盖完好；部分非承重构件有轻微破坏，或个别有明显破坏，如屋檐塌落、坡屋面溜瓦、女儿墙表出现裂缝、室内抹面有明显裂缝等；结构基本使用功能不受影响，稍加修理或不加修理可继续使用。

3）中等破坏。多数承重墙出现轻微裂缝，部分墙体有明显裂缝，个别墙体有严重裂缝；个别屋盖和楼盖有裂缝；多数非承重构件有明显破坏，如坡屋面有较多的移位变形和溜瓦、女儿墙出现严重裂缝、室内抹面有脱落等；结构基本使用功能受到一定影响，修理后可使用。

4）严重破坏。多数承重墙有明显裂缝，部分有严重破坏，如墙体错动、破碎、内或外倾斜或局部倒塌；屋盖和楼盖有裂缝，坡屋顶部分塌落或严重移位变形；非承重构件破坏严重，如非承重墙体成片倒塌、女儿墙塌落等；整体结构明显倾斜；结构基本使用功能受到严重影响，甚至部分功能丧失，难以修复或无修复价值。

5）毁坏。多数墙体严重破坏，结构濒临倒塌或已倒塌；结构使用功能不复存在，已无修复可能。

在实际的评估工作中，建筑物破坏等级的划分是研究人员根据实地勘察判定的。与实地勘察所不同的是，遥感图像以俯视的角度，提供建筑物外形的中心投影信息，即屋顶信息，侧面墙体以及建筑物内部承重部件的破坏情况难以探测。例如，当建筑物的墙体发生裂缝时，在遥感图像上是无法显示的，当基于遥感图像解译该建筑物时则被误判为完好。因此，基于遥感图像建筑物震害的分级难以达到震害常规分级的详细程度。相较于卫星图像，无人机图像具有两个明显的特点：第一，其空间分辨率更高，具有丰富的空间信息，地物几何结构分明，纹理清晰。第二，无人机的图像序列具有较高的重叠度，利用其重叠率高的特点可以重构其三维点云，这些点云数据中包含建筑物的高度信息，可以对建筑物震害的判别给予一定的帮助。

9.1.1 无人机图像的建筑物震害类型及图像特征

根据无人机图像的光谱特征和点云数据的形态特征，结合现有的建筑物破坏分级标准，将建筑物震害类型分为基本完好、轻微破坏、部分倒塌和完全倒塌 4 个类型，其具体的图像特征描述如下。

（1）基本完好类型

光谱特征：建筑物屋顶完好，其灰度值分布离散性明显，色调规律。建筑物屋顶的纹理清晰，排列有序，如图 9-1（a）所示。

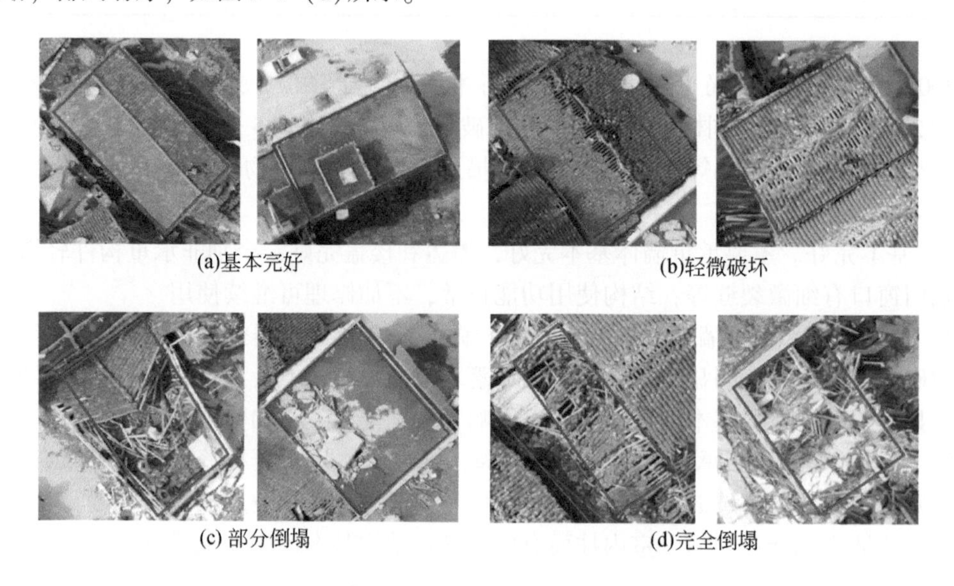

图 9-1　典型农村建筑物震害的无人机图像

形态特征：建筑物具有清晰可见的几何形态和轮廓边界，建筑物周围尚未有瓦砾堆积。建筑物的三维点云较为完整，且建筑物点云高度的平均值为一般建筑物的高度。

（2）轻微破坏类型

实际上，轻微破坏的类型包含有很多种，如墙体有裂缝、墙皮脱落等，但这些现象无法从遥感图像中检测。在遥感图像中，建筑物屋顶溜瓦的情况最为显著且最容易被图像捕捉到。因此，本书提到的轻微破坏类型指的是屋顶溜瓦的情况，称之为屋顶漏空，如图 9-1（b）所示。

光谱特征：建筑物屋顶基本完好，其灰度值分布具有较好的均质性，色调均匀，但是在屋顶溜瓦处的颜色变暗，屋顶纹理的规律性被破坏。

形态特征：建筑物的几何轮廓清晰，存在溜瓦（或掉瓦）的现象。在建筑物的三维点云中，建筑物点云高度的平均值仍为一般建筑物的高度，但是溜瓦处的高度略低于周围。

（3）部分倒塌类型

光谱特征：建筑物倒塌的区域呈现出不同的色调且有杂乱的斑点状，倒塌部分在图像上呈暗黑色，纹理的规律性被打破，呈现出杂乱无序的状态。

形态特征：建筑物外形轮廓边界消失，无完整的几何形态和线状的纹理，建筑物屋顶部分坍塌。在建筑物的三维点云中，屋顶未倒塌部分的平均值仍为一般建筑物的高度，而坍塌部分的高度远低于一般建筑物的高度，如图 9-2（c）所示。因此，整个建筑物高度的方差较大。

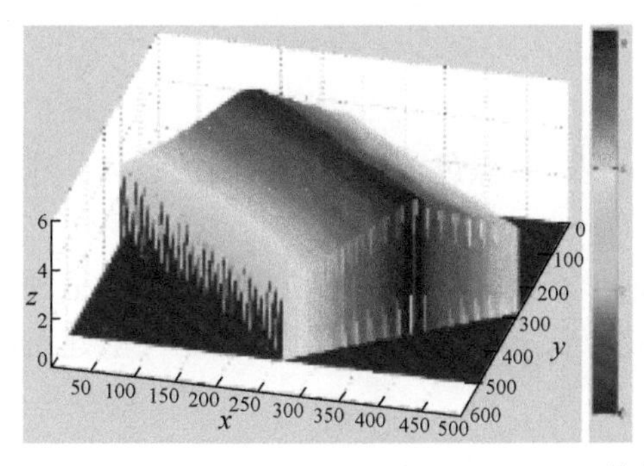

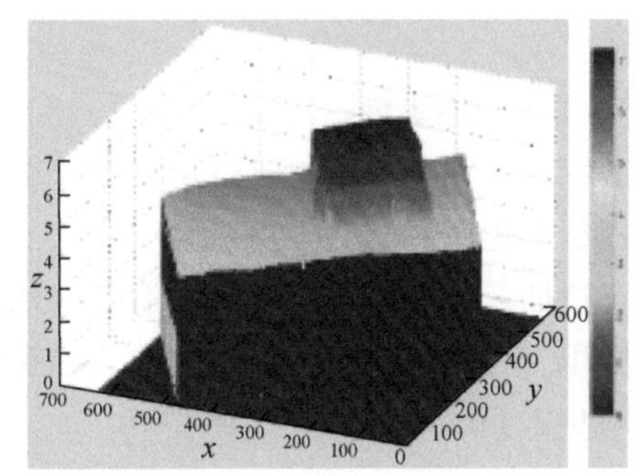

(a)基本完好

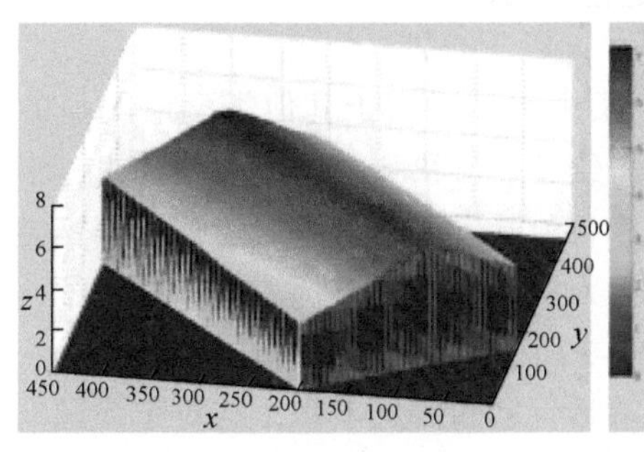

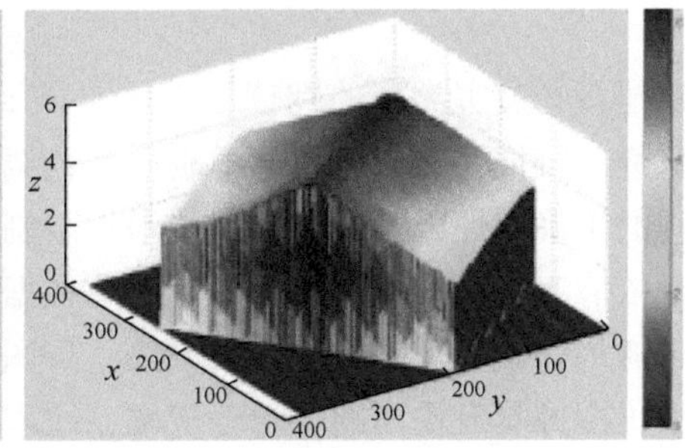

(b)轻微破坏

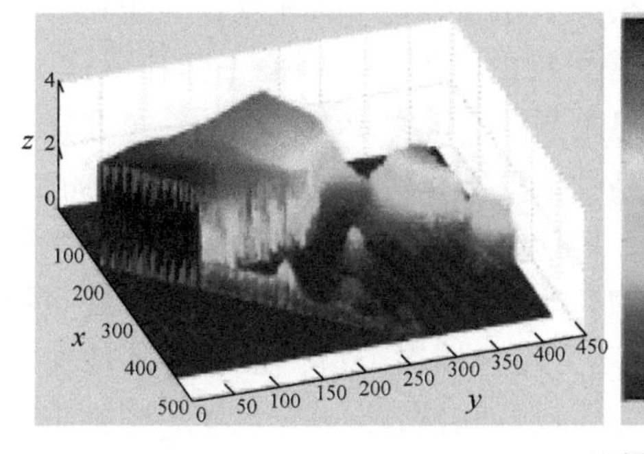

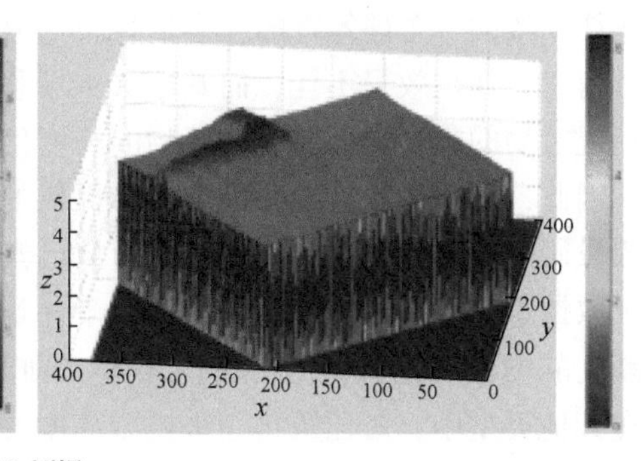

(c)部分倒塌

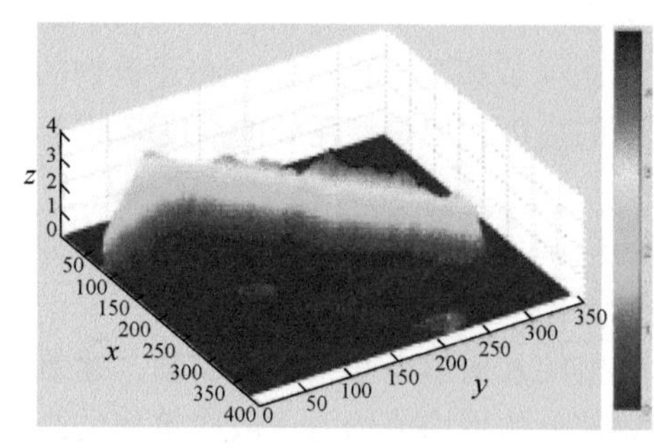

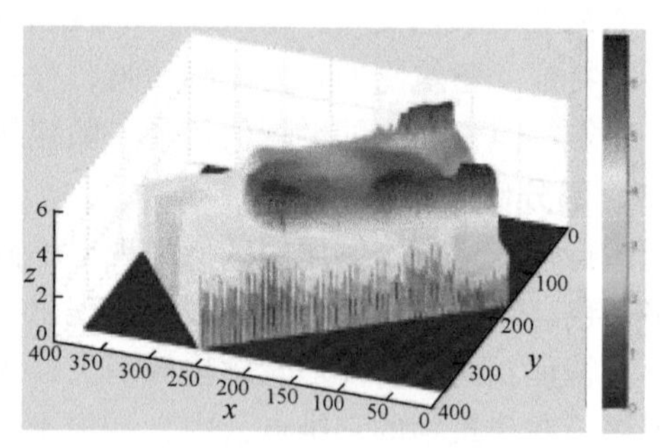

(d)完全倒塌

图 9-2　典型农村建筑物震害的三维模型

x 和 y 分别为对应的图像的水平和垂直方向，z 为建筑物的高度方向，单位均为像素

（4）完全倒塌类型

光谱特征：完全倒塌的建筑物在图像上呈现出暗黑色，均衡的色调被破坏，建筑物屋顶的纹理杂乱无序。

形态特征：建筑物的外形轮廓消失，几何形态被破坏，建筑物整体倒塌，呈现出大量的瓦砾堆积。在建筑物的三维点云中，建筑物点云高度的平均值远远低于一般建筑物的高度，如图 9-2（d）所示。

9.1.2　基于决策树的灾后建筑物震害识别

针对建筑物震害类型的判读，首先是找到某个类型区别于其他类型最明显的图像特征，建筑物的特征在无人机图像中表现为色调、纹理、形状和高度等解译标志。由于遥感解译过程的不确定性以及图像处理技术的限制，目前基于遥感图像的建筑物震害类型的判读主要是依靠人工解译的方法进行。本节根据无人机图像的光谱特征和高度特征，提出了基于决策树的建筑物震害信息提取方法，如图 9-3 所示。

无人机图像具有更高的空间分辨率，纹理清晰且空间信息丰富，这对于图像的目视解译是有优势的，但是对图像进行分类时则显示出它的局限性。高分辨率图像中的丰富细节，往往导致同一个建筑物的光谱信息较为复杂，“同物异谱”的现象较为明显，因此在图像分析时，往往效果不佳，而基于无人机图像重构的三维点云则恰好弥补了这个缺陷。在判别建筑物的震害类型时，建筑物的高度信息是判定建筑物受损程度的一个非常显著的特征，因此，利用建筑物的三维点云所提供的高度信息作为判定震害类型的主要依据。

假设研究区内每个建筑物的矢量边界已知，根据建筑物的矢量边界提取出每个建筑物的点云数据，并进行三维建模，统计每个建筑物高度的均值和方差。首先，对建筑物三维模型高度的均值设置阈值 t_1，均值小于 t_1 则判定为完全倒塌类型，否则为其他类型。然后，在其他类型中，对建筑物三维模型高度的方差设置阈值 t_2，方差大于 t_2 则判定为部分倒塌类型，否则为未倒塌类型。在未倒塌类型中，仅根据建筑物三维模型高度的均值和方差，无法区分轻微破坏和基本完好的类型。因此，结合图像的光谱特征，提出基于中餐馆

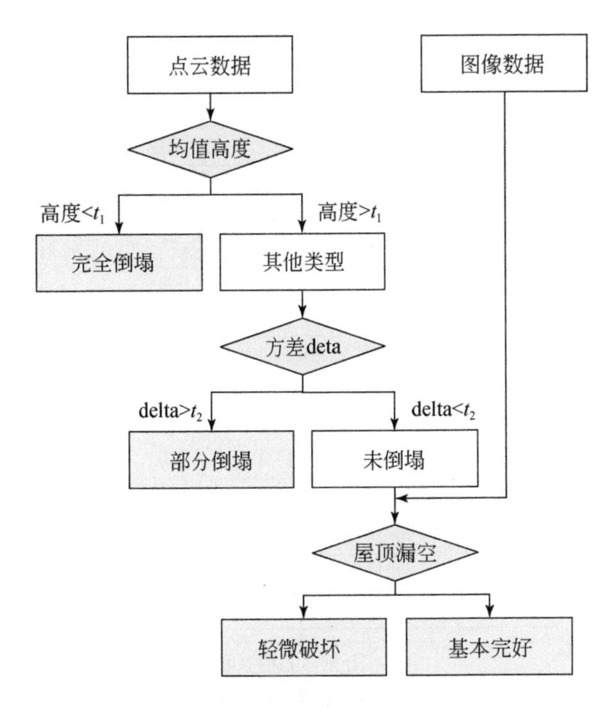

图 9-3 基于决策树的建筑物震害信息提取方法

连锁模型的屋顶漏空的检测方法，该方法将于 9. 2 节进行详细的描述。根据建筑物屋顶漏空区域区分轻微破坏和基本完好的类型，将检测到的屋顶漏空区域与建筑物的矢量边界叠加，当建筑物的内部包含有漏空区域，则判断该建筑物为轻微破坏类型，否则为基本完好类型。

9. 2 基于中餐馆连锁模型的屋顶漏空检测

无人机图像重构的三维点云，尤其是其所包含的高度信息，对于建筑物震害类型的识别非常重要。针对屋顶漏空的轻微破坏类型，我们发现，在三维点云模型中，屋顶漏空区域的高度略低于其周围的高度，但仍高于地面，而仅依据三维点云高度的均值和方差无法区分建筑物是轻微破坏还是基本完好。与此同时，我们也发现在无人机图像中建筑物屋顶漏空区域的亮度值呈现暗色或黑色，与周围的光谱对比明显。因此，我们通过对无人机图像的光谱特征和点云数据的高度信息同时建模，提出了基于中餐馆连锁模型的建筑物屋顶漏空检测方法。如图 9-4 所示，该过程主要包括三个步骤：①震后无人机图像的预处理，以获取正射镶嵌图像和梯度图像；②基于中餐馆连锁模型的图像聚类；③根据聚类结果检测建筑物屋顶的漏空区域。

（1）数据预处理

Pix4UAV 软件是集全自动、快速、专业精度为一体的无人机数据和航空图像处理软件，可同时处理数千张图像，并能够快速制作成精确的正射镶嵌图像和三维模型。具体地，将震后的无人机图像作为该软件的输入，根据图像的 POS 信息，即经纬度和绝对高

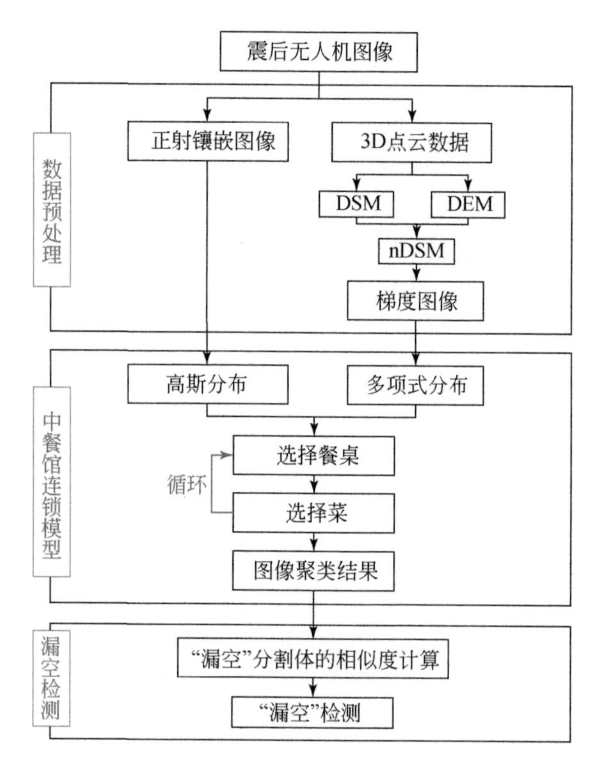

图 9-4　基于中餐馆连锁模型的屋顶漏空检测的流程

程，经过摄影测量的相关处理，即可获得正射镶嵌图像和对应的三维点云。

值得注意的是，由 Pix4UAV 软件处理得到的三维点云数据包含红绿蓝三个通道，为了有效地利用点云的形态特征，需要对其进行进一步的处理：首先，将点云生成数字表面模型（digital surface model，DSM）图像，如图 9-5（a）所示。其次，利用数学形态学滤波获得地面点数据，将地面点数据转换为 DEM 图像，如图 9-5（b）所示，为便于计算，将 DSM 和 DEM 数据重采样到与正射镶嵌图像相同的分辨率。再次，从 DSM 中减去 DEM 以获得归一化的 DSM，即 nDSM，如图 9-5（c）所示，nDSM 中只包含建筑物信息和部分植被信息，即剔除了地形的影响，该步骤对于我国西南山区是非常必要的。最后，从 nDSM 图像中计算其梯度以获得梯度图像，如图 9-5（d）所示。其中，梯度函数定义为

$$\text{gradient} = \max\left\{\frac{\Delta H_{i,N_i}}{\Delta L_{i,N_i}}\right\} \tag{9-1}$$

式中，N_i 为像素 i 的 8 邻域；$\Delta H_{i,N_i}$ 为像素 i 和其邻域的高度差；$\Delta L_{i,N_i}$ 为像素 i 和其邻域的距离。

根据正射镶嵌图像和梯度图像的分析，我们发现屋顶漏空区域有两个明显的特点：第一，漏空区域相比于邻域而言，其光谱呈现暗色或黑色；第二，在梯度图像中呈现略高的梯度值。图 9-6 给出了梯度图像的两类统计直方图，横坐标代表梯度值，取值范围 0°～90°，纵坐标代表像素个数。Class 1 的峰值的梯度约 5°，对应的是完好建筑物的屋顶；Class 2 的峰值的梯度大约在 27°，梯度值高于 Class 1 所对应的完好建筑物，该现象的出现

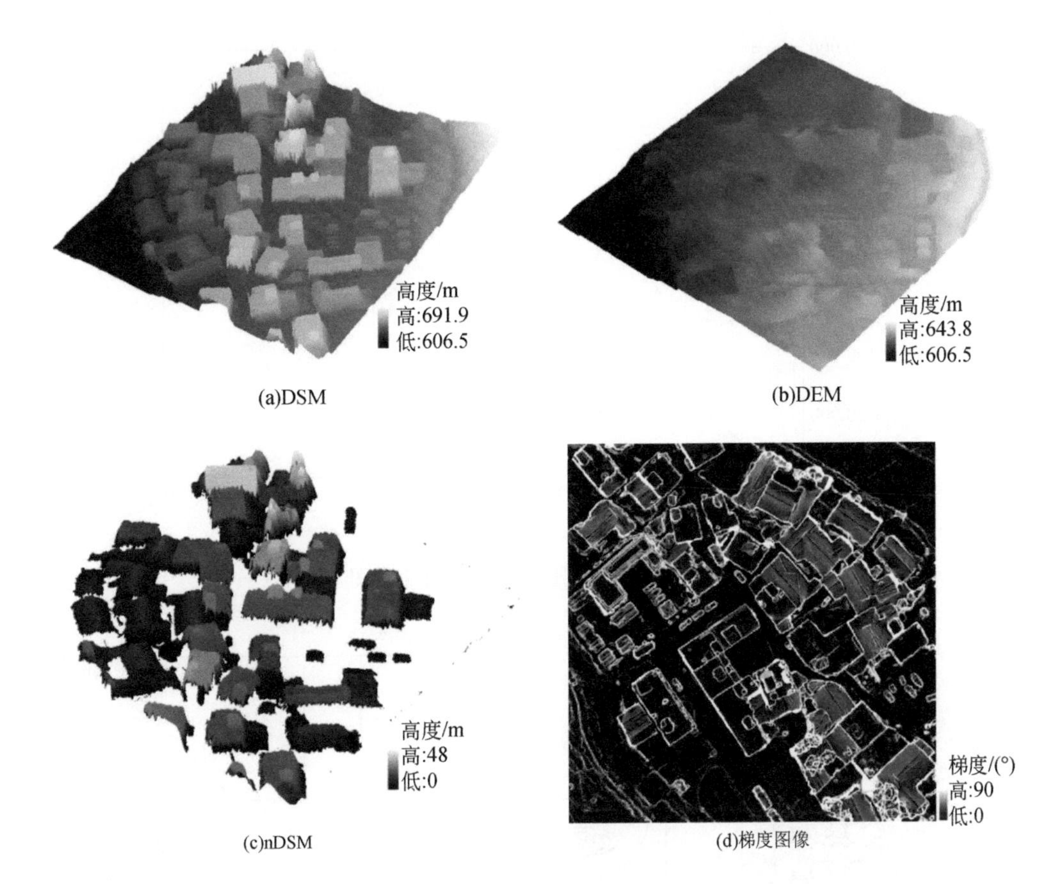

(a)DSM (b)DEM

(c)nDSM (d)梯度图像

图 9-5 点云数据的预处理

是由瓦片从屋顶上脱落导致的，因此，Class 2 指代的就是建筑物屋顶的漏空区域。

(2) 基于中餐馆连锁模型的图像聚类

中餐馆连锁模型是 HDP 常用的一种构造方式，通过顾客到中餐馆就餐的过程来实现。中餐馆连锁模型可比喻为：假设由多家中餐馆构成的连锁店，每家中餐馆有多张餐桌，每张餐桌可以供多个顾客就餐。当顾客进入一家餐馆就餐时，每位顾客选择一张餐桌就餐，餐厅为每张餐桌分配一道菜，且同一餐桌上的所有顾客共享同一道菜。

如图 9-7 所示，中餐馆连锁模型中有两类具有同一地理位置的观测数据，即正射镶嵌图像 X^{O} 和梯度图像 X^{G}，这两类观测数据被分为 L 个过分割体。在模型中，“餐馆”被定义为包含有多个相邻过分割体的矩形区域，顾客 θ 被定义为与过分割体相关的变量，每个过分割体可以用两个特征向量来描述，即光谱特征和梯度特征。为方便理解，将同时具有光谱特征和梯度特征的顾客 θ 分为两个超顾客，即具有光谱特征的超顾客 θ^{O} 和具有梯度特征的超顾客 θ^{G}。选择餐桌 T 的过程可以理解成过分割体局部聚类的过程。具有光谱特征的超顾客 θ^{O} 在菜 D^{O} 中选择，具有梯度特征的超顾客 θ^{G} 在菜 D^{G} 中选择，因此，同时具有光谱特征和梯度特征的顾客 θ 在菜 $D^{GO}=D^{G}\times D^{O}$ 中选择，选择菜的过程可以理解为过分割体在局部聚类（选择餐桌）的基础上的全局聚类过程。

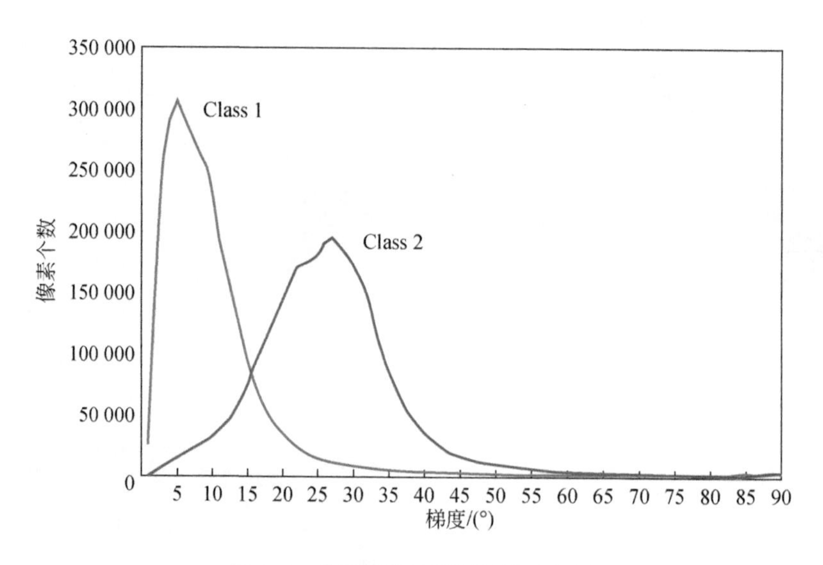

图 9-6 梯度图像的两类统计直方图

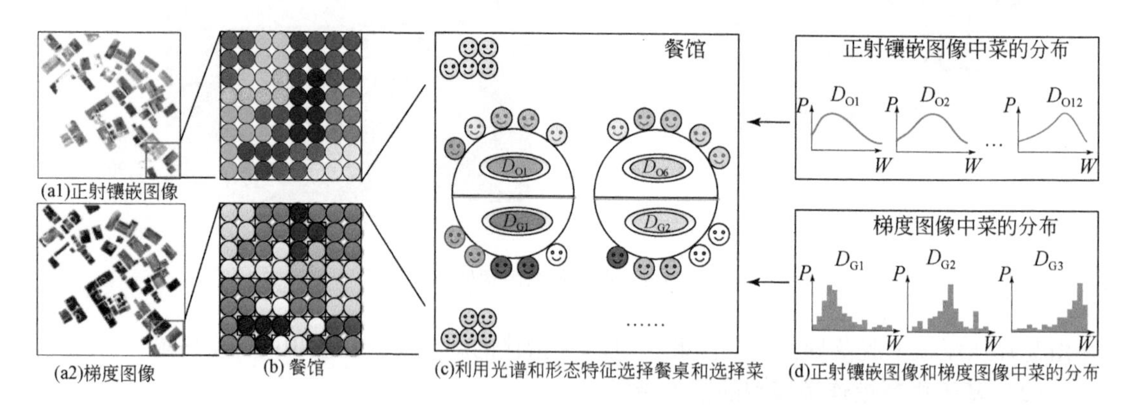

图 9-7 基于中餐馆连锁模型的屋顶漏空检测的示意

A. 选择餐桌

假设所有的顾客除了 θ_j 已经选择了餐桌 $T_{\neg j}$ 和菜 $D_{\neg j}^{\mathrm{GO}}$，那么顾客 θ_j 选择餐桌 t 的概率为

$$p(t_j=t\mid T_{\neg j},D_{\neg j}^{\mathrm{GO}})\propto\begin{cases}f_{d_j^{\mathrm{GO}}}^{\mathrm{G}}(x_j^{\mathrm{G}})f_{d_j^{\mathrm{GO}}}^{\mathrm{O}}(x_j^{\mathrm{O}}) & \text{如果 } t \text{ 已经存在}\\ \gamma_0 f_{d_j^{\mathrm{GO}}}^{\mathrm{G}}(x_j^{\mathrm{G}})f_{d_j^{\mathrm{GO}}}^{\mathrm{O}}(x_j^{\mathrm{O}}) & \text{如果 } t \text{ 是新餐桌}\end{cases}\tag{9-2}$$

式中，$f_{d_j^{\mathrm{GO}}}^{\mathrm{G}}$ 和 $f_{d_j^{\mathrm{GO}}}^{\mathrm{O}}$ 是观测值 x^{G} 和 x^{O} 的似然；正射镶嵌图像的观测 x^{G} 使用高斯分布建模，梯度图像的观测值 x^{O} 使用多项式建模；γ_0 是先验参数。

如果餐桌 t 是一个新餐桌，那么菜 $d_{j\mathrm{new}}$ 被选择的概率为

$$p(d_{j\mathrm{new}}=d\mid T_{\neg j},D_{\neg j}^{\mathrm{GO}})\propto\gamma_0 f_{d_j^{\mathrm{GO}}}^{\mathrm{G}}(x_j^{\mathrm{G}})f_{d_j^{\mathrm{GO}}}^{\mathrm{O}}(x_j^{\mathrm{O}})\tag{9-3}$$

B. 选择菜

假设所有的餐桌除了 t 都已经选择了菜 $D_{\neg j}^{\mathrm{GO}}$，那么餐桌 t 选择菜 d_j 的概率为

$$p(d_j=d\mid T_{\neg j},D^{GO}_{\neg j})\propto\begin{cases}f^{G}_{d_j^{GO}}(x_j^{G})f^{O}_{d_j^{GO}}(x_j^{O}) & \text{如果 } d \text{ 已经存在}\\ \gamma_0 f^{G}_{d_j^{GO}}(x_j^{G})f^{O}_{d_j^{GO}}(x_j^{O}) & \text{如果 } d \text{ 是新菜}\end{cases}\tag{9-4}$$

与选择餐桌类似，选择菜同样是基于观测值 x^{G} 和 x^{O} 的似然。完成选择餐桌和选择菜后，即完成了该模型的聚类过程。

(3) 漏空检测

中餐馆连锁模型对正射镶嵌图像和梯度图像进行聚类后，接下来是要找到属于屋顶漏空类别的分割体，本书是通过比较图像中每个分割体的分布和真实的屋顶漏空分割体的分布的相似性来决定的，这两个分布相似性是通过 Kullback-Leibler 散度计算得来的。根据真实的屋顶漏空分割体，我们将图像中每个分割体对应的相似度按照从大到小的顺序进行排序，得分较高的即为屋顶漏空。

9.3 实验分析与讨论

9.3.1 实验数据及预处理

本章中，采用雅安地震和汶川地震的震后无人机图像进行验证与分析，这两次地震及震后无人机图像的具体信息如下。

1）雅安地震。2013 年 4 月 20 日，四川省雅安市芦山县（北纬 30.3°，东经 103.0°）发生了 7.0 级地震，震源深度 13km，地震最大烈度为 9°。震后 4 天对芦山县宝盛乡玉溪村进行了无人机拍摄，覆盖面积约 0.04km²，共获取无人机图像 93 张，其平均地面采样距离（ground sampling distance，GSD）为 2.49cm。

2）汶川地震。2008 年 5 月 12 日，四川省汶川县（北纬 31.01°，东经 103.42°）发生了 8.0 级地震，地震最大烈度达 11°。震后无人机图像覆盖的区域为绵竹市汉旺镇周家湾村，位于 9°烈度区，无人机拍摄时间为 2009 年 5 月 29 日，覆盖面积约为 1.33km²，共获取无人机图像 151 张，其平均地面采样距离为 7.91cm。

针对两个研究区内的无人机图像进行预处理，获得所需的正射镶嵌图像（图 9-8）和对应的点云数据。正射镶嵌图像和点云数据均通过商业软件 Pix4UAV 来完成，其中，点云数据具有红绿蓝等颜色属性及高程信息。雅安地震点云数据的平均点密度约为 290 点/m²，汶川地震点云数据的平均点密度约为 190 点/m²。

在实验中，建筑物的轮廓根据震前的高分卫星图像获得。为了使震前的高分卫星图像提供的建筑物轮廓能够与震后的无人机图像匹配，我们对震前的高分卫星图像和震后的无人机图像进行了配准。在汶川地震汉旺镇周家湾村中，一共寻找了 320 个同名点来配准震前的 QuickBird 图像和震后的无人机图像。在雅安地震的玉溪村中，一共寻找了 120 个同名点对震前的 Pléiades 图像和震后的无人机图像进行配准。汉旺镇周家湾村中无人机图像的覆盖面积约为 1.33km²，其中居民地的面积约占图像面积的 20%，而绝大部分的同名点都集中在居民地的范围内。雅安玉溪村中无人机图像的覆盖面积约 0.04km²，图像的范围较小，但是却集中了 120 个同名点。因此我们认为震前高分卫星图像和震后无人机图像的

(a) 雅安地震：宝盛乡玉溪村正射镶嵌图像

(b) 汶川地震：汉旺镇周家湾正射镶嵌图像

图 9-8　两个研究区的正射镶嵌图像

匹配精度是可以满足的。

9.3.2　实验结果与讨论

9.3.2.1　屋顶漏空检测部分

本节为评估提出的方法的性能，从定性和定量的角度与非监督的 *K*-means 和 ISODATA 方法进行对比分析。实验中，*K*-means 和 ISODATA 方法的聚类个数设置为 12，并且漏空的类别通过目视解译进行提取。

(1) 定性评价

如图 9-9 所示，从目视解译的角度，本书的方法提取的屋顶漏空比 *K*-means 和 ISODATA 方法更接近真实情况。一方面，*K*-means 和 ISODATA 方法提取的漏空仅依赖于图像的光谱信息，而漏空和阴影在光谱上非常相似，因此导致多数的阴影信息被误认为是漏空信息，如图 9-9（c）和（d）所示。本书的方法可以有效地区分漏空和阴影，因为两者虽然在光谱上相似，但是在梯度上差距非常明显。另一方面，相比于 *K*-means 和 ISODATA 方法，本书的方法提取的漏空更加紧凑，具有面向对象的属性，其原因在于本书的方法是基于图像的过分割体进行聚类，而非基于单个像素。

(2) 定量评价

本节中，采用召回率（Recall）、准确率（Precision）和漏检率（Omission）3 个定量指标评估方法的性能，其计算公式为

$$\text{Recall}=\frac{\text{TP}}{\text{TP+FN}}$$

$$\text{Precision}=\frac{\text{TP}}{\text{TP+FP}}$$

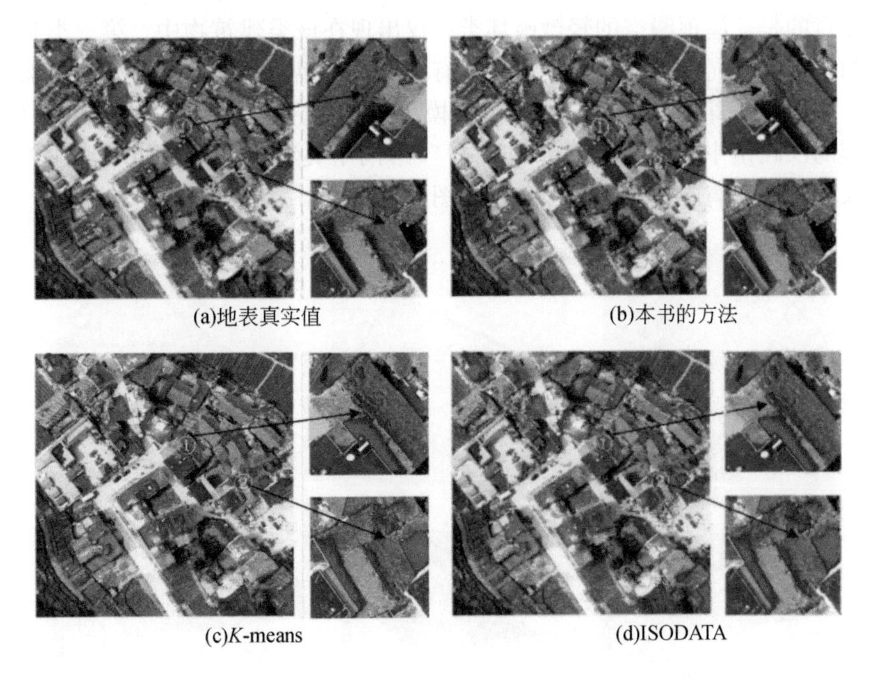

图 9-9　本文的方法与 K-means 和 ISODATA 方法的比较

$$\text{Omission}=\frac{\text{FN}}{\text{TP+FN}} \tag{9-5}$$

式中，TP 为方法检测到的漏空信息同时在地表真实图中标记的漏空信息；FN 为在地表真实图中标记的漏空信息但是未被方法检测到的漏空信息；FP 为被方法检测到的漏空信息但是在地表真实图中未被标记的漏空信息。根据公式，召回率和漏检率相加为 1。

表 9-2 给出了本书的方法与 K-means 和 ISODATA 方法的定量评价。无论是准确率还是召回率，本书的方法均远高于 K-means 和 ISODATA 方法，而漏检率则远低于其他两种方法。出现该结果的主要原因是 K-means 和 ISODATA 方法提取漏空信息时仅依赖于图像的光谱信息，而漏空和阴影在光谱上非常相似，因此多数阴影信息被误认为是漏空信息。

表 9-2　定量评价本书的方法与 K-means 和 ISODATA　（单位：%）

方法	召回率	准确率	漏检率
本书的方法	78.62	70.33	21.38
K-means	17.33	19.57	82.67
ISODATA	17.38	19.45	82.62

9.3.2.2　建筑物震害提取部分

根据建筑物在三维点云中呈现的几何形态，我们将雅安地震和汶川地震两个研究区内的建筑物划分为三个类型：“人”形、“凸”形和“口”形（即矩形），如图 9-10 和表 9-3 所示。第一类是屋顶范围内有可见的条带状贯穿屋顶，建筑物在三维模型中呈现“人”

形。值得注意的是，屋顶漏空的轻微破坏类型仅出现在该类建筑物中。第二类是屋顶范围内无可见的条带状，光谱较为均匀，屋顶上有一个类似矩形的烟囱，此类建筑物在三维模型中呈现“凸”形。第三类是建筑物在三维模型中呈现“口”形，即常见的矩形。其中，在汶川地震的汉旺镇中只有“人”形和“口”形两个类型，未见“凸”形建筑物。雅安玉溪村和汉旺镇周家湾中建筑物的三维模型图详见附录。

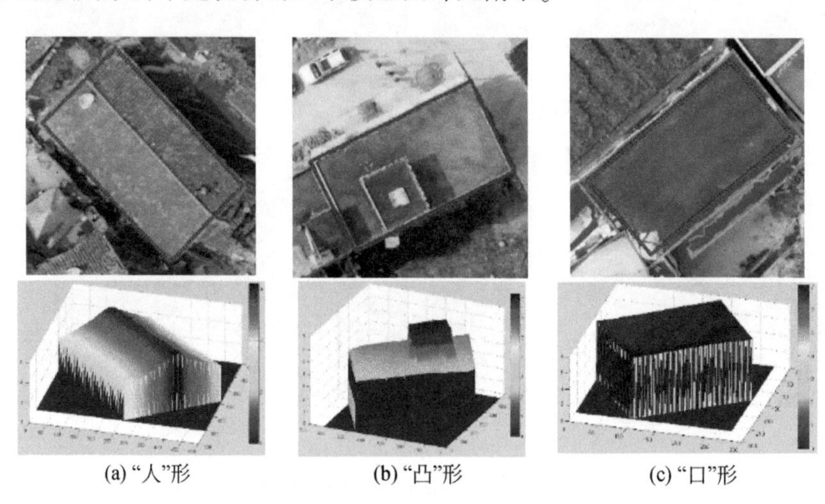

(a)“人”形　　(b)“凸”形　　(c)“口”形

图 9-10　雅安地震和汶川地震中建筑物类型的划分

表 9-3　不同建筑物类型中部分倒塌建筑物的判别规则

建筑物类型	部分倒塌的类型	判别规则
“人”形	部分倒塌	高度>3m，且 deta>2
	未倒塌	高度>3m，且 deta<2
“凸”形	部分倒塌	高度>3m，且 deta<2 或 deta>5
	未倒塌	高度>3m，且 2<deta<5
“口”形	部分倒塌	高度>3m，且 deta>2
	未倒塌	高度>3m，且 deta<2

根据无人机图像的光谱特征和点云数据的高度特征，将建筑物震害类型分为基本完好、轻微破坏、部分倒塌和完全倒塌 4 种类型。

首先，根据建筑物的矢量边界提取每个建筑物的点云数据，并对其进行三维建模，统计每个建筑物三维模型中高度的均值和方差。实验中，雅安地震和汶川地震的两个研究区建筑物高度的均值阈值都设置为 3m。当建筑物高度的均值小于 3m 时，则把该建筑物判定为完全倒塌的类型，否则待定。

然后，在待定的建筑物中，设置建筑物高度的方差阈值。不同建筑物类型的方差有所不同，根据不同的建筑物类型设置不同的方差阈值。

1）对于“人”形建筑物，在高度均值大于 3m 的基础上，当方差大于 2 时，则该建筑物判定为部分倒塌类型；否则判定为未倒塌类型。

2）对于“凸”形建筑物，基本完好的建筑物本身就存在着一定的方差。因此，在高度均值大于3m的基础上，当方差小于2时，即屋顶上方矩形的小烟囱倒塌，则该建筑物判定为部分倒塌类型；当方差大于5时，即主体的建筑物部分倒塌，则该建筑物判定为部分倒塌类型。当方差小于5大于2时，则判定为未倒塌类型。

3）对于“口”形建筑物，与“人”形建筑物在方差上相差不大，因此判定规则与“人”形相同，即在高度均值大于3m的基础上，当方差大于2时，判定为部分倒塌类型；否则判定为未倒塌类型。

根据上述的规则，我们利用建筑物高度的方差判别出部分倒塌类型和未倒塌类型。

最后，针对未倒塌的建筑物，利用中餐馆连锁模型检测建筑物屋顶漏空区域，将检测到的漏空区域与建筑物的矢量边界相叠加，在建筑物内部存在漏空区域的则判定为轻微破坏类型，否则为基本完好类型。

图9-11给出了雅安地震和汶川地震中建筑物震害类型判别的结果。其中，汶川地震汉旺镇周家湾村位于9°烈度区内，建筑物倒塌严重，屋顶漏空的情况较为少见，因此，我们将汉旺镇的建筑物震害类型只分为完全倒塌、部分倒塌和未倒塌3种类型，如图9-11（b）所示。

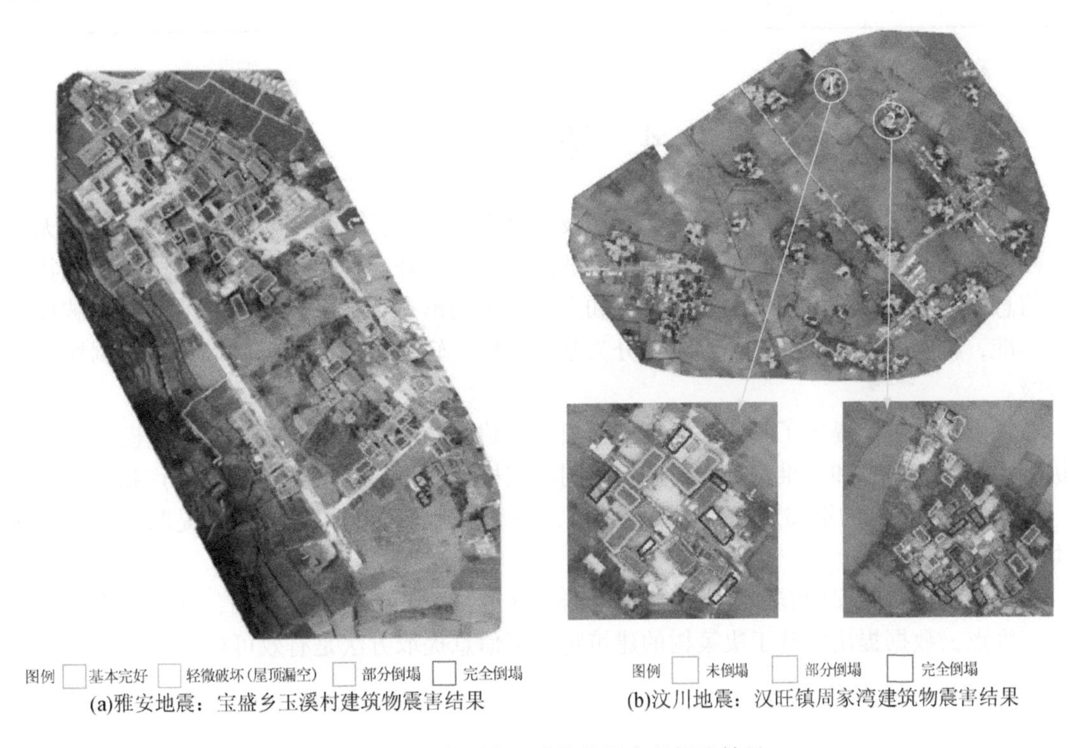

(a)雅安地震：宝盛乡玉溪村建筑物震害结果　(b)汶川地震：汉旺镇周家湾建筑物震害结果

图9-11　两个研究区建筑物震害的提取结果

与此同时，对两个研究区内建筑物震害类型的提取结果进行定量分析，见表9-4。雅安地震中玉溪村共有125个建筑物，其中，检测到的基本完好类型46个，轻微破坏类型43个，部分倒塌类型33个和完全倒塌类型3个，与目视判读的结果一致。汶川地震中汉旺镇共有581个建筑物，其中，有4个建筑物无点云信息，因此没有对这4个建筑物进行判断：我们检测到的未倒塌类型 214 个，部分倒塌类型 171 个和完全倒塌类型 164 个，与目视判读的结果有少许差异。这是由于汉旺镇的无人机图像是地震一年后拍摄的，一些倒塌的建筑物在原处被搭建成临时房，个别完全倒塌的建筑物被误判为未倒塌或者部分倒塌类型，与真实的情况有所差异。需要说明的是，在震后的无人机图像中存在着一些在空地上搭建住房的现象，如建筑物的外墙，而建筑物的矢量边界是根据震前的卫星图像获得的，因此震后的无人机图像中正在搭建的建筑物没有其边界信息。

表 9-4　定量评价建筑物震害类型的提取结果

研究区	建筑物震害类型	真实结果个数	正确个数	错误个数
宝盛乡玉溪村	基本完好	46	46	0
	轻微破坏	43	43	0
	部分倒塌	33	33	0
	完全倒塌	3	3	0
汉旺镇周家湾	未倒塌	225	214	11
	部分倒塌	179	171	8
	完全倒塌	173	164	9

9.4　本章小结

本章基于震后高分辨率的无人机图像及三维点云数据，分析了农村建筑物震害的无人机图像特征，包括图像的光谱特征和点云数据的形态特征，提出了基于决策树的建筑物震害信息提取方法。根据图像的光谱特征和点云数据的形态特征，结合现有的建筑物破坏分级标准，将农村建筑物的破坏等级划分为基本完好、轻微破坏、部分倒塌和完全倒塌四个等级。

特别地，本章提出了基于中餐馆连锁模型的建筑物屋顶漏空检测方法，该模型对无人机图像的光谱信息和三维点云的梯度信息同时建模，通过局部聚类（即餐桌）和全局聚类（即菜）两个层次的聚类过程获得聚类结果，并利用分割体的相似度计算提取屋顶漏空的类别。

本章通过对雅安地震和汶川地震两个研究区的实验分析，结果表明，基于无人机图像及三维点云数据提出的基于决策树的建筑物震害信息提取方法是有效可行的。

参 考 文 献

陈珺. 2013. 基于高分辨率遥感图像的植被信息提取. 科技信息，(10)：235-236.

宫鹏，黎夏，徐冰. 2006. 高分辨率图像解译理论与应用方法中的一些研究问题. 遥感学报，10 (1)：1-5.

郭杜杜，逯国生. 2017. 基于 eCognition 的高分辨率卫星图像的车辆检测实验设计. 实验技术与管理，4 (7)：42-45.

郭怡帆，张锦，卫东. 2014. 面向对象的高分辨率遥感图像建筑物轮廓提取研究. 测绘通报，10 (S2)：300-303.

李德仁，童庆禧，李荣兴，等. 2012. 高分辨率对地观测的若干前沿科学问题. 中国科学：地球科学，42 (6)：805-813.

刘珠妹，刘亚岚，谭衢霖. 2012. 高分辨率卫星图像车辆检测研究进展. 遥感技术与应用，27 (1)：8-14.

乔程，骆剑承，吴泉源，等. 2008. 面向对象的高分辨率图像城市建筑物提取. 地理与地理信息科学，24 (5)：36-39.

宋熙煜，周利莉，李中国，等. 2015. 图像分割中的超像素方法研究综述. 中国图象图形学报，20 (5)：599-608.

宋杨，李长辉，林鸿. 2012. 面向对象的 eCognition 遥感图像分类识别技术应用. 地理空间信息，10 (2)：64-66.

王春瑶，陈俊周，李炜. 2014. 超像素分割算法研究综述. 计算机应用研究，31 (1)：6-12.

王亚杰，叶永生，石祥滨. 2014. 一种基于熵率超像素分割的多聚焦图像融合. 光电工程，41 (9)：56-62.

王亚静，王正勇，滕奇志，等. 2014. 基于熵率超像素和区域合并的岩屑颗粒图像分割. 计算机工程与设计，35 (12)：4223-4227.

肖鹏峰，冯学智. 2012. 高分辨率遥感图像分割与信息提取. 北京：科学出版社.

杨艳，许道云. 2018. 优化加权核 K-means 聚类初始中心点的 SLIC 算法. 计算机科学与探索，12 (3)：494-501.

周晖，郭军，朱长仁，等. 2010. 引入 PLSA 模型的光学遥感图像舰船检测. 遥感学报，(4)：663-680.

周晖，郭军，朱长仁，等. 2010. 引入 PLSA 模型的光学遥感图像舰船检测. 遥感学报，(4)：663-680.

周莉莉，姜枫. 2017. 图像分割方法综述研究. 计算机应用研究，34 (7)：1921-1928.

Achanta R，Shaji A，Smith K，et al. 2012a. SLIC superpixels. IEEE Transactions on Software Engineering，34 (11).

Achanta R，Shaji A，Smith K，et al. 2012b. SLIC superpixels compared to state-of-the-art superpixel methods. IEEE Transactions on Pattern Analysis and Machine Intelligence，34 (11)：2274-2282.

Akcay H G，Aksoy S. 2008. Automatic detection of geospatial objects using multiple hierarchical segmentations. IEEE Transactions on Geoscience and Remote Sensing，46 (7)：2097-2111.

Ali Ozgun O. 2013. Automated detection of buildings from single VHR multispectral images using shadow information and graph cuts. ISPRS Journal of Photogrammetry and Remote Sensing，86：21-40.

Antoniak C E. 1974. Mixtures of Dirichlet Processes with Applications to Bayesian Nonparametric Problems. The

Annals of Statistics, 2 (6): 1152-1174.

Andrzejewski D, Zhu X, Craven M. 2009. Incorporating domain knowledge into topic modeling via Dirichlet forest priors//International Conference on Machine Learning: 25-32.

Baatz M, Benz U, Dehghani S, et al. 2011. "eCognition user guide," Definiens Imaging GmbH. https://docs.ecognition.com/v9.5.0/Page%20collection/eCognition%20Suite%20Dev%20UG.htm [2022-01-25].

Beaulieu J M, Goldberg M. 1989. Hierarchy in picture segmentation: A stepwise optimization approach. IEEE Transactions on Pattern Analysis and Machine Intelligence, 11 (2): 150-163.

Benz U C, Hofmann P, Willhauck G, et al. 2004. Multi-resolution, object-oriented fuzzy analysis of remote sensing data for GIS-ready informatio. ISPRS Journal of Photogrammetry and Remote Sensing, 58 (3): 239-258.

Bishop C M. 2006. Pattern Recognition and Machine learning (Vol. 4). New York: Springer.

Blackwell D, MacQueen J B. 1973. Ferguson Distributions Via Polya Urn Schemes. Annals of Statistics, 1 (2): 353-355.

Blaschke T. 2010. Object based image analysis for remote sensing. ISPRS Journal of Photogrammetry and Remote Sensing, 65 (1): 2-16.

Blei D M, Frazier P I. 2011. Distance dependent Chinese restaurant processes. Journal of Machine Learning Research, 12 (8): 2461-2488.

Blei D M, Jordan M I. 2003. Modeling annotated data//Proceedings of the 26th Annual International ACM SIGIR conference on Research and Development in Information Retrieval. Toronto, Canada, ACM: 127-134.

Blei D M, Ng A Y, Jordan M I. 2003. Latent dirichlet allocation. The Journal of Machine Learning Research, 3: 993-1022.

Blei D, McAuliffe J. 2007. Supervised topic models. https://proceedings.neurips.cc/paper/2007/file/d56b9fc4b0f1be8871f5e1c40c0067e7-Paper.pdf [2022-01-25].

Bosch A, Zisserman A, Muñoz X. 2006. Scene classification via pLSA. Computer Vision-ECCV 2006. Graz: Springer Berlin Heidelberg: 517-530.

Cao L L, Li F F. 2007. Spatially coherent latent topic model for concurrent segmentation and classification of objects and scenes// IEEE International Conference on Computer Vision. New York: IEEE: 1080-1087.

Cheng G, Han J, Guo L, et al. 2015. Effective and efficient midlevel visual elements-oriented land-use classification using VHR remote sensing images. IEEE Transactions on Geoscience and Remote Sensing, 53 (8): 4238-4249.

Cho M A, Mathieu R, Asner G P, et al. 2012. Mapping tree species composition in South African savannas using an integrated airborne spectral and LiDAR system. Remote Sensing of Environment, 125 (10): 214-226.

Cohen J. 1960. A coefficient of agreement for nominal scales. Educational and Psychological Measurement, 20 (1): 37-46.

Comaniciu D, Meer P. 2002. Mean shift: A robust approach toward feature space analysis. IEEE Transactions on Pattern Analysis and Machine Intelligence, 24 (5): 603-619.

Dey V, Zhang Y, Zhong M. 2010. A review on image segmentation techniques with remote sensing perspective// Proceedings of the International Society for Photogrammetry and Remote Sensing Symposium.

Dos Santos J A, Gosselin P H, Philipp-Foliguet S, et al. 2012. Multiscale classification of remote sensing images. IEEE Transactions on Geoscience and Remote Sensing, 50 (10): 3764-3775.

Drǎguţ L, Tiede D, Levick S R. 2010. ESP: A tool to estimate scale parameter for multiresolution image segmentation of remotely sensed data. International Journal of Geographical Information Science, 24 (6): 859-871.

Fang L, Li S, Duan W, et al. 2015a. Classification of hyperspectral images by exploiting spectral-spatial information of superpixel via multiple kernels. IEEE Transactions on Geoscience and Remote Sensing, 53 (12): 6663-6674.

Fang L, Li S, Kang X, et al. 2015b. Spectral-spatial classification of hyperspectral images with a superpixel-based discriminative sparse model. IEEE Transactions on Geoscience and Remote Sensing, 53 (8): 4186-4201.

Fauvel M, Tarabalka Y, Benediktsson J A, et al. 2013. Advances in spectral-spatial classification of hyperspectral images. Proceedings of the IEEE, 101 (3): 652-675.

Felzenszwalb P F, Huttenlocher D P. 2004. Efficient graph-based image segmentation. International Journal of Computer Vision, 59 (2): 167-181.

Frohn R C, Hao Y. 2006. Landscape metric performance in analyzing two decades of deforestation in the Amazon Basin of Rondonia, Brazil. Remote Sensing of Environment, 100 (2): 237-251.

Geiger A, Wang C. 2015. Joint 3d object and layout inference from a single RGB-D image//German Conference on Pattern Recognition: 183-195.

Gershman S J, Blei D M. 2012. A tutorial on Bayesian nonparametric models. Journal of Mathematical Psychology, 56 (1): 1-12.

Ghosh S, Ungureanu A B, Sudderth E B, et al. 2011. Spatial distance dependent Chinese restaurant processes for image segmentation. Advances in Neural Information Processing Systems: 1476-1484.

Gould S, Rodgers J, Cohen D, et al. 2008. Multi-class segmentation with relative location prior. International Journal of Computer Vision, 80 (3): 300-316.

Griffiths T L, Ghahramani Z. 2011. The indian buffet process: An introduction and review. Journal of Machine Learning Research, 12: 1185-1224.

Grunthal G. 1998. European Macroseismic Scale 1998 (EMS-98). https://www.researchgate.net/publication/309282734_European_Macroseismic_Scale_1998 [2022-01-25].

Guigues L, Cocquerez J P, Le Men H. 2006. Scale-sets image analysis. International Journal of Computer Vision, 68 (3): 289-317.

Gupta S, Arbeláez P A, Girshick R B, et al. 2015. Indoor scene understanding with RGB-D images: bottom-up segmentation, object detection and semantic segmentation. International Journal of Computer Vision, 112 (2): 133-149.

Halkidi M, Batistakis Y, Vazirgiannis M. 2001. On clustering validation techniques. Journal of Intelligent Information Systems, 17 (2-3): 107-145.

He K, Sun J, Tang X. 2013. Guided Image Filtering. IEEE Transactions on Pattern Analysis and Machine Intelligence, 35 (6): 1397-1409.

Heinrich G. 2012. "Infinite LDA" -Implementing the HDP with minimum code complexity. Technical Note.

Hofmann T. 2001. Unsupervised learning by probabilistic latent semantic analysis. Machine learning, 42 (1-2): 177-196.

Hou X D, Zhang L. 2007. Saliency detection: a spectral residual approach. Computer Vision and Pattern Recognition, Minneapoils, America.

Hu F, Yang W, Chen J, et al. 2013. Tile-level annotation of satellite images using multi-level max-margin discriminative random field. Remote Sensing, 5 (5): 2275-2291.

Huang X, Zhang L P. 2011. A multidirectional and multiscale morphological index for automatic building extraction from GeoEye-1 imagery. Photogrammetric Engineering and Remote Sensing, 77 (7): 721-732.

Joshi M V, Bruzzone L, Chaudhuri S. 2006. A model-based approach to multiresolution fusion in remotely sensed images. IEEE Transactions on Geoscience and Remote Sensing, 44 (9): 2549-2562.

Kang X, Li S, Benediktsson J A. 2013. Spectral-spatial hyperspectral image classification with edge-preserving filtering. IEEE Transactions on Geoscience and Remote Sensing, 52 (5): 2666-2677.

Laben C A, Brower B V. 2000. Process for enhancing the spatial resolution of multispectral imagery using pan-sharpening: U. S. Patent 6, 011, 875P. 2000-1-4.

Laliberte A S, Rango A, Herrick J E, et al. 2007. An object-based image analysis approach for determining fractional cover of senescent and green vegetation with digital plot photography. Journal of Arid Environments, 69 (1): 1-14.

Landauer T K, Dumais S T. 1997. A solution to Plato's problem: The latent semantic analysis theory of acquisition, induction, and representation of knowledge. Psychological Review, 104 (2): 211-240.

Lerma C D C, Kosecka J. 2014. Semantic segmentation with heterogeneous sensor coverages//IEEE International Conference on Robotics and Automation: 2639-2645.

Levinshtein A, Stere A, Kutulakos K N, et al. 2009. Turbopixels: Fast superpixels using geometric flows. IEEE Transactions on Pattern Analysis and Machine Intelligence, 31 (12): 2290-2297.

Li F F, Perona P. 2005. A Bayesian hierarchical model for learning natural scene categories// IEEE Computer Society Conference on Computer Vision and Pattern Recognition. IEEE.

Li S, Tang H, Shu Y, et al. 2015. Unsupervised detection of Earthquake-Triggered Roof-Holes from UAV images using joint color and shape features. IEEE Geoscience and Remote Sensing Letters, 44 (3): 1823-1827.

Li S, Tang H, Huang X, et al. 2017. Automated detection of buildings from heterogeneous VHR satellite images for rapid response to natural disasters. Remote Sensing, 9 (11): 1177.

Lienou M, Maitre H, Datcu M. 2010. Semantic annotation of satellite images using latent dirichlet allocation. IEEE Geoscience and Remote Sensing Letters, 7 (1): 28-32.

Liu B, Hu H, Wang H, et al. 2013. Superpixel-based classification with an adaptive number of classes for polarimetric SAR images. IEEE Transactions on Geoscience and Remote Sensing, 51 (2): 907-924.

Liu F, Shen C, Lin G. 2015. Deep convolutional neural fields for depth estimation from a single image//Proceedings of the IEEE Conference on Computer Vision and Pattern Recognition: 5162-5170.

Liu M Y, Tuzel O, Ramalingam S, et al. 2011. Entropy rate superpixel segmentation//The 24th IEEE Conference on Computer Vision and Pattern Recognition. CO, USA: Colorado Springs.

Luo W, Li H, Liu G, et al. 2014. Semantic Annotation of Satellite Images Using Author - Genre - Topic Model. IEEE Transactions on Geoscience and Remote Sensing, 52 (2): 1356-1368.

MacEachern S N, Müller P. 1998. Estimating mixture of Dirichlet process models. Journal of Computational and Graphical Statistics, 7 (2): 223-238.

Malahlela O, Cho M A, Mutanga O. 2014. Mapping canopy gaps in an indigenous subtropical coastal forest using high-resolution WorldView-2 data. International Journal of Remote Sensing, 35 (17): 6397-6417.

Mao T, Tang H, Wu J J, et al. 2016. A generalized metaphor of Chinese restaurant franchise to fusing both panchromatic and multispectral images for unsupervised classification. IEEE Transactions on Geoscience and Remote Sensing, 54 (8): 4594-4604.

Martha T R, Kerle N, Jetten V, et al. 2010. Characteristing spectral, spatial and morphometric properties of landslides for semi-automatic detection using object-oriented method. Geomorphology, 116 (1-2): 24-36.

Nemhauser G L, Wolsey L A, Fisher M L. 1978. An analysis of approximations for maximizingsubmodular set functions-I. Mathematical Programming, 14 (1): 265-294.

Neubert P, Protzel P. 2012. Superpixel benchmark and comparison. https: //www. mendeley. com/catalogue/4572414a-412f-33c8-8eda-ff1f20601e3e/ [2022-01-25].

Orbanz P, Buhmann J M. 2008. Nonparametric Bayesian image segmentation. International Journal of Computer Vision, 77 (1): 25-45.

Pitman J. 2006. Combinatorial Stochastic Processes. Lecture Notes in Mathematics, 1875 (94): 75-92.

Ren X, Malik J. 2003. Learning a classification model for segmentation//Computer Vision, 2003, Proceedings. Ninth IEEE International Conference on.

Rosenfeld A, Davis L S. 1979. Image segmentation and image models. Proceedings of the IEEE, 67 (5): 764-772.

Rosen-Zvi M, Griffiths T, Steyvers M, et al. 2004. The author-topic model for authors and documents//Proceedings of the 20th conference on Uncertainty in artificial intelligence. AUAI Press: 487-494.

Schick A, Fischer M, Stiefelhagen. 2013. Measuring and evaluating the compactness of superpixels//International Conference on Pattern Recognition. IEEE.

Sethuraman J. 1994. A Constructive Definition of the Dirichlet Prior. Statistica Sinica, 4 (2): 639-650.

Shen L, Tang H, Chen Y, et al. 2014. A semisupervised latent dirichlet allocation model for Object-Based classification of VHR panchromatic satellite imagesJ. IEEE Geoscience and Remote Sensing Letters, 11 (4): 863-867.

Shi J, Malik J. 2000. Normalized cuts and image segmentation. IEEE Transactions on pattern analysis and machine intelligence, 22 (8): 888-905.

Shu G, Dehghan A, Shah M. 2013. Improving an object detector and extracting regions using superpixels//IEEE Conference on Computer Vision and Pattern Recognition: 3721-3727.

Shu Y, Tang H, Li J, et al. 2015. Object-Based unsupervisedclassification of VHR panchromatic satellite images by combining the HDP and IBP on multiple scenes. IEEE Transactions on Geoscience and Remote Sensing, 53 (11): 6148-6162.

Silva A. 2007. A Dirichlet process mixture model for brain MRI tissue classification. Medical Image Analysis, 11 (2): 169-182.

Silva J. 2006. Combinatorial Stochastic Processes. Lecture Notes in Mathematics, 1875 (94): 75-92.

Sivic J, Russell B C, Efros A A, et al. 2005. Discovering objects and their location in images//Proceedings of the tenth IEEE international conference on computer vision. Los Alamitos: IEEEComputerSociety: 370-377.

Stutz D, Hermans A, Leibe B. 2018. Superpixels: an evaluation of the state-of-the-art. Computer Vision and Image Understanding, 166: 1-27.

Sudderth E B, Torralla A, Freeman W T, et al. 2005. Learning hierarchical models of scenes, objects, and parts. Computer Vision, 2: 1331-1338.

Tang H, Boujemaa N, Chen Y, et al. 2011. Modeling loosely annotated images using both given and imagined annotations. Optical Engineering, 50 (12): 127004-127004-8.

Tang H, Shen L, Qi Y, et al. 2013. A Multi-scale Lantent Dirichlet Allocation Model for Object-oriented Clustering of VHR Panchromatic Satellite Images. IEEE Transactions On Geoscience And Remote Sensing, 51 (3): 1680-1692.

Tang H, Zhai X, Huang W. 2018. Edge dependent Chinese restaurant process for very high resolution (VHR) satellite image over-segmentation. Remote Sensing, 10 (10): 1519.

Tarabalka Y, Benediktsso J A, Chanussot J. 2009. Spectral-Spatial Classification of Hyperspectral Imagery Based on Partitional Clustering Techniques. IEEE Transactions On Geoscience And Remote Sensing, 47 (8): 2973-

2987.

Teh Y W, Jordan M I, Beal M J, et al. 2006. Hierarchical dirichlet processes. Journal of the American Statistical Association, 101 (476): 1566-1581.

Teh Y W, Grür D, Ghahramani Z. 2007. Stick-breaking Construction for the Indian Buffet Process. Proc Nips, 9 (1): 117-119.

Tilton J C, Tarabalka Y, Montesano P M, et al. 2012. Best merge region-growing segmentation with integrated nonadjacent region object aggregation. IEEE Transactions on Geoscience and Remote Sensing, 50 (11): 4454-4467.

Tilton J C. 1998. Image segmentation by region growing and spectral clustering with natural convergence criterion. International Geoscience and Remote Sensing Symposium. Institute of Electrical & Electronicsengineers, INC (IEE), 4: 1766-1768.

Vaduva C, Gavat I, Datcu M. 2013. Latent Dirichlet Allocation for Spatial Analysis of Satellite Image. IEEE Transactions on Geoscience and Remote Sensing, 51 (5): 2770-2786.

Verbeek J, Triggs B. 2007. Region Classification with Markov Field Aspect Models//IEEE Computer Society Conference on Computer Vision and Pattern Recognition. Minneapolis, Minnesota, USA: IEEE: 1-8.

Vincent L, Soille P. 1991. Watersheds in digital spaces: an efficient algorithm based on immersion simulations. IEEE Transactions on Pattern Analysis & Machine Intelligence, (6): 583-598.

Wallach H, Mimno D, Mccallum A. 2009. Rethinking LDA: Why priors matter. Advances in Neural Information Processing Systems, 22: 1973-1981.

Wang C, Blei D M. 2009. Decoupling sparsity and smoothness in the discrete hierarchical dirichlet process. Advances in Neural Information Processing Systems, 22: 1982-1989.

Williamson S, Wang C, Heller K, et al. 2010. The IBP compound Dirichlet process and its application to focused topic modeling// Proceedings of the 27th International Conference on Machine Learning, Haifa, Israel.

Yamaguchi K M H K, Ortiz L E, Berg T L. 2012. Parsing clothing in fashion photographs. IEEE Conference on Computer Vision and Pattern Recognition: 3570-3577.

Yan J, Yu Y, Zhu X, et al. 2015. Object detection by labeling superpixels. IEEE Conference on Computer Vision and Pattern Recognition: 5107-5116.

Yang W, Dai D X, Triggs B, et al. 2012. SAR-Based Terrain Classification Using Weakly Supervised Hierarchical Markov Aspect Models. IEEE Transactions on Image Processing, 21 (9): 4232-4243.

Yi W, Tang H, Chen Y. 2011. An object-oriented semantic clustering algorithm for high-resolution remote sensing images using the aspect model. IEEE Geoscience and Remote Sensing Letters, 8 (3): 522-526.

Zhang G, Jia X, Kwok N M. 2012. Super pixel based remote sensing image classification with histogram descriptors on spectral and spatial data. Geoscience and Remote Sensing Symposium (IGARSS): 4335-4338.

Zhang G, Jia X, Hu J. 2015. Superpixel-based graphical model for remote sensing image mapping. IEEE Transactions on Geoscience and Remote Sensing, 53 (11): 5861-5871.

Zhang Y, De Backer S, Scheunders P. 2009. Noise-resistant wavelet-based Bayesian fusion of multispectral and hyperspectral images. IEEE Transactions on Geoscience and Remote Sensing, 47 (11): 3834-3843.

Zhu J, Ahmed A, Xing E P. 2012. MedLDA: maximum margin supervised topic models. The Journal of Machine Learning Research, 13 (1): 2237-2278.

附　　录

附录 A：雅安地震某村建筑物的三维模型

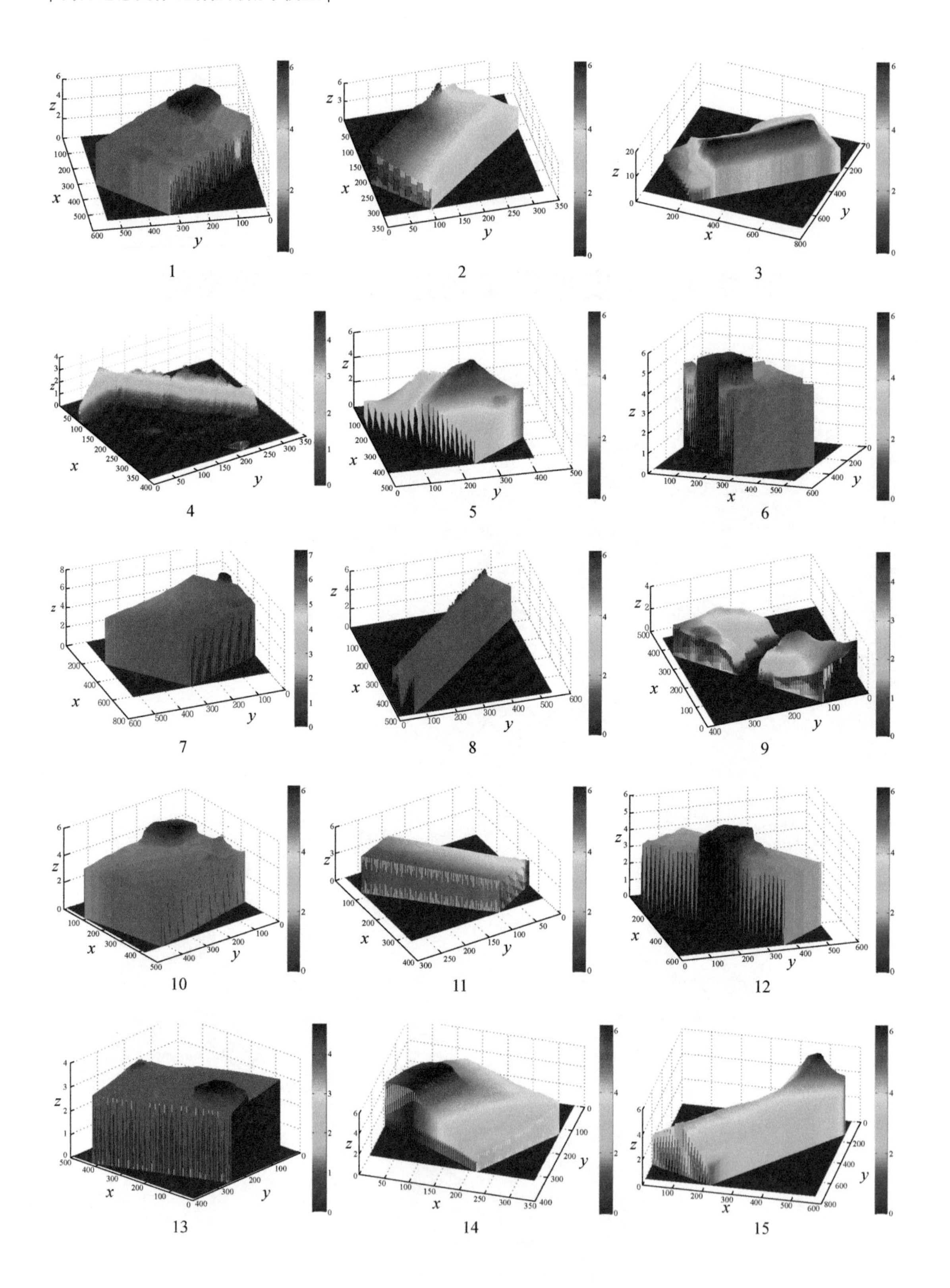
1
2
3
4
5
6
7
8
9
10
11
12
13
14
15

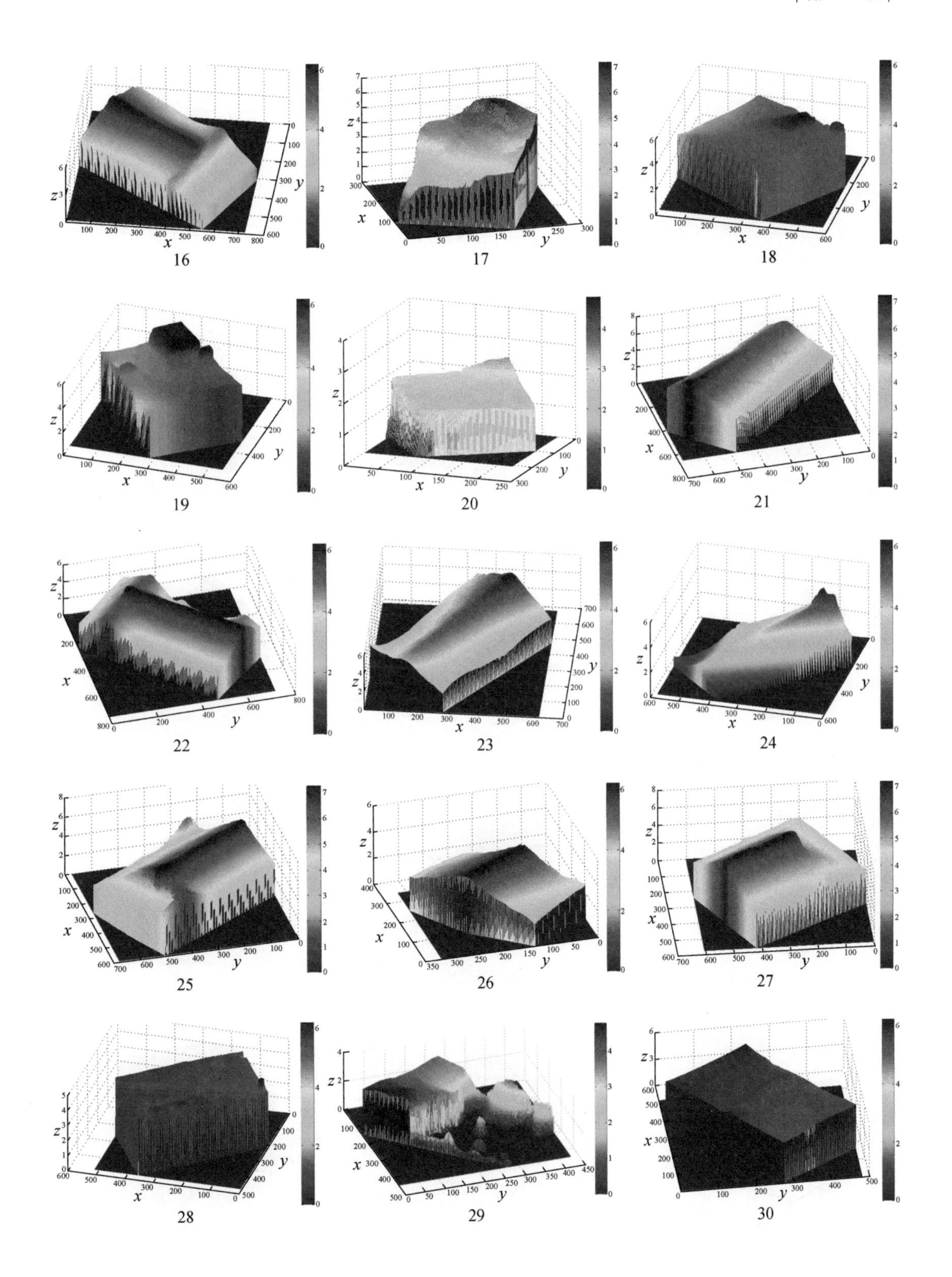

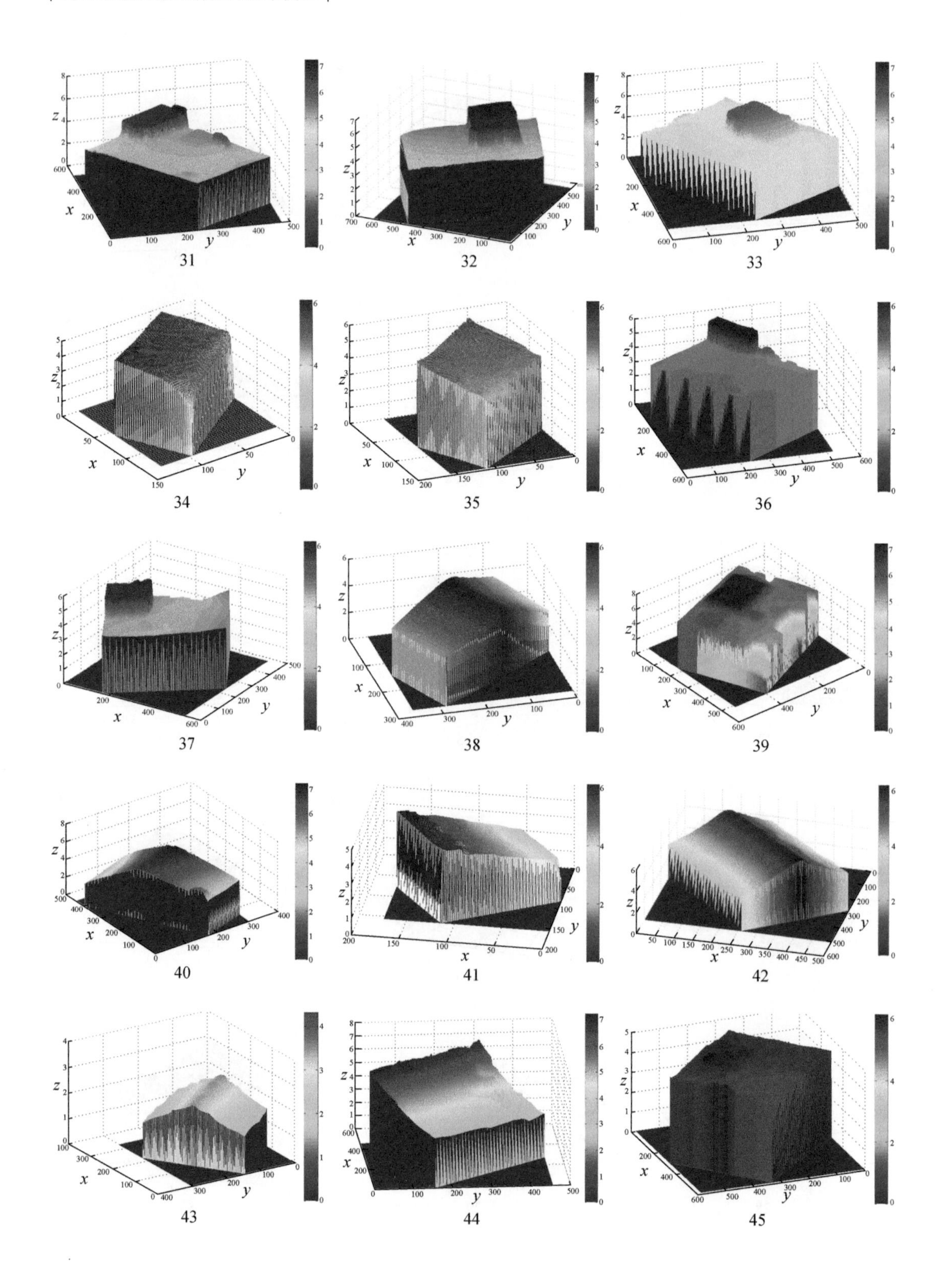
31
32
33
34
35
36
37
38
39
40
41
42
43
44
45

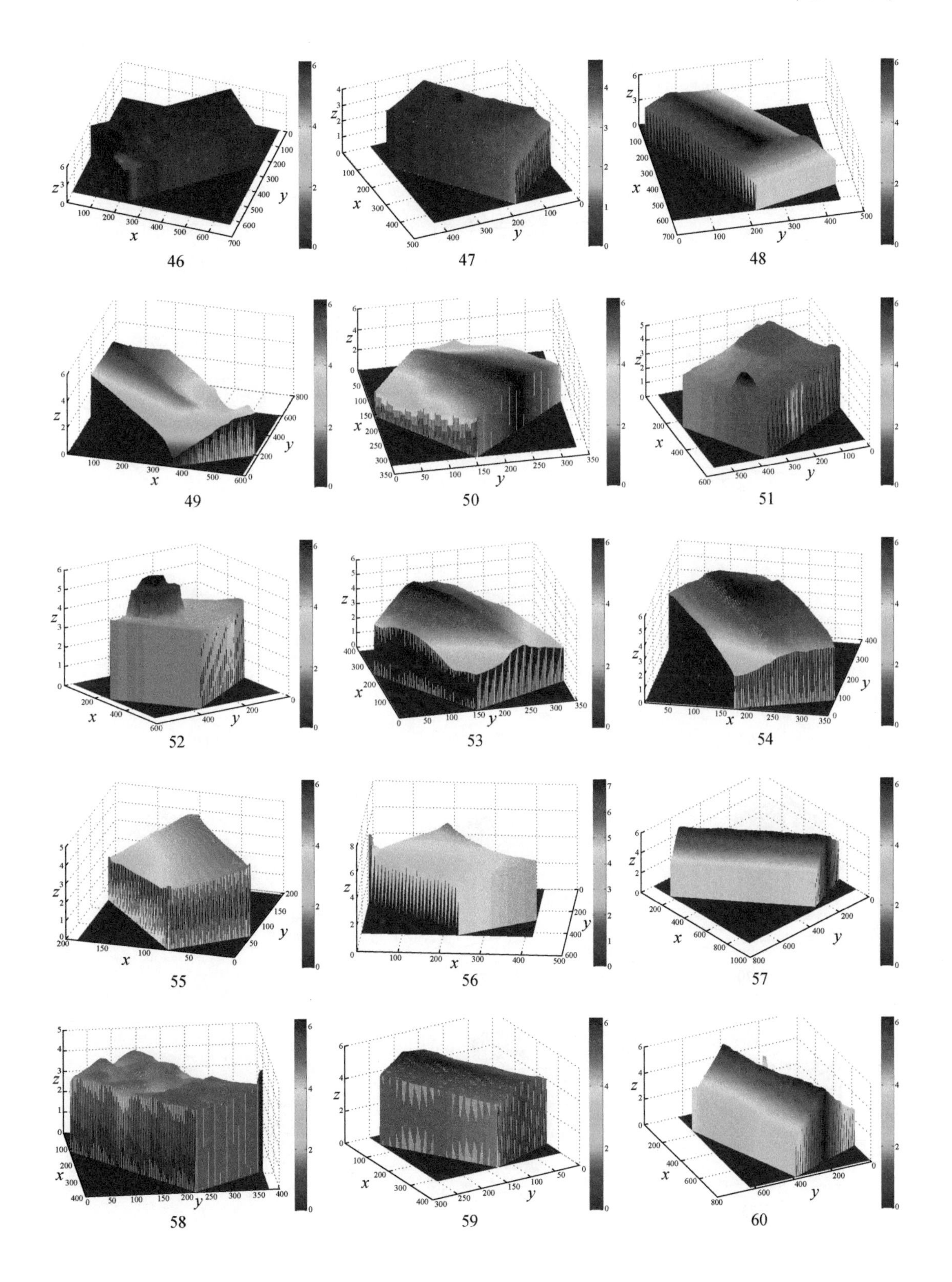

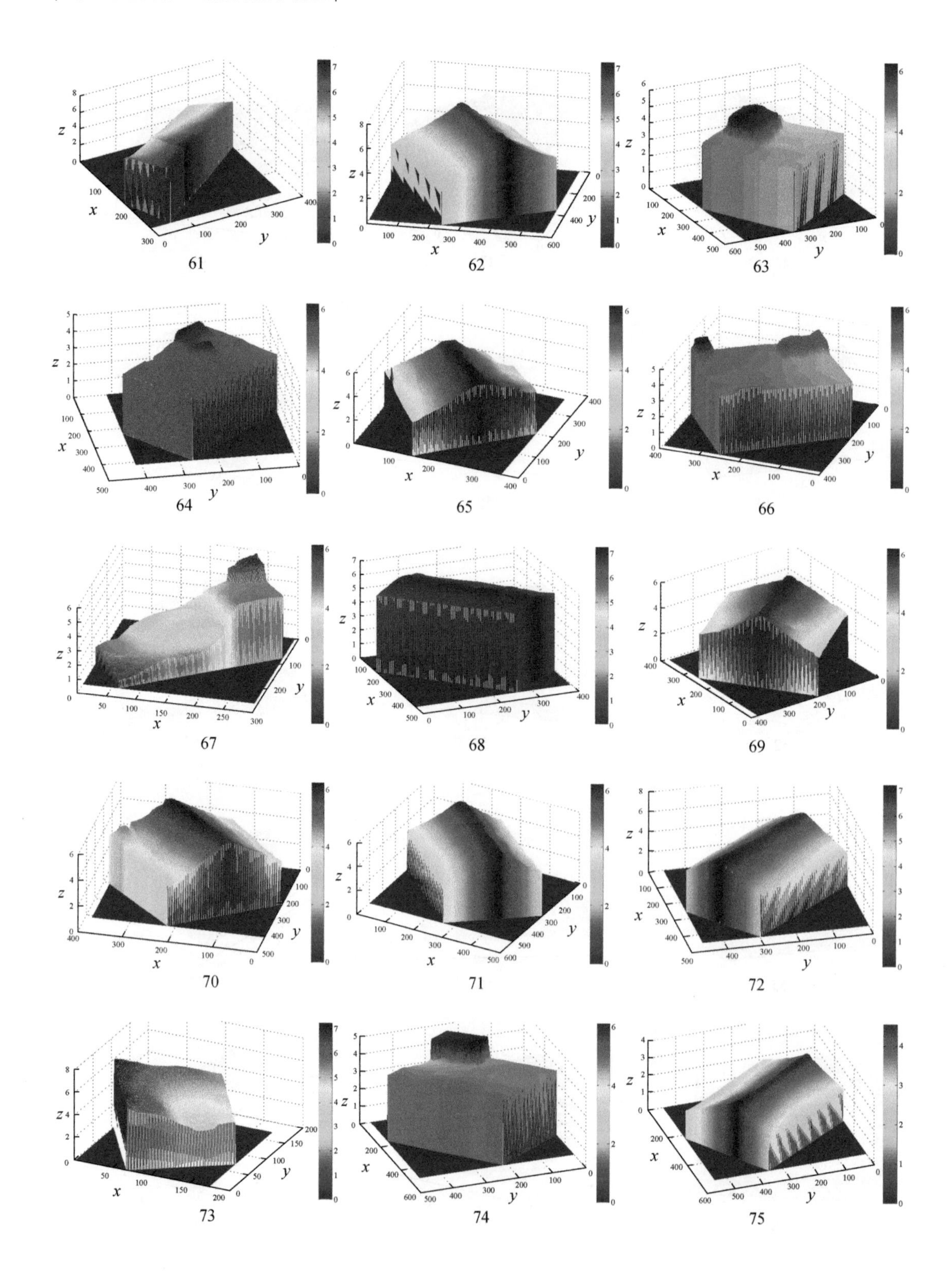

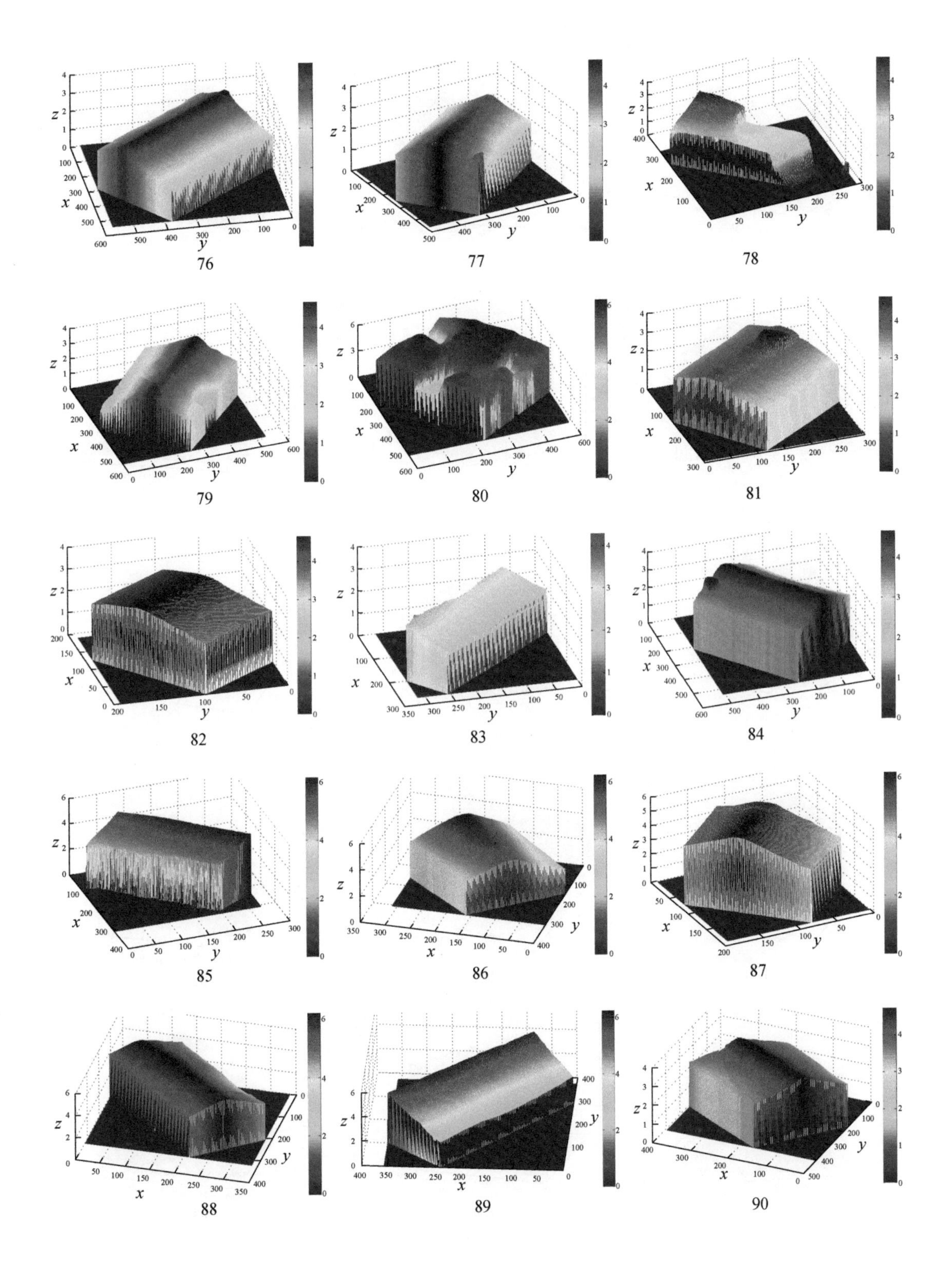
76
77
78
79
80
81
82
83
84
85
86
87
88
89
90

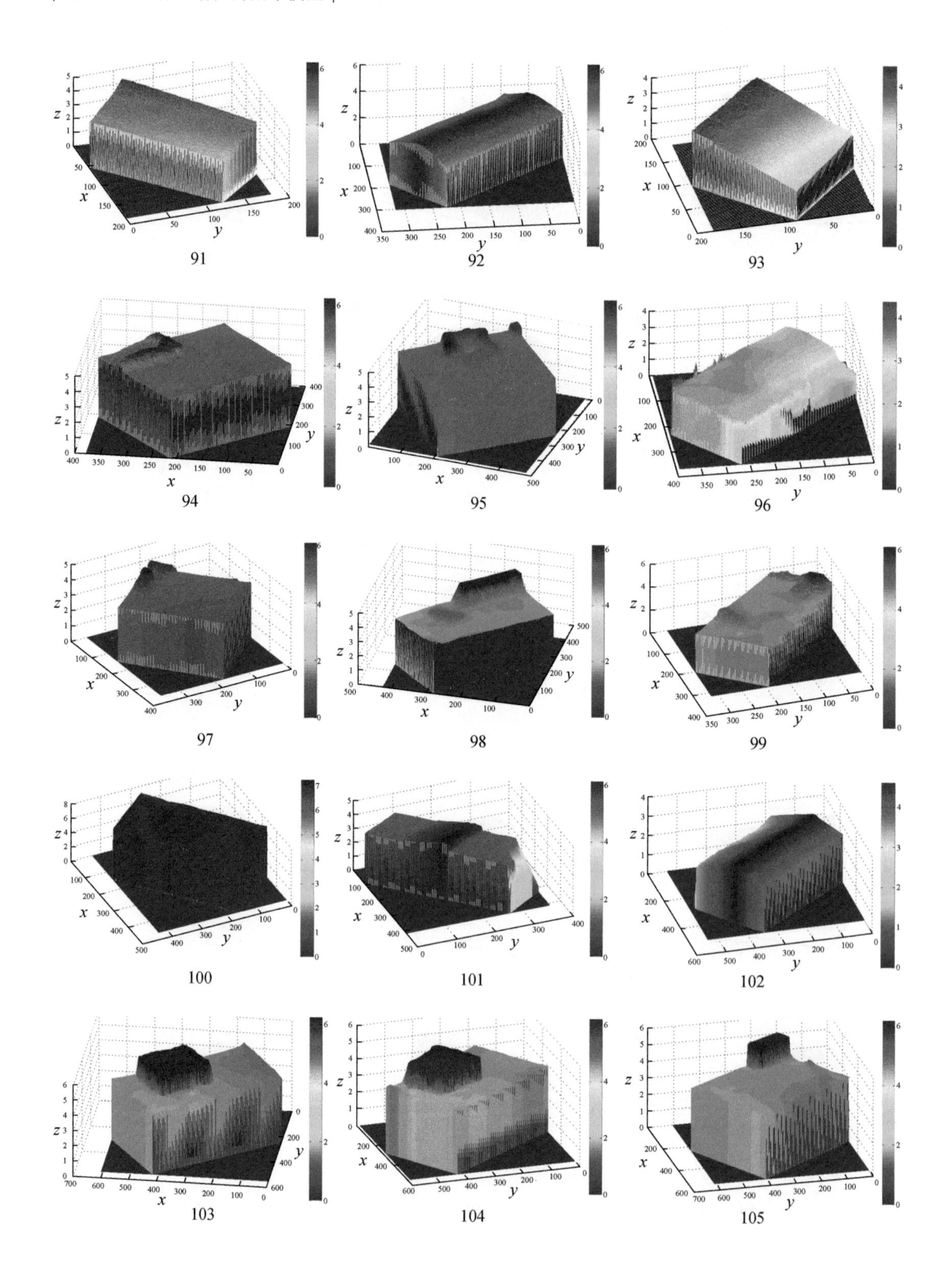

91
92
93
94
95
96
97
98
99
100
101
102
103
104
105

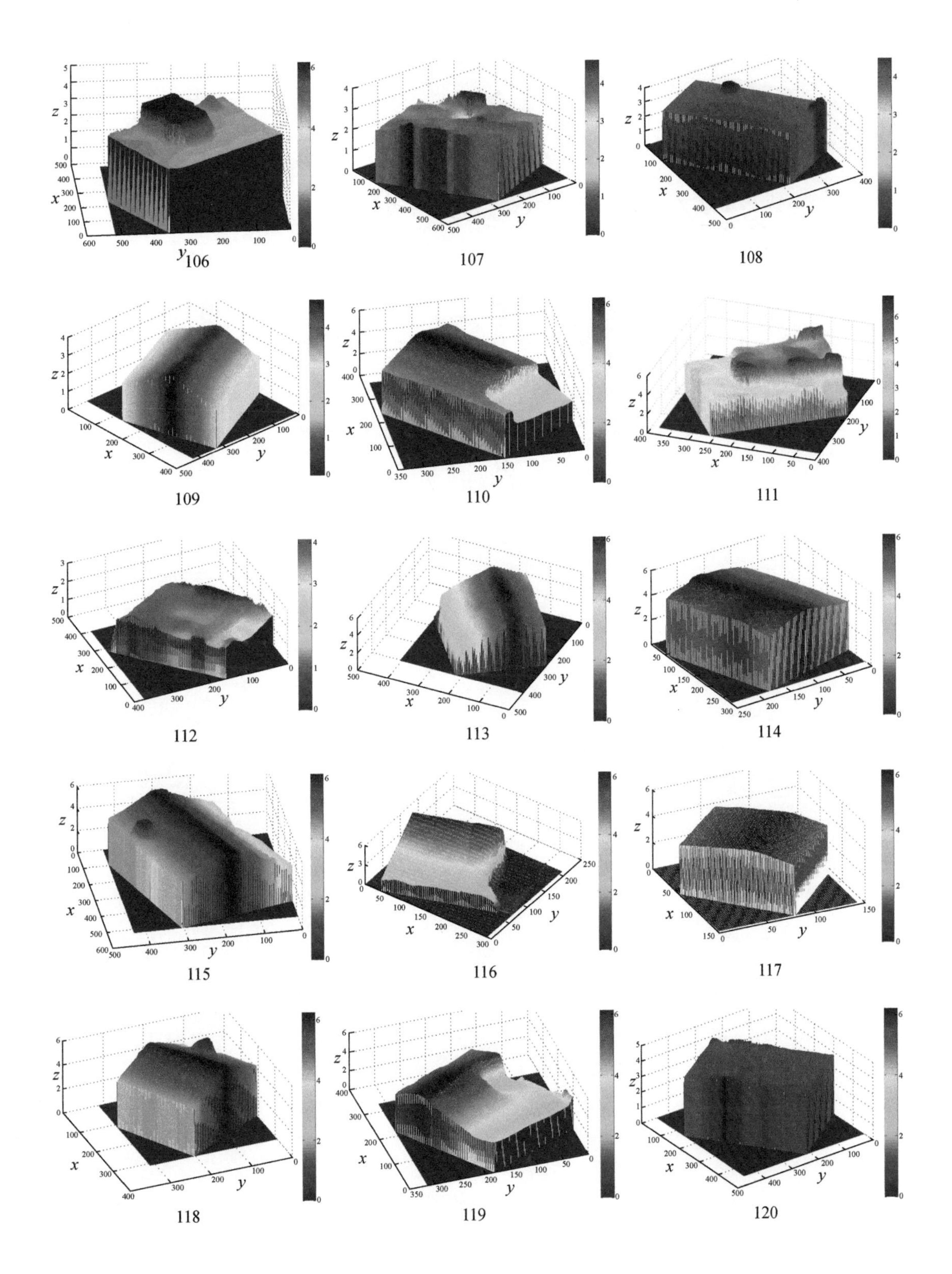

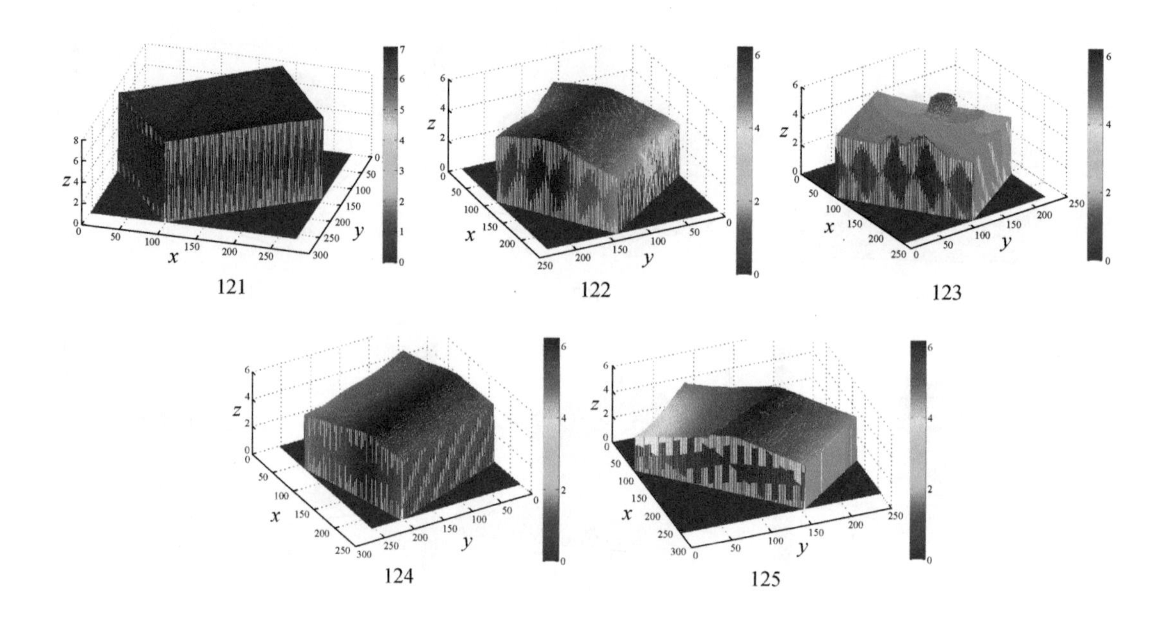

121 122 123

124 125

附录 B：汶川地震某镇建筑物的三维模型（部分）

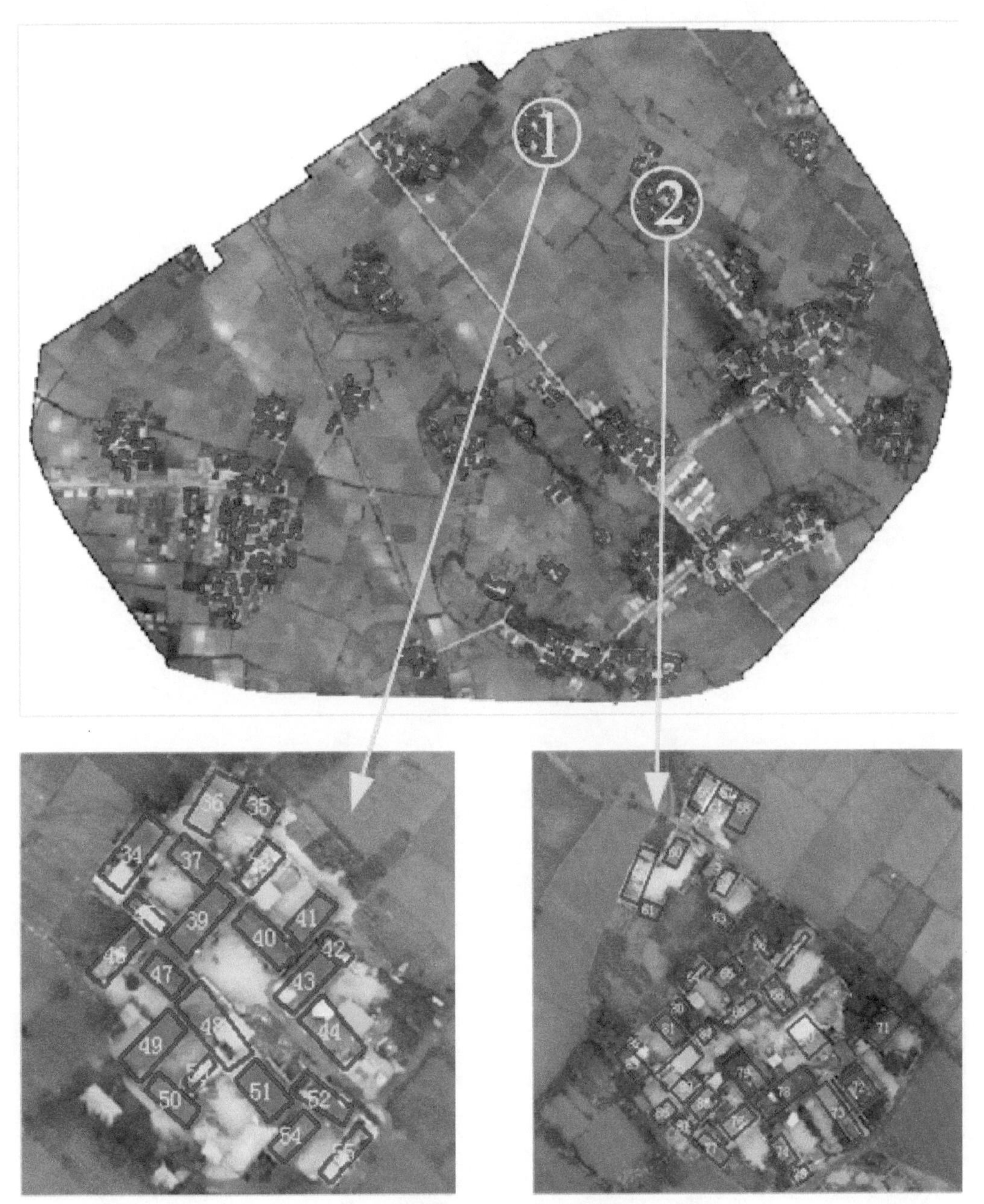

编号34~37的建筑物无点云数据，因此没有其三维模型

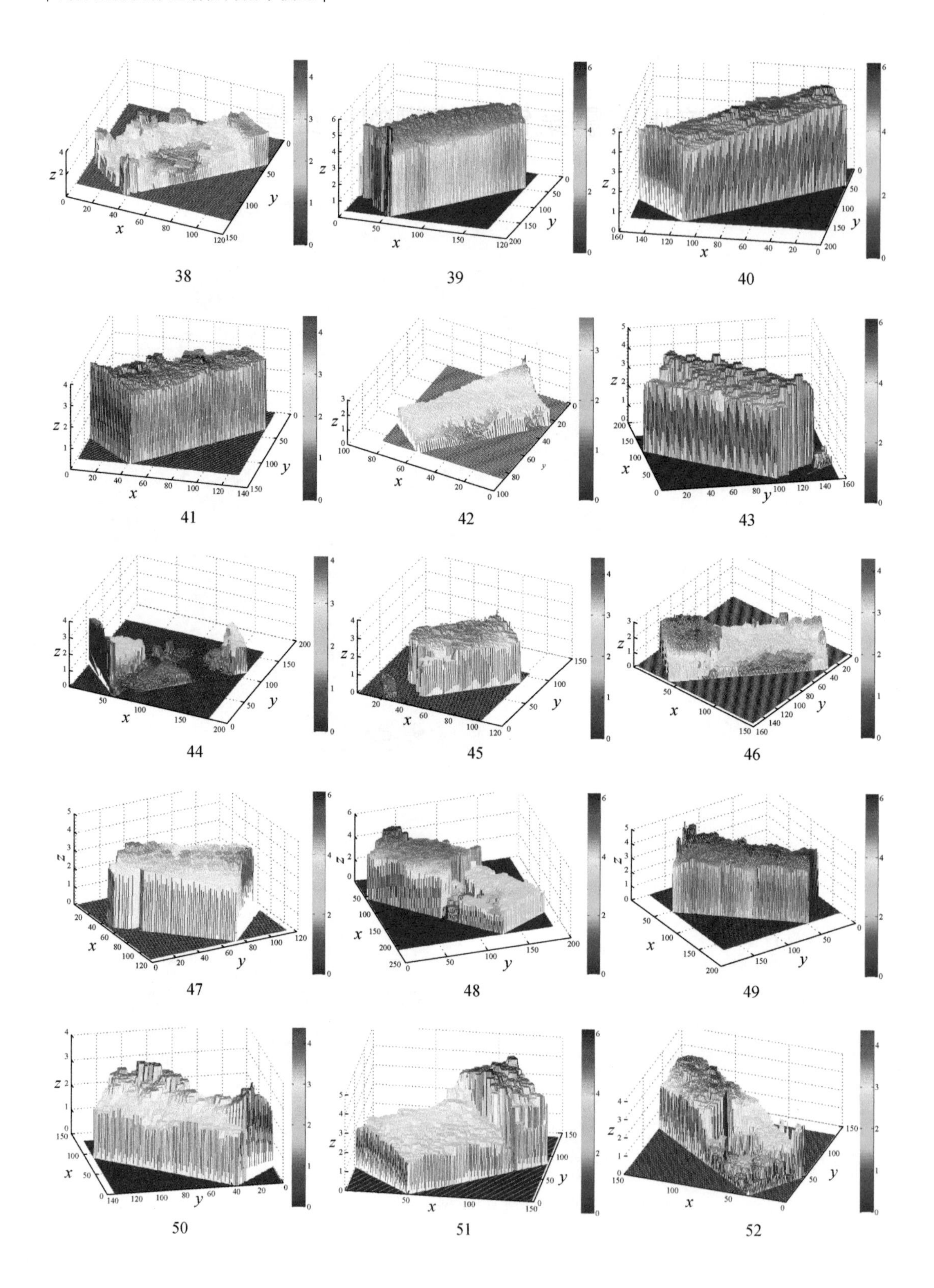
38
39
40
41
42
43
44
45
46
47
48
49
50
51
52

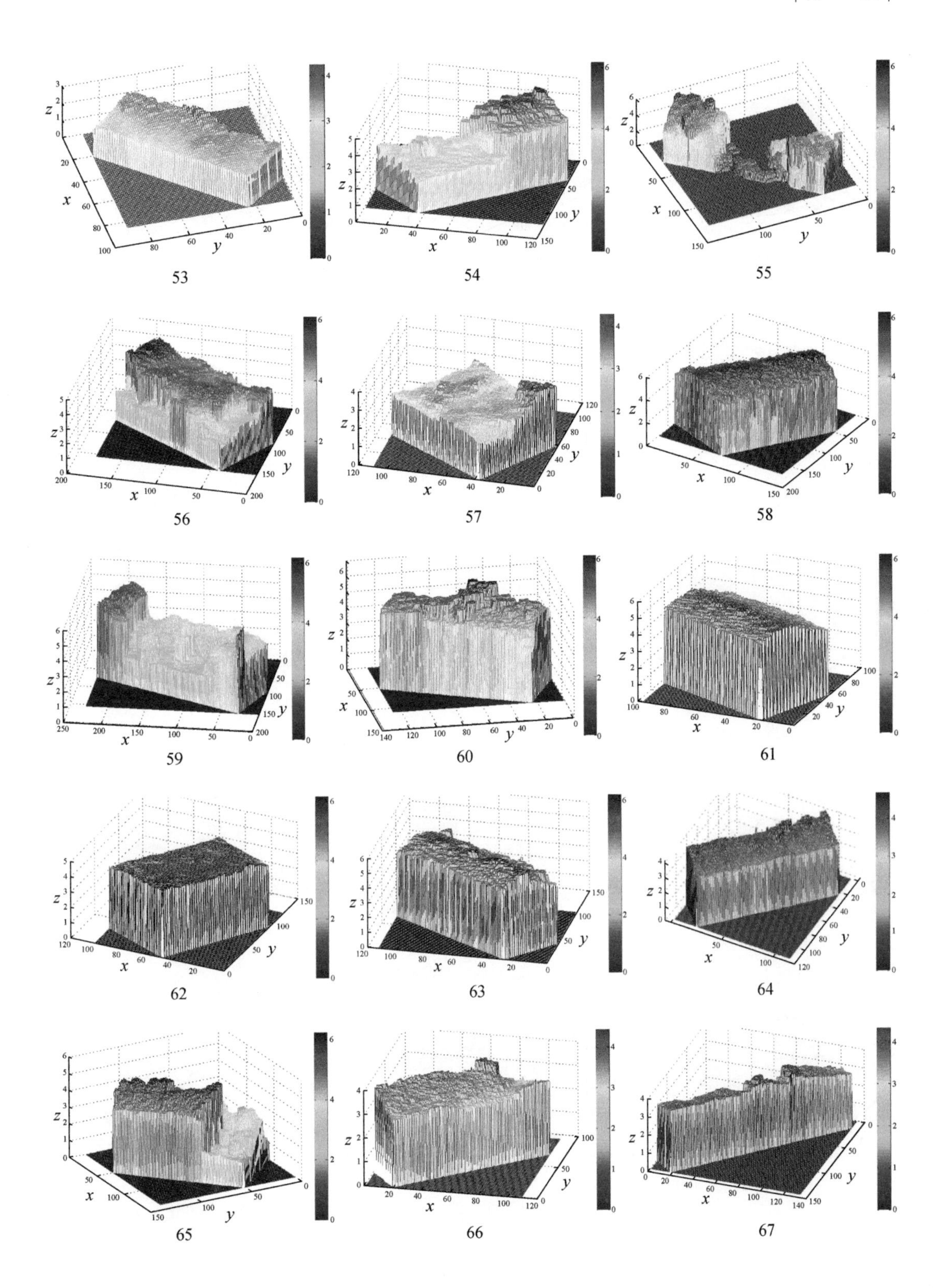

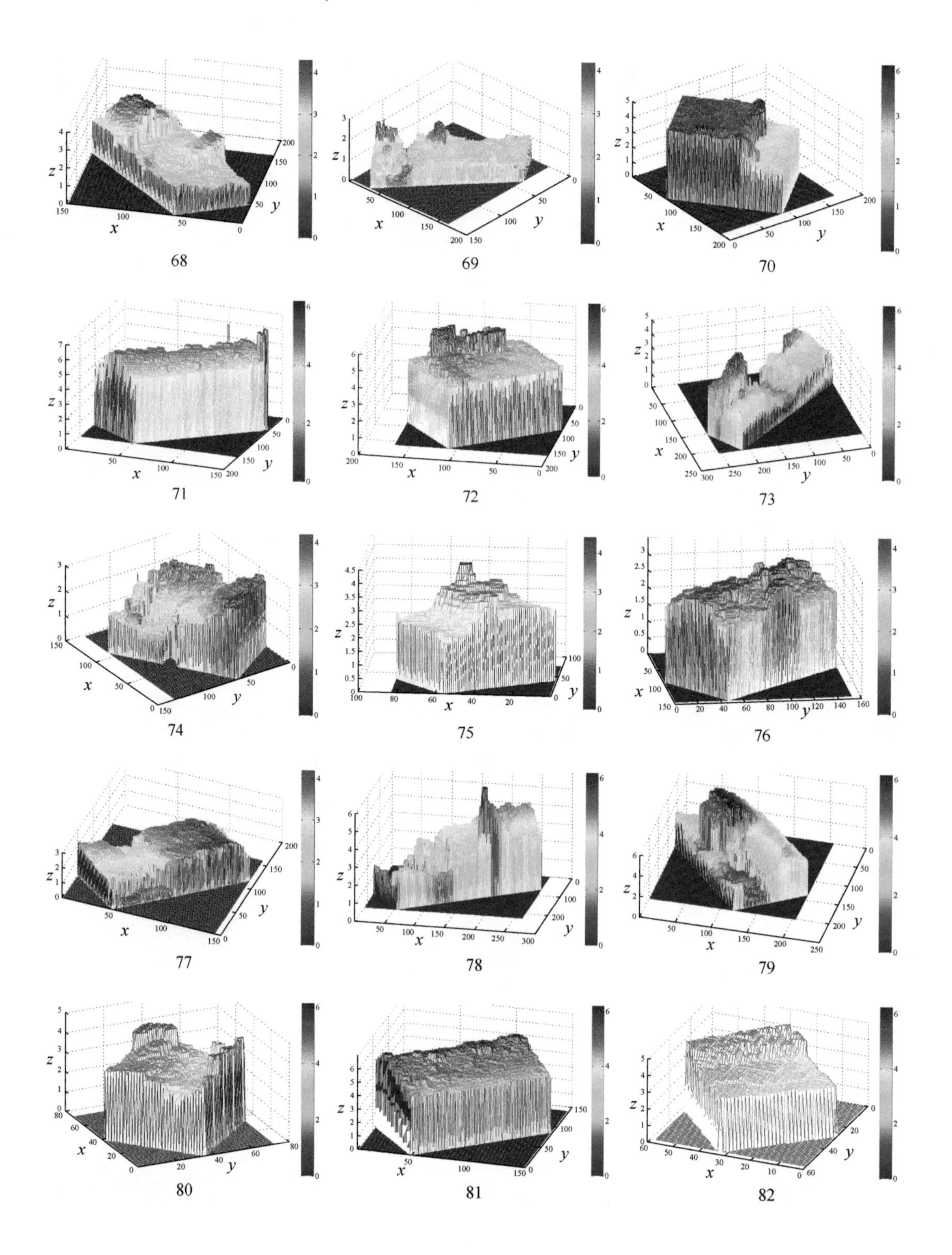
68
69
70
71
72
73
74
75
76
77
78
79
80
81
82

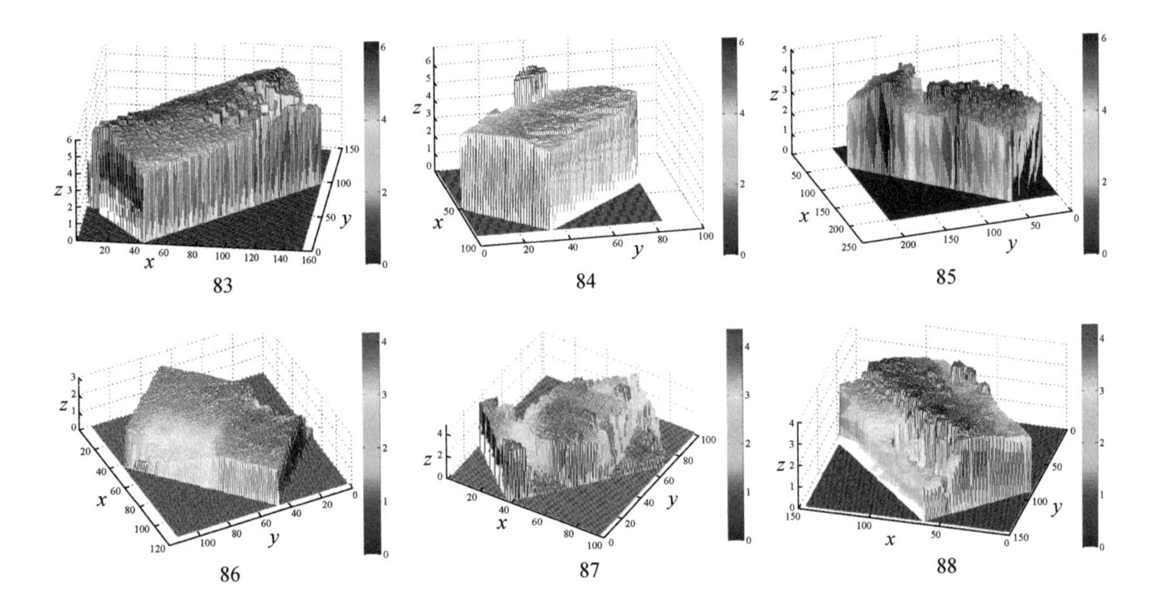

83　84　85

86　87　88